U0209632

大历史

BIG HISTORY: FROM THE BIG BANG TO THE PRESENT

——从宇宙大爆炸到今天

〔美〕辛西娅·斯托克斯·布朗／著　　安蒙／译

山东画报出版社

鉴于国际社会日益陷入进退两难的境地（1945 年以来的经济增长对环境造成巨大冲击），历史学家们有必要超越现有模式，寻求一个新的组织原则：叙述世界历史必须把生态进程纳入主题，必须把历史事件还原到它所真实发生的背景即地球生态系统中去。想把历史故事讲得和谐而准确，那就不可避免地要从自然环境与人类活动间相互影响的方式入手。

——唐纳德·休斯

《地球的面孔——环境与世界历史》

目 录

序言与致谢

  《大历史》是一本科普读物，它以简洁明白、通俗易懂的语言向读者呈现了从"大爆炸"到现在的宇宙历史。在本书中，我将多门人文知识学科糅合在一起，力图呈现出一个线索连贯、行文通畅的故事。

  传统上，学者通常是从有书面材料记载的 5500 年前开始，研究并记叙历史这门学科。然而在本书中，我将"历史"的范围拓展到目前为科学方法已知的时空范围内；而且，我所使用的论证材料将囊括所有现存的数据和证据，并不局限于书面文档。在我看来，历史是科学事业的一部分，没有什么合理的原因将未知的故事分成两个部分，一个称为"科学"，另一个叫做"历史"。

  文字只记录了五千多年的历史，而这仅占地球全部生命的百万分之一。因此，我们需要将我们的故事向前追溯。为了更好地理解我们所生活的世界和我们自身究竟为何种生物，我们的目光必须超越现有的文字记录的历史。

  同样地，我也不认为应该把未知的故事分成"宗教"和"科学"两部分。在过去的 50 年间，经过考证，科学界业已建立起一套有关宇宙起源（我们从哪里来，我们如何发展成现在的样子，我们将要到哪里去）的描述和解释，其中大部分的结论已经得到证实。这就是我们目前正在经历的宇宙故事，即一个建立在现代科技发明之上的世界，一个处于飞机旅行、心脏移植和遍及全球的因特网时代之中的世界。这样一个世界不会永存，但是只要它还存在，它就是我们的故事。

宇宙的发展包括初期、中期和晚期几个阶段。现如今，我们能够用科学术语来思考我们所处的宇宙发展阶段。于是以目前的观点，我们能够将地球放在更为广阔的背景中来讲述它的历史。我们思维和想象的力量已经使自身达到了这么一个阶段。这给一些人带来的是无谓的安慰（cold comfort）。同时，对于包括我在内的另外一些人来说，宇宙范围的扩大正在增强而不是减弱人类的重要性。我明确地意识到事实永远处于变化当中，所以我只是力图叙述现在已知的事实，并不愿讨论或解答我们关于这些所做出的相对的人类反应。

也许你会问，我在讲述这个故事时运用的总体方法是什么？一个故事一定要有情节和主题。在讲述故事时，每一个叙写大历史的作者都会有自己与众不同的着力点和独特的观点。

在写作的过程中，我尽可能地依据被科学界普遍接受的信息和理论，力图保持一个客观的态度。我是在讲故事，而不是在进行辩论。相比地质学家或生物学家，作为一个历史学者的我将更多的篇幅用来描述人类的历史。我尽量不以历史中过多而又无休止的复杂和矛盾来扰乱故事的叙述，而使故事尽可能地保持简洁清晰。我用大量笔墨描述自己认为的历史发展中最基本的要素，诸如气候、食品、性、贸易、宗教、其他的思想观念、帝国及文化等。

当然，一些反复出现但不易察觉的重点使得故事从混沌的发展中变得清晰。这本书最根本的主题是人类行为与地球之间的相互影响。在叙述这个故事时，我将地球和生活在地球上的人类结合在一起，发觉人类的行为使其子孙后代的数量上升，而这极大地威胁了地球环境及其他生物的生存。以一个短句来概括就是，这个故事描绘了"人口的增长"，而不是"人类的进步"。

这一主题是随着故事的进展而逐渐浮现，并不是预先设定好或是别的什么情况。很明显，我的思想专注于讲故事，因此，也许这么说更为准确：

我尽量简洁且完整地讲述人类发展的全部故事，而不是将其缩减为自农业诞生以来的历史；在讲述的过程中，我反复提及这个主题。只有放在更为久远的时空背景里，才能更为清晰地反映人类行为产生的影响；直到我的故事讲完，我才完全意识到这一点。

大卫·克里斯汀（David Christian）现在是芝加哥圣迭戈州立大学的历史学教授，他给予了我最大的鼓励，促使我将整个故事完整写下来。从1975年到2000年，克里斯汀在麦考瑞大学教授俄国和欧洲历史，该大学位于澳大利亚最大的城市悉尼。1989年他开设了一门被他自己戏称为"大历史"的课程，以此向他的同事们展示他心目中历史导论课的理想形式。该课程的持续时间为一个学期，它讲述的内容以我们宇宙的起源为开端。在这门课上，首先由克里斯汀讲授时间和宇宙诞生的神话，紧接着由受克里斯汀之邀，来自其他科系的同事讲解他们各自的专长。在《世界历史杂志》（*Journal of World History*）的一篇文章中，克里斯汀描述了这门课带给他的体验。正是这篇文章给我指明了新的思考方向。如今"大历史"已经成为代指这一尝试的通用学术术语。2004年，克里斯汀出版了《时间地图：大历史导论》（*Maps of Time: An Introduction to Big History*）。在这本书中，他对大历史涉及的所有故事和技术问题进行了宏观概述和说明。直至完成本书的初稿，我才拜读了他的这本大作。

早在"大历史"这一称谓诞生之前，相关的实践就已经展开了，而克莱夫·庞廷（Clive Ponting）正是这方面的一个早期开拓者。庞廷在英国斯旺西的大学学院任教。我很珍视他的一本著述——《世界的绿色历史：环境与文明的崩溃》（*The Green history of the world: The Environment and the Collapse of Civilizations*）。庞廷并不是从大爆炸讲起的。但是，在此书中"历史的基础"一章里，他大量描述了地质学和天文学对历史的长期影响。

因为在开始这项工作前我需要做很多的准备，包括自嘲和接受很多的嘲笑，所以我非常看重另外两部"大历史"方面的早期著述。一本是拉里·戈尼克（Larry Gonick）撰写的《宇宙的卡通历史：从大爆炸到伟大的亚历山大》（*The Cartoon History of the Universe: From the Big Bang to Alexander the Great*）；另一部是埃里克·舒尔曼(Eric Schulman)著写的《时间简史：从大爆炸到巨无霸》(*A Briefer History of Time: From the Big Bang to the Big Mac*)。

"大历史"指的是从大爆炸一直到今天的历史。到目前为止，"大历史"只是历史学科中世界史专业之下一个非常小的分支，而迟至1990年春，世界史才有了自己的学刊。"大历史"还没有自己的刊物，在世界范围内也只拥有为数很少的一些实践者，他们在大学的公开课里讲解"大历史"。另外的一些教授在介绍世界历史或者世界宗教时，会附加一些有关宇宙和地球的历史。作为"大历史"早期实践者中的一员，我是怎样跨越学术藩篱，挑战传统的学术规范，最终走上教授"大历史"、写作本书之路的呢？

为了回答这个问题，我必须从我的母亲开始讲起。母亲的名字是露易丝·巴斯特·斯托克斯，她对知识有着浓厚的学习兴趣，涉猎非常广泛，包括了从天文学到地质学，从生物学到宗教等多个学科。这深深影响了我，并促使我走上自己的研究之路。在20世纪30年代早期，母亲是一名中学生物教师。那时她接受了进化论，将之视为生命的基本规律，并用它向我解释周围的世界。于是，"大历史"对我来说是一种极其自然的思维方式，是母亲赋予我的一项天资。

我在肯塔基州西部的一个小镇长大，并在那里体验到美国内部的二元文化。我的父母生长在威斯康星州的南部，他们于1935年结婚。由于父亲当时在肯塔基州的东部修建穿山公路，他们婚后便迁往那里居住。1938年我快出生的时候，父亲和他的同伴在肯塔基州的西部麦迪逊维尔购买了一个小煤矿，然后开始经营。从此，父母在那儿定居。相对于陌生的南部文化，我的父母是外来移民。我的父亲竭尽所能地吸收，并使自己融入南部文化，而母亲却始终坚守威斯康星州当地的习俗和价值观念。这样的文化体验构筑了我多角度思考问题的方式。与此同时，父亲对于讲故事的钟爱也深深影响了我。

与母亲一样，我从未觉得自己是南部文化的一部分，尽管我的大学岁月也是在南部度过的。我念的是达勒姆的杜克大学，它位于北卡莱罗纳州。之后，我获得了约翰·霍普金斯大学授予的艺术师范专业的硕士学位。然后，我开始在马里兰州的巴尔的摩市讲授高中世界历史。在我的硕士导师的鼓励下，加之"伍德罗·威尔逊基金"（Woodrow Wilson Foundation）和"美国高校妇女协会"（American Association of University Women）提供的奖学金，1964年我在霍普金斯获得了历史教育专业的博士学位，而我的博士论文写的是19世纪初期第一批去德国大学念书的四个美国人。

在获得博士学位三个月后，我的第一个儿子出生了。两年后，次子出生于巴西东北部城市福塔雷萨。我的第一个丈夫是"和平队"（Peace Corps）的医生，当时他在巴西服役。在巴西的两年生活破除了我的文化傲慢心理，向我打开了世界历史之窗。我发表的第一部作品是关于伟大的巴西教育家——保罗·弗莱雷（Paulo Freire）的。他在1964年逃往累西腓市，恰巧一年后我搬到了那里。

从巴西回国以后，我和儿子们待在巴尔的摩家中。1969年我们搬到了伯克利。相较于之前我们生活过的地方，伯克利是一个文化更为开放的城市，它既濒临太平洋，同时也朝向纽约和欧洲。在那里，我们开始了全新的生活。世界在多元文化方面发生了重大的转变。1968年，斯图尔特·布兰德开创了"全球目录"（Whole Earth Catalog）。同一年，首批关于我们脆弱星球的珍贵影像从太空传来。

1981年当我准备开始开展全职的学术工作时，我在加州多明尼克大学谋到了职位。后来，我又在多明尼克学院工作，负责一个单门学科的教学项目。从《世界历史杂志》发行以来，不管是第一期还是之后的每一期，我都是忠实的订阅者，而这为我们学校开展一项名为"全球教育"（Global Education Marin）的在职教师项目提供了助益。这一项目旨在帮助教师，使他们的课程变得全球化。之后，这一项目成为全国性创新尝试项目"国际学习项目"（International Studies Program）的一部分，而"国际学习项目"是由斯坦福大学发起的。这样一来，我可以及时获知世界历史的最新研究进展，并得以阅读克里斯汀的文章。

带着对大历史的新定位，我寻找到表达自己观点的途径。1992年春，我在历史系开设了一门名为"哥伦布和他所处的世界"的课程。1993年，我给即将成为小学教师的本科生开设了一门世界历史课程。在这门课的一开始，我以自己的话讲述大爆炸，指定庞廷的书作为教材，并要求学生整理出从大爆炸到现在的时间线索。学生对这门课抱以极大的热情。这门课没有吓退他们，但却让我有些气馁。

重新回到教育学院担任全职工作后，我在轮到自己享受学术假期时提议写一部世界历史。委员会的一半成员觉得这是个主意很不错，但另一半的人却笑得很大声，觉得我是在说笑，有点天方夜谭。为了确保能够获得这个学术假期，我暂时放弃了世界历史的计划，并写作了《拒绝种族主义：白人同盟者和民权斗争》一文作为替代。

从全职工作退休以后，经过了短暂的休息，我最想做的就是将这个故事完整地写下来。家母去世后，我于 2002 年 9 月下旬开始写作；并于 2004 年 12 月完成了初稿。我选用了许多《纽约书籍目录》(New York Review of Books) 中的文章，我曾保存它们长达 20 年；我要向鲍勃·西尔弗斯 (Bob Silvers) 和芭芭拉·爱泼斯坦 (Barbara Epstein) 道谢。我阅读了当代学者令人赞叹的著述；我要感谢蒂莫西·费瑞斯 (Timothy Ferris)、林恩·马古利斯 (Lyn Margulis)、史蒂芬·品克 (Stephen Pinker)、贾德·戴蒙 (Jared Diamond)、约翰·R. 麦克尼尔 (John R.McNeil) 和威廉·H. 麦克尼尔 (William H.McNeill) 父子，还有大卫·克里斯汀。

为了和学生一起验证我的想法，我回到了历史学院，做起了兼职教师。我的学生依然是未来的小学老师们；我还创设了一个研讨课，它包括了来自不同院系的三门课程。这个研讨课的主题是跨学科的，我们将这一主题称为"宇宙的故事"。我非常感激多明尼克大学以跨学科教学为特色的传统。我们的研讨课包括：我的课，"全球史"；科学学院的吉姆·坎宁安 (Jim Cunningham) 所开设的课程，"地球上的生命"；宗教哲学学院的菲尔·诺瓦克 (Phil Novak) 讲授的"世界宗教"。与之前一样，学生们对研讨课给予了热情的回应，一点也看不出我们是在进行着一项不同于以往的尝试。我十分感念同事们在进行这项工作时表现出来的勇气和自信；他们以毫不畏惧的心态跨越了所有的学术障碍。

这本书是我所有著作中，同事、家人和朋友参与程度最高的一本。我在教育学院的院长巴里·考夫曼（Barry Kaufman），还有我在历史学院的同事们，尤其是老帕特丽·夏多尔蒂（Sr.Patricia Dougherty）、O.P.和马丁·安德森（Martin Anderson）经常给予我帮助。参与"全球教育海风"（Global Education Marin）项目时的同事南茜·范·拉芬斯瓦伊（Nancy van Ravenswaay）、爱丽丝·巴塞洛缪（Alice Bartholomew）和罗恩·赫林（Ron Herring），她们在过去的这么多年里使我的研究始终沿着正确的方向。我的妹妹苏珊·希尔（Susan Hill）和她的儿子伊恩·希尔（Ian Hill）热切地向我索要每一个章节的内容，好像他们等不及了。我的继女黛博拉·罗宾斯（Deborah Robbins）在洛杉矶教授世界史，她与我讨论每一个问题，并引导我思考新的问题。我的一个儿子艾弗指引我看书读文章，另一个儿子艾瑞克则让我总有美食吃。我在萨尔瓦多的姑姑珍，还有她的丈夫乔治·巴斯塔曼特（Jorge Bustamante）时常鼓励我。我的朋友遍布世界各地，他们每个人都加深了我对事物的理解。

我很感谢这本书众多的早期读者。多明尼克学院的物理学和数学教授阿密特·森古普塔（Amit Sengupta）校订了本书的第1章内容，生物学教授吉姆·坎宁安修正了第2章的内容。我在历史学院的同事马丁·安德森使我避免了很多的语言错误。我的同事、来自宗教哲学学院的菲尔·诺瓦克浏览了本书的所有插图，他的肯定给了我信心，尽管这些图片带有唯物主义的假定。世界史学家约翰·米尔斯（John Mears）和凯尔文·瑞利（Kelvin Reilly）向我提供了很多的专业建议。大卫·克里斯汀给我的帮助更是难以估量。其他读者对本书的出版也作出了重要的贡献，他们是吉姆·瑞姆（Jim Ream）、贾斯特·鲍尔斯（Chester Bowles）、玛戈·高尔特（Margo Galt）、卡蒂·贝里（Katie Berry）、马尔勒·格里菲斯（Marle Griffith）、琼·林多普（Joan Lindop）、菲利普·罗宾斯（Philip Robbins）、苏珊·朗兹（Susan Rounds）和比尔·瓦尔纳（Bill Varner）。我的丈夫杰克·罗宾斯（Jack Robbins）阅读了我的所有手稿；他的爱和支持是我能够开展和完成这项工作的最重要保障。

特别鸣谢此书的出版社（The New Press）全体员工，尤其是马克·费儒（Marc Favreau）、梅丽莎·理查兹（Melissa Richards）和莫瑞·波顿（Maury Botton），他们在完成此项工作中表现出极大的热情和专业精神。

由于学识有限，本书还存在一些错误和误判，概由我负责。

上　篇

深邃的时空

第1章　膨胀的宇宙

（距今 137 亿—46 亿年）

　　我们都生活在太空中一个渺小的星球上，并随着它的转动而不停旋转。太阳是离这个星球——地球最近的恒星，每天人们都沐浴着它散发的光和热。一天中，地球绕银河系中心转动 1200 万英里（约合 1931 万千米——译者注）。同时，银河系也在宇宙中不停旋转。宇宙拥有的星系数目超过 1000 亿，而每个星系里又有上千亿颗恒星。

　　人类置身于茫茫宇宙之中，并在它内部不停地跟着旋转。然而，在 137 亿年前，宇宙只是一个"单点"。此后，随着温度的稳步下降，宇宙不断膨胀。宇宙至少是四维的——三维空间和一维时间，这就意味着时间和空间是相互连接的。此刻我们可观察到的宇宙（"可见宇宙"）有多大？在三维空间上约为 137 亿光年，在时间维度上约为 137 亿年。在我写字和你看书的这会儿，"可见宇宙"的范围又扩大了。

　　自诞生以来，人类就怀着敬畏之心仰望夜空中的点点繁星，并且从直接观察中获得一定的认知。他们运用这些知识进行预测，从事陆地旅行和航海活动。然而，没有特殊的仪器，人类无法获知更多关于宇宙起源和物质本质的知识，因为宇宙和物质的领域与他们的日常生活是如此不同。20 世纪末，科学家发明了可以观察宏观天体和微观世界的仪器。近年来，关于宇宙的知识在迅猛增长。如今，通过自己的想象，同时借助已有的影像

你在这里

图 1.1　银河系

和图表，每个人都能了解人类的家园，这个迷人的宇宙。

从雾到透明

宇宙产生于一次不可思议的事件——"大爆炸"（the big bang，这个词是英国天文学家弗雷德·霍伊尔于 1952 年的一次 BBC 广播中首创的）。宇宙是由一个单点爆炸而成的。这个单点可能只有原子般大小，但所有已知的物质、能量、空间和时间，都以难以想象的高密度压缩其中。在特定的某一天，紧压的空间携带着物质和能量，如同海啸似的向四面八方扩展、膨胀。与此同时，温度不断下降。这一原始爆炸的能量足以维持千亿个星系存在 137 亿年，以至更为久远的时间。浩瀚的宇宙正在形成。

这个爆炸发生在哪儿呢？答案是所有的地方，包括我们每个人现在所

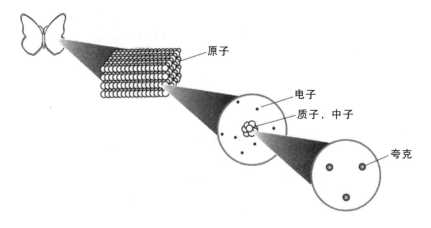

图 1.2　物质的成分

物质由原子组成，而原子又是由电子围绕着的原子核构成。原子核内既有质子又有中子，这两者都是由夸克组成。目前还不知道夸克是否由一种比它更小的单位构成。

处的位置。在一开始的时候，所有如今看来处于分离状态的地域都在同一个位置。

最初，宇宙是由"宇宙等离子体"（cosmic plasma）组成的。"宇宙等离子体"是一种性质均匀的物质，由于温度过高，人们无从知晓它的结构。在温度达到数万亿度时，物质和能量可以相互转化。没人了解能量是什么，但物质是处于静止状态的能量。当宇宙降温时，人类目前已知的物质最小组成单位"夸克"，开始以每三个为一组凝聚，从而形成质子和中子（图1.2）。这些大约发生于大爆炸之后的十万分之一秒内，此时宇宙的温度大约降至太阳内核温度的一百万倍。百分之一秒后，质子和中子开始结合，并形成之后氢和氦的原子核，而氢和氦是最轻的两种元素。

一秒钟过后，支配物质的四个基本力形成。它们分别是引力、电磁力、强核力和弱核力。引力是这四个力中最弱的。牛顿的万有引力理论和爱因斯坦的广义相对论都对引力进行过描述，但是它仍然没有一个确切的定义。电磁力是电和磁力的结合。强核力是四个力中最强的，它既能使夸克不脱离质子和中子的内部，也能使质子和中子保持在原子核内。弱核力促成放射性元素的衰变（或者是原子核的衰变）。科学家们认为，这四个力一定是某种力的四个方面。然而，他们还未能创建出一套关于这个问题的统一理论。

以上提到的四个力在完美的平衡中运作，这种平衡使得宇宙能够存续，并且以一定的速率膨胀。如果引力稍强一些，所有的物质很可能会内爆；假如引力减弱一点，将不会生成恒星。如若宇宙的降温变慢，或许质子和中子不会在形成氢和锂后就停止结合，而是会继续结合直至生成铁。铁太重了，不能形成星系和恒星。由这四种力形成的微妙平衡似乎是宇宙得以维持自身存在的唯一路径。科学家设想，在这一个宇宙形成之前可能生成过很多别的宇宙，只是它们都逐渐消失了。新生的宇宙以极快的速度成型，并在转瞬之间形成了一些基本属性，而这些属性自形成之日起，就一直处于稳定状态。

经过大约30万年的膨胀和冷却，活跃的流动电子速度逐渐放慢。电子是负电荷，而原子核、质子和中子都是正电荷。当电子的速度足够慢时，原子核以正电荷来吸收电子，以此形成第一批电荷呈中性的原子：氢（H）和氦（He）。氢和氦是最轻的元素，也是首批物质。氢包含一个质子和一个电子；而氦包含两个质子和两个电子。

这是宇宙历史中一个十分关键的时刻。在稳定的原子形成前，宇宙充满了移动的微粒，有的带正电，有的带负电。因为光子与带电的微粒会相互作用，要么发生偏转，要么被吸收，所以光（由亚原子的微粒——光子组成）无法穿越负电的微粒群。如果有人能够看到此时的宇宙，它所呈现的状态一定是一团浓密的雾或是一场炫目的暴风雪。

带负电的电子和带正电的质子结合生成了原子。原子一旦形成，光子便可以自由移动了。浓密的辐射雾渐渐消散。物质业已形成，而宇宙也变得透明了。如果曾经有人到过那里，这时就可以看到宇宙的全貌。此时，大多宇宙空间是真空状态。在这些真空中充满了大量氢和氦构成的云，巨大的能量通过氢和氦注入云层。

今日人类能够看到大爆炸遗留下来的一些光子。它们就像是电视机屏幕出现的"雪花干扰"。为了解决"雪花干扰"，人们需要断开电视电缆，转台到一个电视机收不到的频道。人类看到的这些类似于"雪花干扰"的光子中，约有1%是大爆炸遗留下来的余晖（余热）。这些余晖形成了充满背景微波辐射的宇宙海洋。事实上，肉眼对微波并不敏感。假使人的眼睛对微波很敏感，那么我们可以看到在自己的周围存有一道呈扩散状的光芒。

凭借无线设备，科学家证实了背景微波辐射的存在。上世纪五六十年代，从对宇宙的已有认知出发，物理学家意识到：现存的宇宙应该充满了原始光子，这些光子经过 135 亿年的冷却，它们的温度只比绝对零度高一点。1965 年春，新泽西州贝尔实验室的两位射电天文学家，阿诺·彭齐亚斯(Arno A.Penzias) 和罗伯特·威尔逊 (Robert W.Wilson)，在检测一个通讯卫星的新微波天线时，偶然间发现余辉是一种发出嘶嘶声的背景噪声。1989 年，美国国家航空航天局 (National Aeronautics and Space Administration，简称 NASA) 发射了"宇宙背景探测者" (Cosmic Background Explorer，简称 COBE) 人造卫星。它收集到的高精度信息证实：每立方米的宇宙空间中包含 4 亿个光子，即一片无形的微波辐射的宇宙海洋。正如大爆炸理论所推断的那样，比绝对零度高 3 摄氏度。

2002 年，NASA 向离地球百万英里外的太空，发射了一个探测器——威尔金森微波各向异性探测器 (WMAP, the Wilkinson Microwave Anisotropy Probe)。在一年的时间中，这个探测器致力于揭示整个太空。它以高分辨率的地图展示了大爆炸后 38 万年中的宇宙背景辐射，再次印证了大爆炸理论关于宇宙的假说。

让天文学家深感幸运的是，在宇宙范围内距离就是一部时间机器。一个物体越远，在人们眼中它就显得越渺小。这是因为它距离地球越远，其辐射线到达地球所花费的时间就越多。光的传播速度约为每年 6 万亿英里（约合 9.47 万亿千米——译者注）。由于遥远的星系和恒星所发出的光传到地球需要几百万年，甚至是数十亿年，所以人类永远不可能看到宇宙现在的模样，看到的只是它曾经的样子。因此，人们能够看到那些已经过去非常久远的画面。而通过微波辐射，人类可以看到几近宇宙初始时的情景（图 1.3）。

想想看，太阳所发出的光到达地球需 8 分 20 秒，而它是离地球最近的恒星。当木星旋转到离地球最近的位置时，它的光需要经过 35 分钟的旅程才能传到地球；而当它运行到离地球最远的位置时，这个数据变为 1 小时。

与地球的距离（单位：光年）

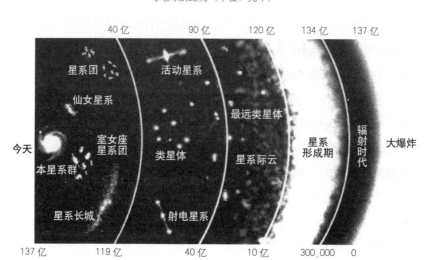

图 1.3　我们视野中的宇宙

从我们在银河系（本星系群中的一个星系）中所处的位置，我们看到的是宇宙在遥远的过去的样子，因为遥远的星系发出的光需要数十亿年的时间才能到达地球。宇宙在遥远的过去比现在要小，其间星系的碰撞也比现在要频繁。类星体是非常遥远的一些天体，它们通常被看作是新生星系的核，可能处于相互碰撞的状态下。

天狼星是夜空中最为明亮的恒星，它发出的光要经过 8.6 年才能到达地球。（它发出的光需穿越的距离大约为 8.6 光年，约为 81.4 万亿千米。）人类用肉眼可以看到的那些恒星，它们所发出的光到达地球要花费 4 年到 4000年不等。如果人们看到一个星球在距离 3000 光年的地方爆炸，那么这个爆炸发生于 3000 年前。3000 年也是这一恒星的光传达到地球所要花费的时间。

闪耀的星系

正如之前描述的那样，宇宙在大爆炸发生约 30 万年后变得透明了。由氢和氦组成的巨云肆意飘荡，直至这些云分化成 10000 亿块各自分散的云。每一块云都有自己的动态变化，都从宇宙的膨胀中逃逸出来。在宇宙膨胀的过程中，尽管每一块云的直径保持不变，但他们之间的距离却扩大了。

　　每块云都由氢和氧合成，原本呈分散状态。随着宇宙的逐渐冷却和平静，它们逐渐变为由引力形成的一个个独立星系。这一过程在氢和氦两种原子的相互碰撞中发生了。当它们碰撞时，摩擦使温度升高，电子脱离了原子。氢的核开始聚变，从而形成氦离子。这种聚变反应释放出大量的热和能量，根据爱因斯坦的公式 $E = mc^2$ 可知，质量的一点损耗会产生相当于光速平方的数倍能量。随着氢的逐渐燃烧，每秒数百万吨的物质转化为能量，从而一个星球诞生了。在大爆炸发生 20 万年后，最早的恒星就形成了。

　　宇宙中充满了一系列天体，它们之间质量相差很大。最大的是恒星，它们自己生成能量。最大的恒星比我们的太阳还大 20 倍。宇宙中最小的天体是尘埃粒子，我们只有在显微镜下才能观测到它们。这些尘埃粒子以每天百吨的速率倾泻至地球的大气层中，每个房子屋檐上累积的泥沙中都有少量的星际物质。行星是中等质量的天体：它们的质量不够大，无法通过核聚变反应来自己制造能量。

　　恒星们的大小和密度差别很大，并且它们的形态随着时间的推移而改变。离我们最近的大部分恒星都是红色恒星；但是，在它们当中，我们最为熟悉的太阳却是稳定状态下的黄色恒星；像我们之前描述的那样，太阳燃烧着氢，这个过程被称为"氢聚变"。它的氢大约会在 50 亿年内耗尽。等到那时，它会转而燃烧氦，即发生"氦聚变"。因为氦聚变温度更高，产生的能量更多，外部能量的压力会使得太阳膨胀成一个所谓的红巨星。当氦燃尽时，红巨星将萎缩成一个白矮星。接着它会缓慢冷却直至成为黑矮星；黑矮星是太阳燃烧后残留的一堆灰烬，它的大小与地球相当，密度为地球的 20 万倍。目前还未发现任何的黑矮星，因为相对于缓慢的降温过程来说，目前宇宙所经历的岁月还不够长。

　　有一些黄色恒星，它们在诞生时就比我们的太阳大；之后变成红巨星时，也会比太阳变成的红巨星大。当它们的红巨星阶段结束时，它们不会萎缩为白矮星，转而会生成更重的元素并燃烧这些元素，像是碳、氮、氧、镁，最后是铁。然而，铁不能被用作主要燃料。能量生成结束，然后重力成为主要力量。恒星的核心内爆，并引起外层的巨大爆炸，而爆炸将大多数的恒星炸成碎片。只有核心存留下来，它可能成为一个白矮星、一个中子星（体积小但密度大得惊人）或一个黑洞。黑洞的密度太大以至于光无法逃脱它的引力场。这种恒星爆炸性的自我毁灭被称作超新星；只有重量超过我们太阳 6 倍以上（含 6 倍）的恒星才会变成超新星。

超新星在宇宙的创造中发挥着巨大的作用。它们是宇宙的熔炉，很多新元素在其中生成，并且我们也看到它们促成了黑洞。当一个质量大于我们太阳 10 倍的恒星爆炸时，会留下内爆的核，而这个核的质量也比我们太阳大 4 倍。如果是这样，其重力会非常大，大到所有的物质消失而留下一个黑洞，而黑洞的引力场太强以至于光难以逃脱。没人知道物质都去哪儿了。黑洞的中心被称为奇点；一个质量相当于十个太阳的恒星所形成的黑洞直径只有 40 英里（约合 64 千米——译者注）。奇点周围分布着强引力场，所有进入这个引力场的物质都会消失于黑洞中。

天文学家猜想，大多数星系的中心都存在巨大的黑洞，比如，我们银河系的中心就有一个。这个黑洞的质量是太阳的数百万倍，它被冠名 SgA，因为它貌似位于南半球的人马座。科学家利用位于智利阿卡塔玛沙漠的"甚大望远镜"（Very Large Telescope）努力观测了二十多年，在 2002 年证实了 SgA 的存在。

大量的超新星变成了黑洞。稍小一些的恒星不会内爆，而是外爆，它们的质量是太阳的 3—6 倍。它们的核会从燃烧氢转为燃烧氦，接着是碳；核会按照元素周期表的序列聚变为更大的核，比如氧、钙等。在某个时刻，一个爆炸发生了，从恒星内部喷涌而出的大部分物质重新以气体形式返回宇宙空间，但是此时的气体包含了复杂的能够维持生命的原子，不是只有氢和氦。

只有超新星能够制造出比铁还重的元素。在大约 90 亿年的时间里，元素周期表上的所有元素都以这种方式逐渐形成。我们地球上的每一个金属元素都来自于那些在太阳诞生之前就发生爆炸的巨大恒星。比如，看一下你手指上的戒指，打造它的黄金至少有 45 亿年的历史。正因如此，我们说恒星的爆炸形成了地球得以孕育生命的必要元素。毫不夸张地说，我们就是由宇宙的星尘构成的。

重新回到我们的故事中。大爆炸发生数十万年后，随着密度波在宇宙空间里飘移，与氢和氦构成的云撞击形成恒星，星系形成并逐渐稳固起来。空间开始变得闪耀明亮了，其间流动着数十亿的恒星，这些恒星的轨迹呈现旋转螺旋中的细长丝状。大多数星系是螺旋型的，但是在宇宙形成的早期，空间里充满了物质，星系间常常相互撞击。当碰撞发生时，大星系吸收了小星系，而大星系也无法保持它的螺旋状；取而代之的是球形或椭圆形，被称为椭圆星系。椭圆星系不再产生新的恒星，因为密度波并不从椭圆星系间穿过，这样就不会引起气体云之间的碰撞，也就不可能产生新的恒星。我们的银河系是一个完美的螺旋型，非常幸运的是，在 120 亿年前的早期宇宙中，这里是一个不拥挤的地方。

早期宇宙大约持续了 120 亿年，而其中的头 90 亿年占了它的 2/3。在这 90 亿年中，宇宙由难以想象的"天体烟火"组成。星系旋转，相互碰撞。密度波在星系间流动，引发了新恒星的诞生。超新星爆炸，散落的新气态元素随时准备与别的超新星撞击产生新恒星，或内爆形成黑洞，它们的物质消失在未知的领域。空间一直在扩大而温度持续降低。宇宙是一片闪耀的舞场，其间充斥着死亡与重生、堕落与优雅、暴力与毁灭，并伴随着耀眼的美丽和创造力。

太　阳

大约 46 亿年前，一个超新星在银河系里爆炸，而一个新恒星（我们的太阳）从爆炸的废墟中诞生。我们之所以知道这一点，是因为月球的岩石和陨石都来源于这一超新星，它们的数据都一致显示为 45.6 亿年前左右。

太阳是一个不大不小的恒星，与众不同的是它没有伴星（银河系中处于我们区域的恒星大约 2/3 都是多星体系）。太阳位于银河系一只旋臂的 2/5 处，与中心相距约 3 万光年。太阳沿一个椭圆的轨道围绕银河系中心运动，每一圈用时约 2.25 亿—2.5 亿年，每一天运动的距离约为 20 万英里（约合 32 万千米——译者注）。与太阳系中的行星和其他星体一道，自其诞生之日起开始计算，太阳已在银河系的中心运行了 20 圈。太阳的大小表明它大约会燃烧 100 亿年；到现在为止，它已经燃烧了 46 亿年。

早期的太阳周边有"剩余物质"作圆盘状旋转，这些剩余物质是因那颗超新星爆炸而形成的星云状灰尘和许多元素构成的气体。这些气态的元素在相互碰撞中形成了一些微粒，这些粒子的不稳定性将圆盘变成带状。随着这些带状物向中心集中，行星产生了；由于太阳的引力作用，靠内的四行星（水星、金星、地球和火星）比较重且多岩石，而靠外的几个行星（木星、土星、天王星和海王星）则较轻且更显气态。冥王星比我们的月亮还小，因为不够大而被认为算不上一颗行星。木星的质量大约为地球的 300 倍，它的大小差一点就足够使自己变成一颗恒星了。（如果将地球缩小为一颗豌豆大小，它与木星相距 500 多米，与海王星相隔近 3 千米。）

这些行星在他们形成的早期阶段呈熔融状或气态。每一颗行星以重力的相互作用来排列各种元素的位置；最重的元素沉入核心，诸如铁和镍；而轻一些的元素则构成外层，像是氢和氦。这种静态的重力顺序被不稳定的放射性元素所打破。当这些元素分解时，它们的能量使行星处于沸腾状态，将位于深层的物质从内部带到表层。

10 亿年后岩石形成时，最小的三个行星（水星、金星和火星）上的所有活动停止。四大行星（木星、土星、天王星和海王星）上的气态活动持续到今日，与太阳系初始时它们各自的状态相似。只有地球的大小能够使得重力和电磁力处于平衡状态，而这种平衡使得燃烧的地核周围形成坚固的岩石地壳。只有地球与太阳的相对位置适中，相距 9300 万英里（约合 1.5 亿千米——译者注），如此一来，能够在地球的温度范围形成结构复杂的分子。在我们太阳系内，只有地球上的化学活动处于持续的变化之中。

地球绕太阳公转一圈耗时一年，我们以此来计量时间。在地球绕太阳公转的同时，它也绕地轴进行自转。地轴约倾斜 23.5 度角，因此地球的磁极并不垂直于太阳。地轴的倾斜意味着当地球位于太阳的一侧时，地球的一个半球向太阳倾斜而接受到更多的阳光，而当地球位于太阳的另一侧时，另一个半球将呈现同样的情形。我们围绕地轴进行自转，而它的倾斜导致了地球上四季的产生，因为如果地轴是垂直的，两个半球在全年中将接受到一样的阳光。（除天王星以外的其他所有行星都围绕一个垂直的轴旋转，而天王星的轴几乎是水平的。）

在早期地球经历的头一个 5 亿年间，地球承受着来自陨星、小行星和类行星天体的撞击。我们只需看一下月球表面，这就是早期撞击留下的印记；月球太小了，它很快失去了内部的温度，因此它的表层得以维持最初的状态。地球足够大（核心的温度足够高，早期撞击产生的热量使得它日夜沸腾），撞击形成的印记没能够存留下来。

随着地球逐渐冷却至它的表面有岩石生成，炽热的火山岩浆从地核喷薄而出，将地球内部形成的化学物质带到地表，那一过程不断改变着地球大气的构成；大气的主要成分有：甲烷、氢、氨和碳。巨大的电子风暴加上无数的电闪雷鸣，激活了化学反应。在经历了大约 5 亿年的酝酿后，地球母亲为生命的诞生作好了准备。

未能解答的问题

到现在为止，我的故事内容是以目前科学家所掌握的关于宇宙的知识为基础的。这些知识被称为"标准模式"，它形成于二十世纪六七十年代。我无意将故事引向推测，然而，只有与那些我们并不清楚的事物相比较时，我们认为自己了解的东西才凸显出意义。很多重要的问题仍待解答。

我们甚至还不确定月球是如何产生的。有些人说我们的月球是从地球剥落的一部分；但是大多数人认为，月球是一颗小行星撞击地球的"产品"。由于这个小行星无法逃离地球的引力，撞击地球后进入了一个环绕地球的轨道；而这次撞击也使得地球原本垂直的地轴发生稍许倾斜，就是这个倾斜产生了我们的季节。

更难回答的问题浮现于脑海，比如："为什么数学公式能够解释诸如月

13

球和仙女座星系轨道等问题呢？""在大爆炸之前发生了什么？"对于第一个问题，数学家只是耸耸肩，开玩笑说："上帝是一个数学家。"对我们来说，自己能够了解宇宙的一切，能够创造出与事实相符的公式，真是一件奇妙而又不可思议的事。以下的内容与第二个和其他问题有关：

1. 大爆炸之前发生了什么？

没人知道我们宇宙最初的情形是什么样的。一些物理学家认为，人类和他们的理论永远不可能找到这个问题的答案。但是，还是有一大堆的理论与这个问题相关。其中一个是宾夕法尼亚州立大学的李·斯莫林（Lee Smolin）提出来的。他的理论指出，最初的宇宙也许是其他某个宇宙中的一个黑洞。对这个黑洞的描述听起来与宇宙初始的故事相似，只是顺序倒了过来——物质、能量、空间和时间压缩得越来越紧密直至消失。研究斯莫林理论的物理学家正试图推理出这样一个结论，即物质、能量、空间和时间从我们的宇宙结构中消失之后，在某个地方以一个新的宇宙重现。也许我们生活的宇宙只是很多宇宙中的一个，这些宇宙轮番出现。这只是目前基于多个宇宙产生的若干个理论设想中的一个。

2. 宇宙在第一时间是如何开始膨胀的？

一个合理的假想认为，在宇宙产生的瞬间它就开始膨胀，也就是说，它以远超过光速的速率极速膨胀，使它的半径在相同的时间内不断翻倍。这种猛烈的爆发在不足一秒钟的时间里发生，之后宇宙以稳定的线性速率膨胀，直到50亿年前它的膨胀速率再次加快。这种膨胀假想有助于解释大爆炸理论中的一些问题，但是它还没有成为最后的定论。

3. 如何能够使广义相对论和量子力学达成一致？前者是宏观天文学范畴的理论，而后者是与宇宙的微观性质相联系的理论。

这两种理论包含着矛盾，目前还无法将其化解，使得二者融合成一种包罗万象的庞大而统一的理论。然而，当思考到黑洞或大爆炸时刻的宇宙时，物理学家需要同时运用广义相对论和量子力学这两种理论。当他们这么做时，他们方程的答案往往是无穷。这表明了一个问题，可以简要地概括为：量子力学告诉我们微观范畴的宇宙是一个浑沌而又混乱的运动场，难以预言其间所有事物的出现或是消失；与此相对，广义相对论所依据的理论是平稳的空间几何学。在实践中，只要避免范畴的极端，量子力学和广义相对论二者就可以对可见的结果作出完美的预言；处于混乱和剧烈波动的微观世界中的各种能量会彼此抵消，从而形成平稳的结构。

物理学家感觉到，除非他们的理论中不再有矛盾和自相矛盾之处，否则他们掌握的知识就是不完整的。1984 年，两位物理学家迈克尔·格林（Michael Green）和乔治·施瓦茨（John Schwarz），为形成一个新的统一理论提供了第一批证据，而这个理论被概括为"超弦"或"弦"理论。这种理论假定，宇宙最为基本的组成部分不是点状的微粒而是蜿蜒的弦或线型的能量，弦的性质取决于它的振动模式。这些弦太小了（长约 10^{-35} 厘米），所以即使用现在最为精准的仪器观察，它呈现出来的状态也是点状。这个理论还提出了加上时间，宇宙不止有三个维度——或许加上时间，它有十个或者更多个维度。从理论上来看，弦理论确实提出了一个统一的理论，指出所有的物质和能量都是由一种物质形成的，即振动的弦能量。自 1984 年以来，更多清晰证据的出现进一步验证了弦理论，但是尚未发现能够证实这一理论的实验证据。

4. 从二十世纪六七十年代科学家开始确信宇宙有一个特别的开始以来，他们就一直在思考这么一个问题："我们的宇宙会如何终结？"

一共有三种可能：宇宙会一直膨胀下去直至所有星系都失去光芒，每一颗星体都化为灰烬；宇宙的膨胀会有一个终点，然后再一次重复它的演化历程，宇宙中所有的物质都在一次可怕的爆炸中内爆；或者宇宙的膨胀以某种方式达到一个精准的平衡状态，在这种平衡状态下它的膨胀速率放缓，但不会反向收缩。

在最近几十年中，物理学家已经了解宇宙的扩张并没有减速，事实上它的膨胀速度在加快。一些未知的因素正在将宇宙推向更为遥远的空间。科学家将这种未知的反引力力量称为"黑能量"，或是虚无的能量。他们也相信，存在一种与地球上的各种物质都不同的"黑物质"。目前还没人知道黑物质和黑能量是什么；科学家目前认为，黑物质和黑能量可能占据了超过 90% 的宇宙。这方面的研究才刚刚起步。

第2章　孕育生命的地球

（距今 46 亿—500 万年）

　　地球上的生命充满了神秘之光。我们应如何叙说生命的起源时间，或者从某种意义上来说，自地球形成之日起，何时我们的整个星球开始变得有生气了？正如在第一章中所描述的那样，地球一直在设法维持自身物质与能量的平衡，既不会因寒冷而凝固，也不会因过热而蒸发。地球借助于，或者说受制于自身体积大小及距太阳的距离，一直在不断的发展中改变着自身的结构。

　　科学家们将这种积极的自我维持称为"自创生"（希腊语称为"自我生产"）。一个生命有机体在经历变化时必须能够维持自身的稳定，这是生命最基本的定义。盖亚理论（盖亚是希腊神话中的大地女神）认为，地球本身是活跃的，因为它在持续变化和发展的过程中维持着自身的基本稳定。即便地球作为一个整体不能进行自我调节，但至少大气及地球表面的沉淀物似乎形成了一个自我调节系统，维持着空气的成分和生命体持续生存所需的地表温度。

　　在这个持续的发展过程中，地球在什么时候开始出现能够进行自我复制的生命有机体呢？多年以来，科学家们将生命的起源追溯至已经灭绝的无脊椎动物三叶虫，因为它们的化石是已经发现的最古老的生命体。三叶虫是最早具有硬壳结构的生物，它们在海底的石灰岩上留下了清晰的印迹。

世界各地已大量发现此类化石，它们的历史可追溯至约 5.8 亿年前。

然而，1943 年电子显微镜的发明使人们能够对已经成为化石的细胞进行观察。现已证明生命起源于细菌细胞，它们在地球诞生之后的 7.5 亿年间形成。

但是，即使不用电子显微镜，我们通过自己的身体也能够想象出生命在地球上波澜壮阔的历史，因为我们的身体就像是一个历史博物馆。我们就像宇宙一样，由物质和能量构成。我们的细胞由恒星爆炸产生的原子构成，生活在富含氢和碳的环境中，就像生命形成时地球的环境。碳与其他五种元素结合形成了所有生命共同的化学特性，它们占到了所有生命体干重的99%，包括我们人类。

每个人的生命都始于一个单细胞，地球上的所有生命亦如此。最初的细胞是细菌，人类体内包含的细菌细胞比动物细胞多 10 倍。我们的细胞包含三部分（线粒体、质体和波动足），在被纳入更为复杂的细胞之前，它们作为单独的细菌而演变进化。

我们的血液中依然含有海盐的成分，泪水和汗水中含有海水成分，这是所有生命起源于海洋的证据。我们的婴儿要在充满水的环境中发育和成长九个月，地球上所有生命形成的最初阶段都是在潮湿的地方度过的。当婴儿尚是胚胎时，还要发育出暂时的鳃，就像胎儿耳朵后细小的伤痕，这是形成能够呼吸的肺的一个重要步骤。我们的身体像地球表面一样，65%是水。所以，我们在最深层和最本质的方面是属于地球的。

细胞和生命进程（距今 39 亿—20 亿年）

早期地球上的化学物质是如何形成生命的呢？科学家们并不能给予确切的回答，因为他们还不能在实验室里从化学物质中创造出生命。科学家在 50 年前才开始进行此项尝试，而地球至少用了 5 亿年的时间。然而，科学家们非常熟悉地球在此之后的演变脉络，他们可以非常自信地向我们展示这一过程，并确信即使将来发现了某些遗失的部分，这些部分也会进一

图 2.1　约 40 亿年前的地球表面

（来源：Lynn Margulis and Dorion Sagan, *Microcosmos：Four Billon Years of Evolution from our Microbial Ancestors*，©1997 The Regents of the University of California，Berkeley，CA：University of California Press，39.）

步验证他们目前提出的这个总纲要。

　　地球约形成于 46 亿年前。在接下来的 5 亿年中，地球一直是一个熔融状态的火球，由于温度太高以至于没有表层空间和水，因为水无法凝固，只能在大气高层保持着蒸汽状态。（图 2.1）

　　在这最初的 5 亿年中，地球逐渐变冷；到大约 39 亿年前时，地球已经变得足够凉爽，以至在仍处于熔融状态的地幔上形成了一层薄薄的地壳岩石。地球上可确定年代的最古老的岩石出自格陵兰岛，距今约 38 亿年。火山爆发时，岩石爆裂并喷出岩浆。陨石撞击，暴风雨肆虐。水开始凝固；地球可能经历了数百万年暴雨的冲刷。地壳板块的运动使地球内部释放出气体，形成了一种含有水蒸气、氮、氩、氖和二氧化碳的新大气。这一事件有时被称为"大喷发"！

　　大约在最初的 8 亿年间，生命有机体在这种条件下以某种方式形成，因为最早的细菌化石可追溯到 35 亿年前。科学家们曾经认为当雷电击中海洋时，以某种方式促成生命细胞从原生化学溶液中产生。现在看来，即使借助于闪电，小分子也不可能在溶液中自发结合。科学家们对分子如何自我结合提出了多种解释，其中最有说服力的一个假说是，在成为细胞之前，就已经存在原细胞或细胞泡。

　　当某些分子通过结合围住一个很小的空间并构成原始细胞膜时，这些细胞泡就形成了，化学物质的复杂演化就在这里进行。这些细胞膜将某些分子包裹在内而将其他分子挡在外面。当一个细胞泡过大而无法维持自身生长时，它就分裂成更小的细胞泡。分子含量不同的细胞泡之间发生碰撞和融合，有些继续发生化学反应，其余的将会消失。这些原始细胞大约形成于 39 亿年前，似乎已经成为分子和新陈代谢进行复杂进化的媒介，这是生命演化的连续统一体。

　　细胞泡中的最初元素是碳（C）、氢（H）、氧（O）、磷（P），可能也包括了硫（S）。当氮（N）可能以氨（NH_3）的形式进入这一系统时，复杂变化发生的可能性急剧增加，因为氮是形成细胞生命的两个特征（催化作用和信息存储）所必需的元素。这可能发生在约 38 亿年前，此前的 1 亿年是细胞泡的活跃期。在这 1 亿年间，生命的共同祖先开始以单细胞或群细胞的形式出现，地球上的所有生命都源于此。生命之所以源于单一的共同祖先，是因为所有生物都拥有相同的遗传密码，相同的生物化学路径。这一事件有时被称为"大起源"。

　　通过形成蛋白质、核酸和遗传密码，我们共同的祖先细胞迈出了从细胞泡到真正生命细胞的最后一步。这些最初的生命细胞包裹在细胞膜中，约含有 5000 种蛋白质，内部还漂浮着核糖核酸（RNA）链和脱氧核糖核酸（DNA）链。这些细胞的直径为百万分之一米，它们进行自我维持和复制，用自己的 RNA 和 DNA 去复制 RNA 和 DNA 分子并合成蛋白质。

　　最先形成的可能是核糖核酸（RNA），因为它能进行自我复制，也能作为酶进化成后来的细胞。生命进化过程中最后一个阶段的细节依然充满着神秘色彩，这一化学网络结构是如此复杂，以至于在了解它们之前，我们需要一些新的数学概念。祖先细胞有可能是依赖于火山口能量的偏好高温的细菌（古生菌），也可能是与当时的蓝绿菌有密切联系的细胞细菌。现存最古老的化石发现于南非的一座山上，可追溯至约34亿年前。把它放在显微镜下观察时，可以看到一些类似于今天蓝绿细菌的一些细丝。

我们从古生菌或蓝绿菌演化而来，这意味着什么呢？"进化"一词更精确的意思是什么呢？自从查尔斯·达尔文在1859年提出进化论以来，科学家们一直在讨论这个问题。由于细菌比多数复杂有机体的演化方式更为复杂，人们现在对细菌的研究提出了有机物变化和演化过程中的若干方式。

达尔文阐释了第一种方式，即发生在代际之间的随机突变或随机变化。我们现在知道突变在基因复制期间自发进行。（基因是DNA的组成部分，DNA排列组合形成一个完整蛋白质或蛋白质的一部分。）一次突变就是核苷酸（核酸的小分子结构）在基因组（一个完整的基因集）中排列序列的简单变化，它为形成有机物而改变指令。只有突变使新生成的有机物在争夺环境资源和自我复制中更具优势时，它们才会比其他相似的有机物更加频繁地在基因中传承。这就是达尔文所提出的演化机制，即凭借随机的基因突变适应不断变化的环境。

第二种进化方式来自细菌。当生长到自身两倍大小时，细菌开始对自身简单的DNA链进行复制，并在每个新细胞的一个DNA链处分裂。约每20分钟进行一次快速的细胞分裂。如果受到威胁，细菌就会将它们的基因物质释放到环境中，其余细菌就会获取部分基因。细菌重组它们的DNA，而人类也正在研究这一过程。细菌也许每天会改变它们遗传物质的15%。它们在地球上形成一个大的网络，这样能够实现遗传物质的高速交换。

第三种进化方式称为共生起源。当两个有机物由共生模式变成永久模式时，这种进化就会发生。一个十分贴切的例子是，虽然细菌在氧气中不能发挥作用，但它能在我们缺氧的肠道中存活，帮助我们消化食物。

在38亿到18亿年前的20亿年中，细菌以它神秘的方式发挥着作用。

在这个极其漫长的时期，细菌产生了发酵作用、固氮作用、光合作用、运动能力，规定了地球生态系统的基本原则。

起初，当第一批生命细胞没有足够的基因来满足它们需要的所有氨基酸、核苷酸、维生素和酶时，它们就从环境中直接吸取成分。当细菌增加并开始耗尽营养物质时，那些幸存的细胞不得不形成新的代谢途径，以便从附近的物质中摄取食物和能量。在最初的一项创新中，细菌开始将糖转变为能量。生长在泥土和水中的其他细菌，因远离阳光而生成糖的分解方式（发酵），这种方式一直持续至今。一些细菌逐渐具备了从大气中摄取氮气的能力，并将氮气转化成一系列的氨基酸。可以说，现今所有的有机物都依赖于一小部分能够从空气中摄取氮的细菌而生存。

细菌也参与了光合作用的过程，或将空气中的阳光和二氧化碳转化成食物。早期的细菌在进行光合作用时，直接从空气中吸收氢，并与碳结合形成碳水化合物。细菌这种进行代谢的创新方式，是地球生命历史中最重要的步骤之一，至今人们还未能完全了解这种方式。通过地球上的大气和水分，细菌还能够使气体和可溶化合物进行循环，从而对对它们的生存条件进行某些调整。

细菌的历史接近 20 亿年，它们覆盖了地球表面的每一个角落。地球上分布有大量的浅水池，因细菌漂浮在上面，这些水池呈现出灿烂的紫色和赭色。水中漂浮着一片片绿色和褐色的浮渣，击打在河岸上，浸染着潮湿的土壤。火山一直在喷发，烟气缭绕，空气中弥漫着细菌散发出的阵阵恶臭，这些细菌堆积在一起创造着生命。虽然，那时的细菌可能已经进化出所有主要的代谢和酶聚合作用系统，但是它们一直属于无核细胞或原核生物。它们的基因在细胞中自由漂浮，还不能聚集到细胞膜内的染色体中以形成细胞核。尽管如此，细菌已经形成了地球生物圈的基本要素。

新细胞和两性伴侣（距今 18 亿—4.6 亿年）

大约在 20 亿年前，地球经历了一次灾难性的污染危机。早期的空气中几乎没有氧，但是通过蓝绿菌从含氧的水中吸收氢，越来越多的氧被释放到大气中；蓝绿菌不能使用这些氧，而这些氧威胁所有的细菌。氧是有毒的，因为它与生命的基本成分（碳、氢、硫和氮）起反应。大气中的氧含量逐渐从百万分之一增长到五分之一，或者说是从 0.0001% 增长到 21%。

为了能够在空气的这次变化中生存下来，细菌不得不进行大规模的重组。在空前的巨变中，蓝绿菌创造出一种呼吸氧的方法，并以一种受控的方式使用。这时，它们既能进行产生氧的光合作用，也能实现消耗氧的呼吸作用。空气中的氧含量稳定在 21%，现在在大气中的氧含量依旧如此。地球是如何维持这一水平的呢？现在仍然是一个谜，然而，假如氧的含量升高几个百分点，有机生命体将会燃烧；如若低几个百分点的话，有机生命体就将窒息。

当空气中的氧含量升高到 21%，一种新的细胞出现了。细菌形成了呼吸氧的方式，一种能源就这样诞生了，而细菌自身远不能对这些能源进行充分利用。一些细胞进化成一种新细胞，它被称为真核细胞（"真正有核的"）。真核细胞有两个典型特征：包裹在自身细胞膜内的核和消耗氧的线粒体。许多人将无核细胞到有核细胞的飞跃视为所有生物体经历过的最巨大的变革；它从没有再现过；今天所有的多细胞生物皆由有核细胞构成。（图 2.2）

新细胞比无核细胞更大更复杂，细胞质在它们的内部结构中流动。细胞核内部是染色体，新细胞的染色体数量是无核细胞的 1000 倍。那么，这些大量 DNA 有什么作用呢？这是分子生物学的难题之一。有些新细胞的一部分也能进行光合作用，它被称为色素体或叶绿体，与耗氧部分一起被称为线粒体。许多生物学家认为，这两部分的前身可能就是进入其他细胞内部的曾经分离的细菌。实验已经证明，在变形虫（微小的单细胞动物）体内，危险细菌在不到十年就能变成所需元素（细胞器）。同样，有核细胞看上去像是多种有机物的结合体。

真核细胞最早出现在 19 亿年前。在 17 亿到 15 亿年前之间，这些有核细胞构成的有机物进化出一种新的复制方式，这种方式需要两个同伴。精子细胞从一个有机体进入另一个有机体的卵细胞中，在它们结合和分离后，

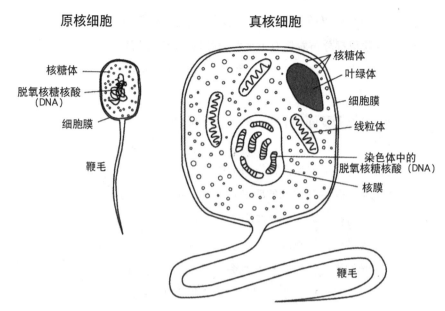

图 2.2 原核细胞与真核细胞的比较
　　细胞是生物化学元素，它被多孔膜包围并且内部含有基因物质（DNA），基因物质具有编码细胞功能和复制功能。核糖体是蛋白质合成的组织场所，之后接受来自 DNA 的指令。更为复杂的真核细胞在形成核的薄膜内有一个由 DNA 链条组成的基因组。核的外部区域被更多的薄膜交织，这些薄膜在细胞中组织不同的细胞器。其中一种细胞器是可以将食物转化为化学能量的线粒体；另一种是质体或是叶绿体，它们可以将光转化成化学能量，这种过程被称为光合作用。真核细胞包含便于运动的鞭毛。

　　就会出现一个含有完整染色体的新有机体，父母各贡献染色体的一半。从目前的现实来看，这种有性繁殖一直在持续进行，从未发生过改变。

　　随着新的有核细胞和新的有性繁殖的产生，细胞开始更加频繁地聚集在一起。老细胞有时也聚在一起成为多细胞有机体，但是新细胞能够更彻底地聚在一起，并最终成为植物和动物。两个生殖细胞结合在一起，形成一个会产生更多遗传变异的新细胞。遗传变异有两种原因，不同来源的基因重组或基因在复制过程中发生的错误（变异），这都增加了新有机体形成的可能性。

　　细菌这一单细胞生物，占据了生命进化历程的 5/6。它们创造了所有让生命成为可能的化学结构。我们常常将细菌看作需要攻克的病菌，但它们也是我们应当予以尊敬的祖先，更不用说是应受款待的宾客了；我们每一个人的皮肤里都分布着亿万个细菌。和过去一样，它们一直处于统治地位；一个生命体越小，就越容易形成和维持，因为它不太复杂。

植物和地球表面（距今 4.6 亿—2.5 亿年）

如同我们所看到的那样，生命细胞的生存与它们的环境息息相关。事实上，在生命和非生命差别的明确定义上，生物学家尚未达成一致，因为地球环境和它的有机体之间有着重要的联系。

在单个蓝绿细菌细胞成活后，它们成群地聚集在一起形成菌群。它们生长在有阳光的潮湿浅滩。有时水会干涸，因此一些蓝绿细菌的菌群形成了一种保持内部潮湿、外部干燥的能力。得益于这种进化的优势，它们生存下来，并繁衍出早期植物，这些植物与现在的藓类和苔类相关。到 4.6 亿年前，第一种植物孢子已在岸上生长。

一旦上岸，植物不得不变成三维的，并生成坚韧的茎，而茎能够从根部传输水分，从平坦的枝头运送养分，而树枝是早期的叶子。这一过程发生在 4 亿年前。接下来为了保护处于干燥无水环境中的胚胎，种子出现了。种子能够使植物胚胎暂停生长，检测环境，并等待使它重新开始生长的有利条件出现。然后，蕨类的"树"出现了，它在 3.45 亿至 2.25 亿年前覆盖了地球的陆地区域。

确切来说，地球的陆地区域是什么样子的？长时间以来，人们想当然地以为陆地一直处于同一个位置，情况很稳定，它以前的样子和现在都一样。然而，现在我们不这么认为了。

地球是一个巨大的电磁发电机。它的内核中心是坚实的，被液态的铁和镍包围。地核始终在被加热。流动的液态铁围绕地球中心旋转，由此产生地球的磁场。地球内核的直径缓慢增长，每 5 年增加约 5 厘米，这是因为和宇宙中的其他事物一样，地球一直处于冷却状态。

岩浆是部分熔化岩石的一个地层，它们从 100 多千米深的内部上升到地球表面坚硬的岩石地壳，地壳的平均厚度 17 千米。岩石地壳覆盖了整个地球；陆地是地壳中上升的隆起部分，而海洋则是凹陷部分。地壳破裂成构造板块，当它们漂浮于岩浆上时，这些板块相互推动、挤压或是抬升。岩浆中的热量使它们在海洋中心上升，穿过陆地上的火山群，形成地壳板块间的裂缝；当它形成新的地壳，并在已有地壳周围移动时，就会发生地震。地球的岩石表面遭侵蚀，沉积在海洋板块上，加固成岩石，进行下一次逆冲；这一过程在地球历史中重复上演了 25 次。

地球陆地每年以厘米为单位随着岩浆移动。通过时间，我们能够对陆地的运动进行研究，这是因为当新岩石生成时，它们的磁力将与南北磁极一致，恰如岩石形成时它们所处的状态一样。（这种现象的研究被称为古地磁学。）因为磁极每年移动一点，科学家们能够判定岩石移动的程度和岩石形成的时间。

将构造板块的运动数据与古地磁及化石的记录结合起来，地理学家们重构了地壳在过去所处的位置。当然，年代越久远，研究结果的不确定性就越大，争论和不同的解释亦随之增多。然而，所有人都承认，对地球的每种生命形式而言，地球环境都不是长期永恒的。

大约在 2.5 亿年前，蕨类植物生长茂盛，我们现在陆地的大部分靠在一起，集聚在南极周围形成了一大块陆地，这块陆地被称为泛大陆。在此之前，陆地分裂为一个个小岛，它们漂浮移动，现在的许多陆地当时都浸在水中；更早的时候，也许陆地板块几乎完全统合在一起。

5000 万年之后，泛大陆板块再次分离，顶部被称为劳亚古陆（北美洲、欧洲和亚洲），底部则被命名为冈瓦纳古陆（南半球）。冈瓦纳古陆后来分裂为南美洲、非洲、马达加斯加、阿拉伯半岛、澳大利亚、南极洲和印度。只要地核是炙热的，大陆板块就将保持运动；地核的热量产生于它的形成时期，而放射性元素不断进行的衰变则使地核的高温得以维持。（图 2.3）

在泛大陆板块开始分裂后，蕨类植物逐渐发展成松柏科植物，接着进化出开花植物和阔叶树。阔叶树大约在 1 亿年前出现。最早出现的现代植物科有山毛榉、桦树、无花果、冬青、橡树、悬铃木、木兰、棕榈、胡桃

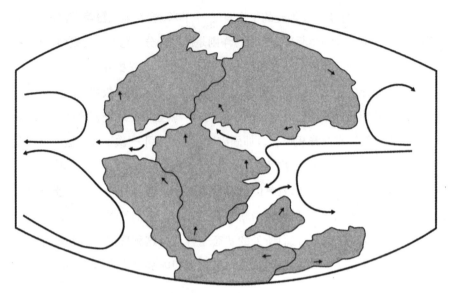

图 2.3　大约 2 亿年前泛大陆的分裂

树和柳树等。红杉是恐龙时期的见证。

　　树木和其他植物在保持地球凉爽方面一直发挥着重大的作用；正是由于这一作用的发挥，才使得其余生物拥有了更适宜的生存环境。地球每天接收来自太阳的大量能量流，它的能量相当于在广岛爆炸的那颗原子弹的 1 亿倍。地球每天还从地核接收新鲜的注入能量。由于地表的反射，大部分来自太阳的能量重返太空。通过光合作用，植物转化了少量的太阳能，但是在清除空气中的二氧化碳方面，它们居功至伟。这样一来，气温就会降低，因为当大气中的二氧化碳穿过源自太阳的能量时，它会阻止热量返回太空。大气中二氧化碳的比例仅为 0.035%，但对稳定地球气温而言，这一低比例是非常重要的。植物的光合作用也向大气释放氧气，有利于氧含量保持在 21% 左右，而大气的氧含量对生命有机体来说是非常重要的。

动物来到陆地（距今 4.5 亿—6500 万年）

　　总之，到了大约 2.5 亿年前，陆上的细菌已经变干，并形成巨大的种子厥。种子蕨覆盖着一片广阔的陆地，即泛大陆。那动物呢？它们何时有了四肢，在陆地上行走？

动物最初生活在海里。甚至在植物细胞开始在浅水中聚集之前，动物就已在海洋中生长。动物与植物的区别在于动物细胞作用的特殊性以及细胞之间复杂的相互作用。通过大量简单细胞的相互作用，动物细胞一定会使邻近的细胞联系起来，近来我们才可通过电子显微镜观察到这一现象。目前，与能够生成胚胎的细胞球一起，这些复杂神秘的细胞连结被认为是动物界的真正标志。而且，在动物细胞里不存在光合作用的细胞器。动物们利用细胞之间相互作用的复杂性，并与其一道发展，使生命达到一个新阶段。

当一个具有细胞鞭的单核细胞在没有光合作用的情况下，为了移动，第一次插入另一个细胞，并推动它向前，第二个细胞的微管因此可以发挥其他的功用的时候，动物开始了它最初的历程。现存最简单的动物是丝盘虫。它是一小群宽 3 毫米附着在细胞鞭上的成核细胞而已。

因为动物是以软体生物的形式诞生于海洋中，那么还会存在一些关于早期动物的证据吗？在 2004 年，在中国西南部的岩石上发现了细小的双边平面躯体化石，它的宽度相当于 4 根并排的人类头发，这块化石的历史可追溯至 6 亿年前。

到了 5.8 亿年前，动物形成了它坚固的部分（外壳和裸眼可视的骨骼），人们在世界各地发现了它们的大量化石。到这时为止，我们的细胞祖先已经存在了 30 亿年。最早生成坚固外表的动物是三叶虫和巨大的海蝎子，这种海蝎子的长度有时可达 3 米多。所有的这些早期动物无一幸存至今，99% 曾经在地球上存在的物种都灭绝了。

可能因为它们的大小以及在海中形成的复杂性，动物上岸的时间比植物稍长一些。人们一般认为，动物上岸大约开始于 4.6 亿年前，一种类似于潮虫的生物可能是第一批上岸的动物。为什么它们敢上岸呢？因为它们在海中的生存受到了威胁。那时已经出现了鲨鱼，而且泛大陆正在形成，这使得适宜潮虫生存的海岸线变少。在它们生命周期中的部分时间，两栖动物需要生活在水中，而除了胚胎以外，爬行动物、鸟类和大多数的哺乳动物则不用。

另一种生物——真菌也上岸了。真菌既不是植物也不是动物，它代表了有核细胞的第三种重要进化方式。真菌从孢子中形成，它们的细胞可能包含了许多有核的单细胞，它们获取营养的方式是直接从土壤或木头中吸收分子，而不是进食或光合作用。我们所能看到的真菌部分是一个"子实体"；它的身体实际上是一个由细丝交织的网。通常用霉（比如青霉素）、蘑菇、酵母菌、羊肚菌和块菌来举例说明大多数的真菌是陆生的。真菌与植物和动物共同进化，三者之间联系密切、深入。

我们从微观角度可以看到，在它们的格外繁茂下，植物、真菌、动物和细菌共同构建了一道美丽的风景，一个由有核细胞单元构成的共生的"互联网"。又或者，移开我们的显微镜，我们从宏观的角度可以看到，植物、真菌、动物和细菌共同形成了一个生物群（biota）；为维持生命的生存状态，这个生物群对生物圈进行监管。

2.5 亿年前，这一生物群遭受到异常严重的威胁，在不到数十万年的时间里，它失去了 50% 以上的生物科，多达 95% 的物种消失。虽然承受了极大的损失，这个生物群还是成功地维系了生命。（在分类系统中，条目最多的类别是种，同种之间能够进行交配。若干个种构成属，几个属形成科，科的上级单位是目，以此类推。）

是什么导致了地球上一半多的生物科消失？我们现在认识到，大灭绝在地球历史上反复上演，至少发生过五六次。多久发生一次呢？是否有一定的规律？关于这些问题，人们争论不休。然而大家达成共识的是，2.5 亿年前发生的大灭绝是所有大灭绝中最残酷的一次。

科学家们已经搜集了许多有关 2.5 亿年前大灭绝的数据，并得出了多个理论，但尚无明确的结论。最可能导致大灭绝的原因有海平面、大气和气候的变化，巨大的火山喷发，以及（或者）来自宇宙的影响。

在这次大灭绝之前，陆地在 2000 万年里逐渐合并成泛大陆；这次合并也许引发了极端的气候变化。在 2.522 亿到 2.511 亿年前，西伯利亚和中国南部发生了大规模的火山喷发；这可能遮蔽了太阳，引发了冰川期。海洋中的氧气含量也陡然下降。一个巨大的陨石可能击中了澳大利亚西北部的印度洋。有关的争论仍在继续。

在一次大灭绝后，生命往往以比平常更快的速度创造出许多新的形式，好像是以此作为对大灭绝的回应。这些新的生命形式填补了已灭绝的生命形式留出的空白领域。在 2.5 亿年前的大灭绝发生之前，两栖类是主要的动物生命形式；一些两栖动物已经进化成爬行动物。在这次灭绝之后，爬行动物大量繁殖，并以更快的速度进化出多个新物种。

通过诞生一个封闭的蛋，两栖动物变成了爬行动物；父母无需返回水中，便可以在岸上产下这种蛋。为了达成这一要求，爬行动物需要进行插入式性交，通过这种方式，雄性能够将精子放入雌性体内；如此一来，就不用在产下蛋后，再使其受精。因为这种性交方式，我们应该对爬行动物心怀感激。

在大灭绝后的 2500 万年中，爬行动物进化成令人惊异的生物，也就是我们所说的恐龙。这些恐龙大约在 2.1 亿年前成为主宰，此时泛大陆还未开始分裂，它的分裂大约发生在 2 亿年前。因此，大约在 1 亿年的时间里，其他所有的生物都生活在恐龙的统治之下。地质学家将这一时期称为白垩纪、侏罗纪和三叠纪。

关于恐龙也存在许多猜想，但是专家们一致认为它们是来自一个共同祖先的单一族群，而且它们大部分是陆生的，鸟类是一组食肉恐龙的直系后代遗传。恐龙的大小各异，涵盖范围甚广，其中最小的恐龙长约（约合 0.6 米——译者注），重仅为 5 磅（约合 2.28 千克——译者注）；最大的腕龙像巨人一般，当它站立时，高 35 英尺（约合 10.7 米——译者注），重达 70 吨。当泛大陆持续时，恐龙掌控着世界；然而正是在这一生物如日中天之时，泛大陆开始分裂。最著名的恐龙种类是霸王龙，它在恐龙时代的晚期出现。霸王龙是目前所知的最大食肉陆地动物，长 46 英尺（约合 14 米——译者注），高 20 英尺（约合 6 米——译者注），重 5 吨，它的咀嚼牙齿有 6 英寸长（约合 0.15 米——译者注），它很可能是食腐者而不是捕食者。

如果恐龙世界中有人的话，霸王龙张开的大嘴可以站一个 7 岁小孩。

因为恐龙体型、种类和统治地位令人振奋，也因为我们开始熟悉它们的世界，现代人对恐龙世界非常着迷。在恐龙时代，水中满是鱼和两栖动物。它们生活在热带气候中，周围布满了茂密的植物、花卉和成群的蜜蜂，这些对现代人都极具吸引力。恐龙形成了一定的交配模式，甚至一些恐龙开始照顾它们的蛋和后代。无毛哺乳动物在恐龙的脚下奔跑，它们在晚上进食，这些动物和我们儿时喂养的动物和宠物非常像。这时候，鸟类还未从有翼的恐龙完成进化，洞穴人尚不存在。在恐龙时代结束 6200 万年之后，洞穴人才出现；类人猿甚至是在恐龙灭绝 3500 万年后才出现的。

恐龙到黑猩猩（距今 6500 万—500 万年）

在恐龙的全盛时期，它们统治着整个世界，而那个世界的物种范围多到难以置信。然而，就在这时，又一次大灭绝发生了。这次大灭绝发生在6500 万年前，所有的恐龙（除了那些已进化成鸟的）以及陆地上体重超过 55 磅（约合 25 千克——译者注）的其他动物都彻底消失了。这次大灭绝没有之前的几次严重，但这一画面在我们的记忆中却更为鲜活；这可能是因为与蚯蚓、三叶虫或微生物的死亡相比，恐龙的灭绝更容易激起我们的同情心。

一些物种在 6500 万年前好像突然间就灭绝了。其他物种从 7500 万到6500 万年前则呈现出多样性逐渐减少的态势。大部分陆地植物和一部分小型陆地动物成为这次灭绝的幸存者，比如昆虫、蜗牛、蛙、火蜥蜴、甲鱼、蜥蜴、蛇和鳄鱼，一些有胎盘的哺乳动物，还有大多数的鱼和海洋无脊椎动物。

过去，科学家们曾对恐龙灭绝的原因提出过一些大胆的猜测：恐龙太笨了，或是太迟钝，抑或是小型长毛哺乳动物偷了它们的蛋。在重大灾难的证据面前，这些观点早无立足之地。在这次灾难中，一个直径 6 英里（约合 9.7 千米——译者注）的陨石撞到地球，击起大量的碎片；碎片太多，太阳射线可能因此被遮挡了数千年之久。1991 年，地质学家对该陨坑进行了测定。它宽 120 英里（约合 193 千米——译者注），深 20 英里（约合 32 千米——译者注），现深埋于墨西哥的尤卡坦半岛；它得名于其所在地附近的村庄，希克苏鲁伯（Chicxulub，发音为 cheek-shoe-lube）。这个陨坑位于尤卡坦半岛北部海岸的水边，从这个地方生成的海啸波浪流过墨西哥湾。与 2.5 亿年前发生的大灭绝一样，许多的火山在同一时间喷发；然而，目前地质学家尚不清楚火山活动、来自地球外的影响与大灭绝之间有着怎样的联系。

正如早前提到的那样，古生物学家曾经以为，小型哺乳动物偷吃恐龙蛋可能导致了恐龙的灭绝。现在他们认为，恐龙的灭亡是哺乳动物得以增多的原因之一。恐龙为哺乳动物的发展留下了一个完全开放的地球。由于生态空间骤然扩大，哺乳动物的种类大增。

哺乳动物的特征就在于它们能够哺育自己的后代，小型哺乳动物让它们的后代爬进外部的袋子里进一步生长（有袋类动物）；大型哺乳动物的后代其体内进一步发育（胎盘哺乳动物）。最早的哺乳动物出现在 2.1 亿年前。在 6500 万年前的大灭绝发生前，很少有哺乳动物比老鼠大。它们有保暖的毛发，进食昆虫和果肉；之后，更多的植物成为它们的食物。

然而，现在我们知道哺乳动物最显著的特征是大脑边缘区域的开发，这一过程发生在 1.5 亿—1 亿年前，大脑边缘区是哺乳动物的大脑在这一时期形成的一个新区域。大脑边缘区监控着外部世界和体内的环境，并将二者协调，使其相互适应。它微调生理机能，使身体能够适应外部世界，这样一来，哺乳动物能够在寒冷的地方保持温暖。大脑边缘区也是情感中心，它能通过控制面部肌肉来表达情绪。

大型恐龙的存在对哺乳动物的进化起到了良好的促进作用。正是由于它的存在，哺乳动物才保持了小体积和贴近地面的生存方式；当恐龙睡觉时，夜间生物展开觅食活动，贴近地面使它们的牙齿、嗅觉和听力变得更好。在现存的哺乳动物中，松鼠和地鼠是曾在恐龙脚下惊惶奔跑的最典型代表。

恐龙灭绝以后，哺乳动物经历了数百万年的时间才形成均衡适度的大躯体。由于泛大陆这一超级大陆分裂为若干个小版块，这段时间的生物历史变得支离破碎。分离的陆地意味着动物们不能在一块陆地上来回穿梭；每一块大陆上都形成了多样的物种。在我们眼中，大部分早期大型哺乳动物一定是又笨又不灵活的，它们生长在浓密的林地里，而不是开阔的草原上；后来为了适应草原、便于奔跑，才有了纤小、长腿的物种。

不断变化的气候为新的进化提供了推动力。从 5500 万到 5000 万年前，气温逐渐升高，两极地区生长着密林。两种大型的哺乳动物鲸和海豚返回海中。

到 3500 万年前，年平均气温开始骤降，此时更多的陆地相分离（澳大利亚脱离了南极洲，而格陵兰岛从挪威分离出去），这改变了洋流的流向。由此带来的冷热水交锋使得天气变冷。很多物种消失了，一些新物种诞生了。早期灵长类（小狐猴、丛猴）在热带地区存活下来，那里全年都有水果供应。在这个寒冷时代开始后的第一个 500 万年里，最初的猿出现了。

又过了 1000 万—1200 万年（2300 万年前），气温再次转暖。构造板块的挤压形成了北美的科迪勒拉山系（落基山脉、海岸山脉、内华达山脉和马德雷山脉）和南美的安第斯山脉。整个印度大陆猛烈地撞击欧亚大陆，产生了喜马拉雅山脉。非洲大陆与亚欧大陆相连，非洲的特有动物由此可以进入亚欧大陆，特别是类似大象的生物和猿。

到了 1000 万年前，气温已经回升到自 3500 万年前以来的最高水平。之后，随着空气中二氧化碳的减少和逆转的温室效应，气温又再次下降。这些变化导致了草原在南北美洲的出现，而这被认为是过去 5 亿年中的一个重大事件。草覆盖了地球表面的 1/3，并且成为动物的主食。食草动物能够自我更换食物供应量。草地和动物群于 1000 万到 800 万年前出现在美洲，它预示了东非热带草原在 700 万到 500 万年前将会呈现怎样的图景。

现在，我们应该清楚地看到变化的气候是地球故事的基础。大陆移动引发了大部分的气候变化。这些大陆在熔融岩浆组成的地幔上来回移动，形成了山脉，并改变了海洋水体的流动。可能陨石撞击也对气候造成影响，它还改变了地球的倾斜度、摆动和轨道，由此形成了一个多种因素相互作

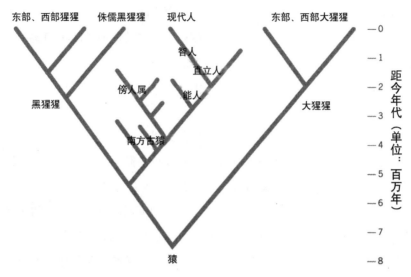

图 2.4　猿和人类：一个简明的谱系

用的复杂网络。

　　小型灵长类动物（手脚灵活、长有 5 个脚趾和指甲、眼睛朝前的哺乳动物）最早出现在 6000 万到 5500 万年前。至大约 2500 万年前，一些小灵长类动物进化为大一点的动物，这些被称为人科灵长类动物，或猿。在猿进化了 2000 万到 2500 万年之后，大概在 700 万到 500 万年前，人群才与猿群相分离，这个时间比我们之前认为的人猿分离的时间要晚很多（图 2.4）。

　　证实人（猿）进化故事的唯一证据是一些极其脆弱的石化骨头和脚印，这些证据都具有上百万年的历史，且散布于世界各地，任何地方都没有完整的信息记录。尽管在过去的 20 年里，相关的研究有了显著的进步，但是由于大量证据的缺失，目前还无法列出一个完整的谱系。化石记录上存在两大缺失：在 3100 万到 2200 万年前，大猩猩、黑猩猩和人类开始出现；在 1200 万到 500 万年前，类人猿与人类相分离。

　　最初的灵长类生活在热带和亚热带，它们在这些地方基本上是居住在树上的猴子。它们最基本的特征是四肢中的任意一个都长有五个脚趾，这些长有指甲的脚趾代替了爪子，并且拇指相对，脚趾通常相对。猴子的眼睛也是朝前的，而不是朝向两侧，因此有更广阔的视觉重叠领域。由于它们的大脑需要协调重叠区域以产生深度知觉，与其他哺乳动物相比，它们具有更大更发达的大脑。在长期的孕育后，它们每次只孕育一个后代；它们的后代生长缓慢且依赖性强，为了维持幼儿长期的发育，它们之间形成了复杂的社会结构。

与世界其他地方的猴子相比，生长在美洲的猴子类灵长动物从未下过树。原因尚不明确。在亚洲、欧洲和非洲，一些猴子冒险从树上下来，后来它们成为猿或人科灵长类动物，之后猿进化成人。它们大约在 2500 万年前出现在非洲，1800 万年前出现在从法国到印度尼西亚的欧亚大陆南部。猿在欧洲和亚洲的进化经历了上百万年的时间，但最终遇到困难。在亚洲仅有一种类人猿即猩猩得以幸存。在欧洲，气候愈来愈干燥，大约到了800 万年前早期古猿就消失了。只有东非类人猿继续繁殖和发展。

为什么东非地区如此特殊呢？它以裂谷系统为特征。这里的裂谷是非洲大陆板块上的一个断裂带，它从埃塞俄比亚和北部的红海向南延伸，经过肯尼亚、乌干达、坦桑尼亚、马拉维，到达南部的莫桑比克，全长 4000英里（6400 千米）。2000 万年前，在这条板块断带上发生了地壳运动；这次运动形成了火山，抬高了高原，摧毁了低地，低地变成山谷，正是这个山谷将水流引向了这块陆地上最大的湖泊。各种气候都出现了，热带雨林变成了开阔林地，而开阔林地面向热带草原。降雨方式和地理障碍发生改变，而地理障碍将动物族群彼此隔离。裂谷系为进化实验提供了完美的实验室。

非洲的类人猿由两种黑猩猩（普通黑猩猩和侏儒黑猩猩，后者以前被称作俾格米黑猩猩）和两个大猩猩亚种组成。最近研究得出，人类 98.4%的 DNA 与黑猩猩相同，它们是我们最近的血亲。（相比之下，我们有90% 的基因与其余的生物世界相同。）

从 20 世纪 60 年代早期，我们才开始对类人猿进行研究，当时为了在野外观察黑猩猩，简·古道尔（Jane Goodall）去了坦桑尼亚。到那时为止，除了在动物园，没人对黑猩猩有过更多的关注，人们对黑猩猩也没多少了解。在古道尔开始传授我们关于黑猩猩的知识之后，人们才开始意识到唯有通过这些动物，我们才能够了解早期人类的历史。如果在科学家们开始了解进化之前，黑猩猩、侏儒黑猩猩和大猩猩就已经灭绝的话，那么现在将无法想象早期人类是什么样的。

经过 45 年的认真研究之后，生物学家对黑猩猩的行为达成了一个新共识。这两个物种（普通黑猩猩和侏儒黑猩猩）在它们的行为方面表现出极大的不同。普通黑猩猩生活在固定的区域里，这一区域的边界由好斗的雄性来捍卫。雄猩猩长大后，它们仍会留在相同的区域内，而雌猩猩会迁移到另一地区。雄性和雌性分属于不同的阶层系统，它们并不以结成夫妻的方式生活。雄性迫使雌性遵从它们，必要时会使用武力。雄性和雌性都有多个配偶。黑猩猩有相当于人类幼儿的语言智能，而且每个黑猩猩都拥有各自鲜明的个性和天资。它们能够学会手势语，并使用这一语言与彼此及人类进行交流，它们也能教会自己的孩子使用手势语。猿最基本的食物是水果和植物，但黑猩猩也喜食生肉，并且为了吃生肉会残酷地杀生。在雄性对抚养幼儿表现得毫无兴趣之时，黑猩猩妈妈逐渐对它们的孩子形成持久的保护力。黑猩猩生活在群体中，它们的群体有 80—100 个成员，它们是高度社会化的动物。黑猩猩的情感生活与人类的情感非常相似；它们会感到生气、妒忌，焦急和孤独，并且保护弱者，愿意分享。

另一种黑猩猩——侏儒黑猩猩是一种不同的生物。侏儒黑猩猩比普通的黑猩猩稍小，它的头、脖子和肩也要小一些，这样从比例上才协调，它的脸则更为平坦外露。直到 1929 年，它们才被看成一个独立的物种；甚至即使是与黑猩猩相比，有关它的研究也开展得更晚。在野外，侏儒黑猩猩的生活仅限于刚果河南岸，即现在的刚果民主共和国（以前的扎伊尔）境内。雌性在侏儒黑猩猩的社会中居于领导地位，这个社会并不像普通黑猩猩的社会那样等级分明。侏儒黑猩猩很少进行杀戮；它们通过多种方式的性行为解决冲突。因为在人族从黑猩猩中分离出来之后，黑猩猩的这两个物种才发生进化，所以在理论上，我们人类与这两个黑猩猩物种在血缘上一样相近。

然而，黑猩猩不是人类，反之亦然。一个明显的基因标记将二者区分开来：黑猩猩一共有 48 条染色体（24 对），而人类有 46 条（23 对）。在其他的很多方面，黑猩猩也与人类迥然不同，借助这些，我们也可以看到二者的区别。它们仅用 10—15 秒的时间完成性交，不能区分合法与不合法行为，不能说话，而且当它们从人类那儿学到手势时，它们之间的"交谈"也只停留在两岁小孩的水平。

在下一章，我们将看到在 700 万到 500 万年前人类是怎样进化的，因为人类和黑猩猩拥有共同的猿类祖先，我们的故事仍将发生在东非大裂谷。

未能解答的问题

本章内容涵盖的时间跨度将近 40 亿年，基于很多有待完善的证据，我们能够从很多方面了解这一时期的地球。由于年代的久远，证据的不完整是无可避免的。虽然目前许多问题未能解决，但是不断出现的新证据会进一步确认我们所讲述的这个故事的基本内容。

近来，专业人员在测定岩石和化石的年代方面取得了新的进展，这为相关研究的开展提供了很大的助益。他们依靠的是放射线，或者是同位素的无规则变化时的数据倾向。同位素是一个元素的不同核素（即原子核的不同变体）。一个同位素的核是不稳定的，或者呈放射性。一个同位素发生衰变或者改变它的原子核，需要耗费其总量的一半，这个过程被称为同位素的半衰期。由火山喷发形成的岩石常常包含放射性同位素，这提供了一个测定岩石年代的方法。放射性碳定年法发明于 1948 年，近来又有所改进。

1. 恐龙是温血动物吗？

在他的《恐龙异说》(The Dinosaur Heresies) 一书中，罗伯特·巴克 (Robert Bakker) 阐释了自己认定恐龙是温血动物的原因，即恐龙为了长期统治地球。恐龙与哺乳动物一样是温血动物，这是对其他爬行动物的超越，也为恐龙提供了竞争优势。这一观点产生了很大的影响。然而，我们无法验证或是推翻这一理论，因为尚未发现有关恐龙器官或是这些器官如何运作的化石证据。

2. 该如何对生物进行分类？

随着微生物知识的增加，科学家计划制定出一套新的划分系统，为细菌的划分留出更多的空间。康奈尔大学的生态学家惠特克（R.H.Whittaker）在 1969 年提出将生物划分成五大界，分别是动物界、植物界、真菌界、原核生物界（细菌）和原生生物界（不是植物也不是动物）。1976 年卡尔·沃斯（Carl Woese）提出生物的 23 个部，按照一个新的标准"域"，这 23 个部隶属于三大域，即细菌域，古生菌域和真核生物域。在此模式中所有的动植物"都被归类于真核生物这一树干的最远分支的一些细枝上"。于是，有关生物分类的斗争依然继续。

3. 进化论对解释人类本性有着怎样的帮助？

进化论心理学家将思维看作人类适应于生存的一个特征。在过去的几十年中，他们的这种思考方式十分流行。他们认为，我们的大脑是从黑猩猩的大脑进化来的，并且至少是从过去的 200 万年前的状态中进化而来，而不是进化自我们最近 5000 年的体验，因为我们近 5000 年的经历还没来得及在我们的遗传物质上编码。一个很小的例子就是我们害怕蛇和蜘蛛，进化心理学家认为这是天生的，在进化的过程中，人类常处在遍布蛇和蜘蛛的地方。为了生存，猿害怕蛇和蜘蛛；那些不惧蛇和蜘蛛的猿因此丧生，因此害怕的感觉就固定在我们的大脑中。

4. 如果对人类来说，黑猩猩是近亲，在血缘上非常亲近，那么就引发了这样的问题：有人曾试图与黑猩猩交配吗？如果有人尝试过，那他们一定是对此缄口了。从未听说过此类实验。黑猩猩和人类是不同的物种，他们应该不能够生育子孙。如果这个实验获得成功，该如何养育这个婴儿呢？

目前类人猿处于命途未卜的境地。它们几乎失去了所有的森林世界，并因为埃博拉病毒而大量死亡；为了食用它们的肉，人类对它们进行捕杀；为了观赏，人们把它们圈禁在动物园里；为了医疗研究，我们将它们关在兽笼中。那些对类人猿进行最彻底研究的人们伤透了心。类人猿的分布范围离非洲居民最近，而这些居民往往通过与类人猿发生冲突而获益。也许现在的孩子将在他们的生命中目睹野生猿的灭绝。

5. 一些生物学家和天文学家决意要在宇宙中寻找其他生命，或者从地球向外传播生命。他们提出这样的问题：微观世界（即微生物的世界，或细菌界）能够在宇宙空间中扩展到其他地方吗？细菌的批量繁殖能否在其他地方为生命创造条件？将细菌带到其他星球，它们会在那里开始大量繁殖吗？

第 3 章　人类，一个新物种的诞生

（距今 500 万—3.5 万年）

　　现在，我们需走进漫长的历史岁月，探索人类的进化历程。在那些秉承犹太—基督教传统的人们眼中，这个世界从产生至今可能仅仅延续了几千年的历史。根据犹太人的推测，世界形成的时间是公元前 3761 年，而据钦定版《圣经》（King James Version of the Bible）中的一个注释，世界诞生于公元前 4004 年。在其他文明中，人们则具有更为久远的时间概念。玛雅石碑铭文表明，玛雅人将世界诞生的时间追溯到了 100 万年前，甚至 4000 万年前，尽管这一观点引发人们的争论。在印度的宗教中，宇宙本身经历着死亡和重生，梵天（Brahma）的一昼夜即为 86.4 亿年，稍长于科学宇宙论推测自大爆炸以来时间的一半。中国 8 世纪的一个天文学家僧一行（I-Hseing）认为世界已经存在了百万年之久。

　　人类的寿命只有 70 到 100 年，因而我们对宇宙时间缺乏直观的感受。因此我们需要借助类比或比喻的手法使我们对时间产生十分具体的认识，从而加深自己的理解。我们必须在自身对时间简短的体验之中，放飞想象的翅膀。

　　设想一下自大爆炸以来的年月，我们可以将整个时间压缩为短短的 13 年。倘若宇宙始于 13 年前，那么地球就形成于 5 年前；致使恐龙灭绝的陨星撞击地球发生在 3 周前；第一只双足行走的类人猿出现于 3 天前；而现代工业社会仅存在了6秒钟（表3.1）。[1]

如果宇宙形成于13年前，那么，此时……	
地球存在了大概	5年
由许多细胞构成的大型有机体存在了大概	7个月
导致恐龙灭绝的陨星撞击地球的时间为	3周前
人类仅存在了	3天
我们所属的物种——智人存在了	53分钟
农业社会存在了	5分钟
有完整记载的文明史存在了	3分钟
现代工业社会存在了	6秒钟

表3.1 压缩后的宇宙时间

（来源：David Christian, "World History in Context", *Journal of World History*, December 2003, 440.）

位于纽约的美国自然历史博物馆最近举办了一次关于宇宙历史的展览。游客首先看到的是一个模仿宇宙大爆炸的光影表演。看完表演之后，游客就沿着一个呈螺旋状的长斜坡下降到一个两层楼上。最后看到的是一块匾牌，其中有一条头发丝宽度的线，代表人类3万年的历史，这一比喻让我难以忘怀。

当我着手写这本关于世界历史的故事时，几个朋友建议我可以将书的每一页设定为若干年。他们在产生这一想法之前并没有进行过估算，若真是如此，将地球46亿年的历史写在300页的书中，那么每一页就代表了1500万年。据此推算，智人直到本书最后一行的倒数第三个字才会出现。本书的绝大部分将出现大片的空白，代表那未知的时间段；可见，这并非一个好的行销策略。

抛开占2/3的那段最初的时间，我们只考虑地球形成的时期。打一个线性的比喻，假设铺开一条31.25个足球场那么长（3125码，1码约合0.9144米——译者注）的线来代表自地球产生以来的46亿年，那么人类从大型猿类分离出来的时间为 500 万年前，发生于距这条线末端的 3.5 码处。从原始人类到智人的飞跃发生在距线末端的 5 英寸（1 英寸约合 2.54 厘米——译者注）处，而农耕时代则位于距线末端 1/4 码处。

另一个表现地球时间的简单方法是将其浓缩为我们最为熟悉的时间刻度，即一天的 24 小时。如果我们将地球的年龄看作始于午夜的一整天，那么第一个单细胞有机生物体出现在凌晨 4 点钟；第一个海洋植物直到晚上 8 点半左右才出现；晚上 10 点左右，陆地上才出现了动植物；恐龙在晚上 11 点之前才出现，在距午夜 12 点还有 21 分钟时灭亡；人类在距午夜不到 2 分钟时终于出现，而在临近午夜的几秒钟内，农业和城市出现。

不管怎样描述，一个基本的事实是，人类的历史在地球时间中如同沧海一粟，微不足道，遑论宇宙时间了。

从人猿分化到直立人

人类的出现并没有一个确切的时间点，人同猿之间的界限也并非那般清晰可辨。700 万—500 万年前，一个古猿家族的机体发生基因突变并存活下来，此后突变不断发生，古猿中的这一支被称为原始人类，即两足猿人（the bipedal apes）。在基因突变的过程中，有益突变被保留下来，而这些变化最终导致了智人（Homo sapiens）的出现。

这些基因变化反复发生在同一个地区——东非。人类在非洲的进化至少经历了 300 万年，且唯独发生在非洲一地。尽管在欧洲和亚洲也有猿类生活，但始终没有演化为原始人类。在 180 万—150 万年前之间的某个时期，一个被我们称为直立人（Homo erectus）的原始人类族群离开非洲，开始向地球的其他地区迁移。后来，约 20 万—10 万年前，另一个已经演化为智人的族群离开了东非地区，向其他地区迁徙，同时，在各地发生演化的直立人在此时灭绝了。这是我目前竭尽所能后构建出来的宏大图景，很可能他们之间也发生过其他的迁徙活动。

为何人类的进化发生在东非？这片大陆有何特殊之处使其成为人类进

化的唯一摇篮呢？

东非地处热带，而人类不发达的毛发表明我们是从热带动物进化来的。为了成为人类，热带猿猴从树上下来，到草原上生活，因此人类源自草原而非森林。正如前章所述，东非大裂谷为人类的进化提供了适宜的地理条件。

大凡游览过东非大裂谷（Great Rift Valley）、奥杜威峡谷（the Olduvai Gorge）或坦桑尼亚境内的恩戈罗恩戈罗火山口（the Ngorongoro Grater）的人们，无不为那里的壮美景观所深深折服，惊异于其祖先居所的美丽。徜徉在赛伦盖蒂大平原（Serengeti Plain）的边缘，人们依然能够看到众多的动物和鸟类，猿猴正是依靠这些丰富的食物才完成了由猿向人的过渡。峡谷两侧的峭壁、繁盛的树木和空旷的平原为遍布四周的捕猎者提供了遮蔽物、围墙和食物。

东非大裂谷由非洲大陆板块上的一条断裂带形成，位于裂谷东侧的部分将会脱离大陆的其他部分，漂向印度洋，最终同印度、中国、日本或我们所知的某一地区相撞。这条裂缝从埃塞俄比亚境内的红海开始向外延伸，经过肯尼亚、坦桑尼亚、莫桑比克等国，其分支还延伸到了刚果民主共和国和赞比亚。赤道从裂谷的正中央，即坦桑尼亚的乞力马扎罗山（Mount Kilimanjaro）穿过。靠近海岸的地方分布着地势平缓的海岸平原，而内陆高原的海拔则高达1200—4100英尺（约合366—1250米——译者注）。这些高原的存在，使其两边的气温保持在华氏80度（约合26.7摄氏度——译者注），非常适合人类的生存。（图3.1）

大裂谷的自然环境属于热带雨林和热带草原混合型气候，部分地区为山地气候。雨季时节，草木繁茂，鲜花怒放，硕果累累。到了旱季，整个高原一片干涸，一道闪电就可引起一场火灾，但到了雨季，一切又都恢复了生机。热带草原成为一个温度适宜的温床，还蕴藏着丰足的水果、坚果和猎物。

然而，气候并非一成不变。地震和变化多端的降水格局往往造成地方环境的紊乱。地球进入冰川期后，热带草原变得异常干冷，温带草原增多；而在间冰期，热带草原就会变得非常湿热，热带雨林增多。

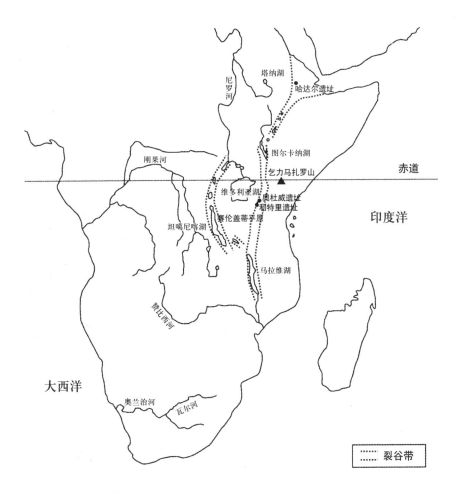

图 3.1 东非大裂谷

现在人们普遍认为，气候是人类进化过程中的一个重要因素。猿转变为人需要适应剧烈的气候变化。如果气候并未像先前一样发生变化，如果某个特定地区的基因库没有暴露在一些压力下，尤其是热带地区的干冷气候，那么我们人类很可能就不会如此这般地出现了。

地球在 200 万年前才进入到现在这种冰期和间冰期交替的状态。地球在经历了 6500 万年 15 华氏度左右（约 9.4 摄氏度——译者注）的冷却期后，到 3500 万年前，南极洲最初的冰层开始上升。很明显，在过去的 200 万年间，地球的气温经历了一个冷热循环、极易更替的时期。

在过去的 100 万年间，地球共经历了 10 个冰期，每个冰期相隔约 10 万年。最后一次冰期被称为大冰期（the Great Ice Age），它始于 9 万年前，并在 2 万年前达到顶峰。过去的 1 万年间气候较为温和，平均温度比此前的冰期高 1.8—5.4 华氏度（约合 1—3 摄氏度——译者注），其间伴随着一些短暂的寒冷期。

是什么原因导致了这些变化呢？这很可能是由于地球中轴的倾斜度、围绕太阳运行的椭圆形轨道和地球中轴的摆动发生了轻微的变化。它们都有各自的变化规律，地球中轴的倾斜度在 21.39°—24.36° 之间，往返一次历时 4.1 万年。运行轨道从近似正圆变为椭圆再到近似正圆需要 9.58 万年。地轴完成一次圆锥形的摆动将要 2.6 万年。这三方面变化的效果叠加，有时相互强化或抵消。

导致气候变化的因素还有地震、火山、大陆漂移、大气中碳含量的变化、流星和小行星的撞击等。除此之外，地球极地磁场平均 50 万年左右要发生一次不规则的逆转。海洋底部岩石的磁力表明，在过去的 1000 万年中，地球共发生过 282 次磁场逆转，最后一次发生在 78 万年前。那时，直立人尚在学习制造石器作为工具。科学家们最近指出，地球目前的磁场力已经减弱了 10%—15%，并且这种衰弱趋势似乎仍在加速，这引发了人们对于磁场逆转是否已经发生的争论。逆转一般需要 5000—7000 年才能完成。

从 600 万年前开始，两足猿人在极端的气候变化中缓慢、无规则地进化。曾经有多达二十种猿猴存在，现在只剩下了一种。能够证明这种进化存在的化石材料过于简单、经不起推敲，容易引起人们的困惑。许多物种都能够共存，古人类学家尚未建立起一个清晰的家族谱系，或许永远也不可能建立起来。科学家们通过对比人类和黑猩猩的基因组，发现了能够进化为人的部分基因序列。这部分基因包括听力和语言基因、促进大脑发育的基因以及辨别气味和促进骨骼成形的基因。

专家们将最古老的两足猿人称作南方古猿。南方古猿身材高约 3—5 英尺（1—1.5 米），头的大小跟黑猩猩相仿。1992 年，人们在埃塞俄比亚的阿法地区发现了一些化石，它们的历史可追溯到 440 万年前，是目前最古老的骨骼化石。最有名的南方古猿名为露西（Lucy），1974 年考古人员在埃塞俄比亚的阿法附近发现了她，发掘出的骸骨不及完整身体的一半。她的名字来源于披头士的歌曲《钻石天空中的露西》（Lucy in the Sky with Diamonds），因为挖掘工人在工作时放的正是这首歌。哈达尔出土的骸骨显示，这里至少埋着 13 个人，他们的历史可追溯到 320 万年前。

露西属于北非猿人，能够直立行走。她身高约 3.5 英尺（1 米），体重不超过 66 磅（30 千克），年龄在 19 到 21 岁之间，像现代的女性一样有骨盆，但面部仍保留着猩猩的模样。她的骨骼解决了人类学家之间持久的争论：人类的哪个部分最先进化，大脑还是双腿？露西的骨骼化石表明，直立行走的双腿最先得到进化。而且进一步表明，一部分大型猿类从树上下来，胳膊和肩膀保持着其栖于树上能够旋转的形式，并在大脑开始扩张之前就已经实现了直立行走。

20 世纪 70 年代晚期，玛丽·利基（Mary Leakey）率领的挖掘队在坦桑尼亚的莱托里（Laetoli）发现了一串脚印，这些脚印成为了在人类进化史迷雾中使人产生无限遐想的又一个证据。这些脚印是两只早期两足动物穿过一片火山灰刚刚覆盖的地区时留下的。火山灰由于一场降雨而变得异常潮湿，它们的脚深深地陷入其中。当火山灰变干后，里面的石灰也变硬了。更多的火山灰覆于其上，将这些印迹藏于其中，直到 360 万年之后才重见天日。这对于人类来说是一项多么伟大的发现啊！

那么早期类人猿是如何进化为两足动物的呢？专家们进行了理论推演：随着东非的类人猿体形不断变大，它们需要更多的食物，由于森林变成了大草原，所以很难在树上获得这些食物。很可能猿是从树上下来寻找食物，然后再将食物带回它们的群体中。猿可以直立行走后，能够看到远方的动静，可以搬运食物，照顾幼儿，胳膊和手臂也获得了解放，可以做其他事情。随着双腿渐趋强壮，身体重心也开始下移，从而更易于保持直立姿势。作为自我强化系统的一部分，身体开始出现了细微的改善。

南方古猿的一些物种直到 50 万年前依然存在，这着实令那些试图了解事实真相的古人类学家饱受困扰。与此同时，其他物种得以进化，至250万年前，类人猿已呈现出骨骼减小、头颅增大的特征。到了200万年前，能人或双手灵巧的猿人已经出现了。这些猿人身高约4英尺（约合1.2米——译者注），脑容量开始增加，从黑猩猩的300—400毫升上升到了600—800毫升。由于双手不必行走和摆动，因此获得解放。猿人开始用双手来制造石器工具，这有利于大脑的发育。眼睛尽量远眺，这也促进了大脑的发育。脑容量较大的雄性猿人必须寻觅骨盆宽大的雌性作为配偶。为顺利通过产道，脑容量大的婴儿在怀孕期间通常早产，这些婴儿需要长时间的照顾，这要求成人间更多地进行交流。脑容量增加的优势体现在猿人制造的第一个石器工具和不断提高的协作能力等方面，尽管掌握语言的能力还尚待开发。"手—眼睛—大脑—协作"这套自我强化的循环过程开始启动。

能人可能是热带地区的第一批白天劳动的猎人（或至少可以说是食腐动物），他们体内10%的热量是从肉类中摄入的。早期猿人食用多少肉这一问题引发了人们的争论。这是一个至关重要的问题，因为哺乳动物的生活方式主要是通过他们的饮食来判断的。然而，目前尚缺乏充足的相关证据，我们只能从他们的牙齿结构得出某些推论。

到了大约180万年前，伴随直立人出现的是另外一种身材更高、脑容量更大的物种。他们的身高可达5.6英尺（1.7米），脑容量达900—1100毫升。鉴于现代人的平均脑容量为1350毫升，此时似乎已经到了人猿揖别的时候了。

我们对直立人似乎十分熟悉。直立人能够制造木矛，将石头打造为各种漂亮的手斧，尽管他们仅是掌握了最基本的语言功能，但很可能已经能够捕获大型猎物，这需要精巧的工具和成员之间进行复杂的合作。他们身体中约20%热量是通过食肉摄入的。他们能够修建房基并照看依赖性很强的幼儿。他们可能还经历了一种重大的转变，那就是从猩猩等级体系中的雌性猿与雄性猿演化为现代婚姻关系中的两性。

直立人对火的恐惧慢慢减弱，可能还开始使用火，这是人类进化史上的重大飞跃之一。他们试着将遭闪电击中后着火的树桩的余火保存下来，从而能自己"制造"火。事实证明，这一冒险行为的价值非凡。人们可以用火吓跑其他食肉动物，将猎物赶到陷阱中，照亮黑暗的洞穴，以及在寒冷的天气中取暖。脑容量增加的效果开始真正显现。

有人甚至提出，预备、烹饪和共同享用食物也是人们生活中的一个核心主题，以至于烹饪艺术可能也是构成我们如何成为人的一个重要因素。烹饪艺术的确使人们能够吃到更多品种的食物并从中摄取更多的营养。将肉烧熟再食用而不是捕获后就地生吃，这一转变或许能够解释两个问题，即男女之间在体型上差别相对较小（因为女性吃更多的肉），以及同大多数其他灵长目动物相比，人类夫妻间相处的时间更长。据推测，人类在200 万到 30 万年前开始使用火。

通过用火，直立人又迈出了另一个具有开创性的步伐。部分人借助火的驱寒功效，首次离开了温暖舒适的非洲。这一迁徙很可能发生在大约120 万—70 万年前一个气候温和、雨水充沛的时期。当时撒哈拉沙漠的降水颇丰，因此他们能够安全地穿过沙漠。直立人可能跨越了连接亚洲和非洲的大陆桥，即现在的沙特阿拉伯地区。这次行动并不能称得上是一次迁徙，仅仅只是一小群狩猎者为追逐猎物而引发的迁移。直立人最终迁移到了近东、欧洲、亚洲北部部分地区，以及属于热带气候的亚洲南部和东南部。他们还无法在极端寒冷的地方生活，如欧亚大陆北部的大部分地区。他们也没有到达澳大利亚和美洲。然而同其他动物一样，人类奔走于世界各地，同样是具有流动性的。一个人如果每年走 10 英里（16 千米），那么环游地球需要花费至少 2500 年的时间。在直立人时代，剑齿虎灭亡了。难道当时人类已经对自己周围的环境产生影响了吗？

一个可能的情况是，人们在 180 万年前离开了非洲，之后在亚洲进化为直立人，然后又返回了非洲。事实上，这一过程可能非常复杂，涉及到众多人口的流动，以及各种地方性的扩张和收缩状况。

直立人的后代

直立人的后代可以按地域分为三类，分别是欧洲和地中海地区的尼安德特人（Neanderthals），东亚的直立人，以及非洲东部和南部某些地区的智人。官方正式的分类并未清楚地反映出这一情况，因为先前人们将尼安德特人归于智人的亚种，此后才将他们称为尼安德特种，尽管事实证明他们并不属于智人，但这一名称依然被保留下来。为区别于尼安德特人，真正的智人被称为新人。为简洁起见，我使用了尼安德特人和智人这两个术语。

根据尼安德特人的化石推测，他们存在于大约13万—2.8万年前，其祖先可追溯至最后一次冰期之前，即约9万年前。他们是第一批成功适应了世界临近冰川时代气候的人类。尼安德特人骸骨的出土数量比其他任何人种都要多，包括大约三十具几乎完整的骸骨。1856年，考古人员在德国杜塞尔多夫附近的尼安德峡谷（Neander Valley）发现了这批骸骨，他们也因发现地而得名，尽管在早些时候也发现了此类骸骨。

尼安德特人的骨骼反映出他们对寒冷气候适应得很好。他们的骨头较现代人偏短且结构更加致密，反映出了当时不论是男人女人，还是孩子，都有着矮胖敦实的体格以及坚实发达的肌肉和桶状胸。男性身高约为5.6英尺（1.7米），体重约155磅（70千克），而女性身高接近5.2英尺（1.6米），体重约120磅（54千克）。他们臀部的一些特征表明他们无法完全像我们一样行走。他们的脑容量同现代人差不多，尽管结构稍有差别。他们的颅壳长且浅，类似早期猿人，眉脊突出，鼻孔粗大，比任何时期的人类鼻孔都要大。

尼安德特人制造的工具风格历经数万年之久都很少发生变化。他们将石头做成钻孔器、刮刀、尖头石器、刀片和手斧，能够捕获猛犸象、麝牛、狼、洞熊、野马和驯鹿。他们主要靠捕获的猎物维持生计。他们使用木头作为材料，但从未想到骨头、鹿角或象牙也具备同样的使用价值。直到尼安德特人生存的晚期，才出现了装饰物，但自始至终没有出现洞穴壁画。

尼安德特人无疑已经学会了使用火。他们将刮下的兽皮用作蔽体的衣物。他们对死者进行掩埋，就目前所知，尼安德特人是最早埋葬尸体的人种。尸体的旁边有各种工具，但还没有发现其他任何形式的陪葬品或是举行葬礼的迹象。一些骸骨上的痕迹表明他们在死前患有疾病或受过伤，可以看出尼安德特人对病患者可能是给予照顾的。

尼安德特人的语言水平达到了何种程度也是一个引发人们争论的问题。通过对化石的解剖重建可知，他们喉头所在的位置同现代人是不同的，这就限制了他们的发声。他们很可能更多地借助于目前我们习惯使用的体态、面部表情以及肢体语言来拓展他们有限的语言水平。

现代的基因学家们发现，骨骼中的一些细胞在人死亡后并不会立即消失。只要死亡时间不是太久，有时从早已死亡的动物体身上还是能够提取到少量 DNA 信息的。如果在一个生物死亡 1000 年后从其身上提取 DNA 信息，那么成功率约为 70%。1997 年，基因学家设法从距今 3 万年前的尼安德特人遗骨中提取到了一小段 DNA 信息，鉴定结果表明，他们同众多的现代人种存在很大差别，不可能是我们人类的祖先。尼安德特人现在被看作是直立人中适应了极寒气候的一类特殊人种。（这一时期尚未发现智人的 DNA 样本。）

正如我们所知，当智人从其发源地非洲东南部最后到达欧洲时，尼安德特人灭绝了。事实证明，在欧洲进化的这类人种（例如尼安德特人）似乎没有在非洲进化的人种那样健康。直到 20 世纪 60 年代后期和 70 年代，欧洲人才阐明并认可了这一事实。此前，种族主义思想的泛滥、非洲发掘工作的欠缺以及糟糕的年代测定技术，都妨碍了对事实本来面目的认知。

举一个例子就足以说明问题。1912 年，有人声称在英格兰苏塞克斯皮尔当地区（Piltdown）的砾石层中，发现了一个脑袋较大的人类头骨化石。当时英美的科学界认定这是人类祖先最早源于英格兰的证据。皮尔当人的头骨也成为对其他人骨化石进行裁定和价值判断的标准。

皮尔当人骸骨被发现 40 年之后，事实证明这是一个骗局。有人将一个现代人的部分头骨和一只猩猩的颌骨巧妙地拼接制造了这副骸骨；它的各部分都经过了伪造加工，使其看起来十分古老。这一恶作剧的始作俑者一直未被发现，嫌疑人包括那个最先对骸骨进行评论的解剖学家，发现这些化石的业余考古学家，对考古学家怀有积怨的博物馆馆长，甚至还有那个考古学家的朋友，即创作了夏洛克·福尔摩斯这一人物的作家阿瑟·柯南道尔。这一玩笑使整个科学事业陷入了信任危机之中。然而，欧洲的考古学们最终揭露了这一骗局，捍卫了他们所坚持的信条，尽管他们为此付出了 40 年的时间。

最先到达东亚的人种是直立人。为了适应亚洲热带和温带森林地区的环境，直立人进化出了与众不同的特征。与草原相比，森林意味着为获得水果和坚果，人类必须不停地奔波。他们不用石头制造工具，而是使用竹子和木头，这些原材料无法在古人类遗址中保存下来。这种森林文化历经数十万年的时光逐渐繁荣并缓慢演变，同非洲和欧洲的人类保持着相对的独立性。直立人在亚洲延续的时间比欧洲和非洲长数万年之久。引用语言学家德里克·比克顿（Derek Bickerton）一句十分经典的话，中国北方的直立人"在周口店通风良好、烟雾缭绕的洞穴中一坐 30 万年，他们在阴燃的灰烬上烤着蝙蝠，并静待自己制造的垃圾充满整个洞穴"。

智人散居世界各地

最后，我们将目光转向自己——现代人类。我们又一次发现，在 25 万－13 万年前，我们人类生存于东非的某些地区。非洲直立人的后代再次发生突变，演变为一个更健康的物种——智人，这是目前人类演化过程中的最后一个阶段。

智人身材高瘦，不如尼安德特人那样健壮。智人不再有突出的眉脊，宽大、突出的额头和头盖骨。他们的脑容量不及尼安德特人，构造也完全不同。

在所有的人种中，智人应该是最先具备流利连贯语言能力的人。流利的语言使智人能够掌握语法学，产生人类特有的抽象、理性和象征性思维。这样，手、眼睛、大脑和语言之间的相互加强开始全力启动。

由于只有两种解剖学上的途径可以研究人类语言的进化发展，我们对这一过程还知之甚少。我们可以研究大脑中的布罗卡氏区（Broca's area），它主要控制人类大脑中的语言，其大小和形状可以通过取自头盖骨内部的颅腔模型推测出来。此外，利用咽喉部位的骨骼，我们还可以研究咽部和喉部的进化。

大脑的布罗卡氏区似乎也控制着手部的精确运动。说话这一行为需要舌头的精准活动，它对手的运动也提出同样的要求。研究表明，如果人的大脑受到伤害，产生了语言障碍，那么他手部动作的连贯性也会受到影响。患自闭症的儿童通过学习手语，有时也能够学会讲话。理论家们认为，由于早期人类指部运动渐趋灵活完善，他们大脑的相应部位也得到了发展，使他们能够讲流畅的语言，并建立起语法体系。于是，手势的连续运动促成了语言的形成。

对人类来说，喉头的位置是我们的一大特征。绝大多数动物的喉头位于咽喉较高的位置，并作为一个气门将进入肺中的空气和流入食管中的液体分开，因此这些动物可以在喝水的同时进行呼吸，而我们人类是个例外。人体的喉头位于咽喉的下半部分，正如男性脖颈处"亚当的苹果"（学名是喉结）所示的位置。这为鼻子后部和咽喉顶端之间留下了空间，它作为音腔产生共振，而这是其他动物所没有的结构。这种音腔共鸣，加上舌头和嘴唇的灵活运动，人类就获得了堪与灵巧的手部运动相媲美的娴熟流畅的语言表达能力。孩子们的成长过程再现了喉头的演化历史，一开始，喉头位于咽喉的顶部，后来慢慢向下移动，到14岁左右时，最终定型。

关于尼安德特人喉头的位置是否已如现代人一样降至咽喉下部，人们的争议颇多。大多数专家认为，尼安德特人的喉头位于中部，就和8岁儿童的喉头所处的位置一样。专家们普遍认为，在大约3万年前，即人类文明正式诞生之时，喉头已经进化到它的现代位置，人类掌握了语言能力。

随着时间的推移，非洲的直立人逐渐演化为智人。他们发达的大脑和语言能力使其远远超过了非洲的其他人类物种；至大约 10 万年前，人类数量增长到 5 万人左右。其中的一部分人试图离开热带草原，迁到地中海东部地区，即现在的以色列、巴勒斯坦、叙利亚和黎巴嫩。此时正值地球气候发生变化，这为他们的迁徙打开了一扇短暂的机会之窗。之后，地球在 9 万年前又进入了冰川期，干旱很快席卷撒哈拉沙漠，从而阻止了人类的迁徙。直到温暖湿润的气候重新出现，迁徙步伐才得以重启。

尽管在 9 万年前，智人已经出现在了东地中海地区，但直到 4 万年前，他们才到达欧洲。这使得人们不禁产生了这样的疑问：智人为何花了这么长的时间才到达欧洲呢？

有人推测，这可能是因为欧洲远比温暖的非洲草原要寒冷，智人需要相当长的时间来适应这种气候条件。他们在东地中海地区学会了各种抵御严寒的技能，比如制造御寒衣物，搭建温暖的住所，采用更好的狩猎技巧以便应对严寒地带水果和坚果供应骤减的局面等。大约在 5 万到 4 万年前，地球气候转暖，进入一个短暂的温热期，智人乘机进入南欧（北欧依然为冰川所覆盖）。当严寒重返欧洲时，这些智人，即现在所谓的克鲁马努人（Cro-Magnon）对于环境已经能够应付自如了，只不过与尼安德特人依赖于身体进化不同，他们借助了先进的文化技能。

这引发了一个十分有趣的问题：尼安德特人和智人之间存在怎样的关系呢？我们知道，他们曾在中东和中欧、西欧地区有所接触，然而他们之间到底发生了何种交流，对此我们尚不知情。由于他们同属于一个人类物种的亚种，因此早期的专家认为他们有可能相互通婚。但是现代的遗传学者认为，智人和尼安德特人的基因并未混合。这两个人种之间可能发生过战争冲突，由于适应能力的强弱不同，很可能有一方惨败，伤亡颇大。假如双方的死亡率相差一个百分点，那么尼安德特人很可能在生存了 1000 年后，即繁衍到第 30 代人时灭绝。不管当时发生过怎样的事件，在 3.4 万年到 3.2 万年前，克鲁马努人成为欧洲唯一的人种。

一部分智人向地中海西部扩张，进入南欧，很可能也有人向东扩张，来到东南亚地区，然而尚缺乏诸如化石之类的物证来证实上述假设。我们并不清楚智人于何时来到东南亚、印尼群岛以及地质学者称为萨胡尔（Sahul）的地区。萨胡尔曾是连接新几内亚和澳大利亚的一块大陆，当时那里冰川遍布，海平面较低，后来被海水淹没。但他们是如何在这些地区拓殖的，人们还不知道。

早期人类对萨胡尔的拓殖构成了人类首次的航海活动。2 万年前正值冰川期的顶点，大陆和萨胡尔相距 62 英里（100 千米）左右，两地之间是一片无冰水面。在此之前，人类已穿过这片海域，当时冰川较少，海平面更高，无冰水面的距离无疑超过了 62 英里。

到底是哪个人种完成这一伟大壮举，是直立人的后代还是从非洲来的智人呢？恐怕没有人可以回答。最初的拓殖活动很可能是少部分人偶然间无意中乘竹筏出海的结果。此次航行至少花费七天，它的准备过程可能达上千年之久。至少在 4 万年前，甚至 5 万到 6 万年前，人类就已经遍布新几内亚和澳大利亚的广大地区，在那里采集狩猎。这些早期居民最早建造了能够在浩瀚海域中航行的船只。

早期智人对中亚、中国和西伯利亚的拓殖是一个十分复杂的过程，我们尚未完全了解。牙科最近的研究表明，东北亚与中国南部地区的人类牙齿存在关联，而同欧洲或东南亚的人类牙齿无关。他们牙齿结构的差异很大，专家们由此认为东北亚的人种是一个新的智人种类，而与东南亚或欧洲的人类不同。可能正是这些东北亚人最终跨越千山万水，抵达美洲大陆，完成了人类在全世界的扩展。

在冰河时期，海平面远低于现在。当时，西伯利亚和阿拉斯加之间的白令地区（Beringia）还有路地相通，现已消失。地球在 5 万年前和 2 万年前出现两次冰川盛期，白令路桥在这两个时期也达到它的最大范围。当冰川开始融化时，海平面不断上升，这一地区逐渐被淹没，至 1.2 万年前，它被完全淹没。在 9 万年前到 1.2 万年前的某个时期，冰河期的人类很可能未使用任何水运工具，穿过白令地区的路桥，最终到达了美洲。

然而，他们是在是什么时候、怎样做到的呢？许多专家赞同将白令地区作为迁徙路线的说法。有关他们移民活动的明确考古学证据最早出现在新墨西哥的克洛维斯遗迹，距今约1.36万年。还有迹象表明，人类在美洲的定居时间可能更早，早在3万年前人类就已到达美洲。

不管怎样，在美洲的定居是现代人类向世界各地缓慢扩展进程中的最后一环。人类起源于非洲，首先向其他的热带和温带气候区移居，然后穿过亚欧大陆北部，进入较为寒冷的气候区，而后到达新大陆。到了1.1万年前，靠狩猎和采集为生的人们已经遍布美洲的各个角落。同迁移到世界其他地区的人们一样，美洲人为了生存，充分发挥了他们的聪明才智和创造力。他们采取各种方式以适应当地的环境，创造出一系列辉煌的文明成果，并将这些呈现在1.2万年后到达这里的欧洲人面前。

波利尼西亚人完成了对地球上最后成为人类居住地的岛屿的占领。通过航行，他们大约在3000年前到大汤加和萨摩亚，在1500年前抵达马克萨斯群岛、拉帕努伊岛（即复活节岛）和夏威夷，约1200年前登陆新西兰。也在1200年前，来自印度尼西亚的人们移居到马达加斯加。（图3.2）

在从非洲向各地的扩张过程中，智人依然是一个单一的物种。尽管现代人类离开非洲发生在10万到20万年以前，但智人并不像黑猩猩那样分化成不同的物种。在200万年前以刚果河为界，黑猩猩分化成两个不同的

图3.2 人类的迁徙

（来源：David Christian，2004，*Maps of time: An Introduction to Big History*，Berkeley，CA：University of California Press，193.）

亚种。从遗传学的角度来看，人类确实没有足够的时间发生分化。另外，相距甚远的人们也可以跨越时空保持联系。大冰川期的存在也促进了这种联系的发生，水结成冰后，海平面降低，陆地由此相连，至少有一部分的智人能够自由迁徙，往返游移于人口聚居的边缘区。或许正是这些早期徒步远足俱乐部的成员保持了人类物种的完整性。

总之，热带栖树猿人的后代演化成成熟的人类，他们于 19 万—10 万年前在东非首次出现。他们离开非洲，到世界各地定居，并战胜了地球上的各种恶劣气候，在其所到之处的生命物种中占据了主导地位。回顾起来，我们会惊异于现代人类历史的短暂，仅有 10 万—20 万年的历史，我们的直系祖先直立人历经了 140 万年才演化成智人，更不用说更老的共同祖先了，此前他们用了 300 万—400 万年的时间才从猿猴中分离出来。如果人类像大多数物种一样拥有几百万年的历史，那么我们这一物种可能依然处于童年时期。

那么人类是如何成为占据统治地位的物种形态呢？针对这个问题，我有必要强调两个主要观点。首先，人类与所有生命在内在本质上是相同的。我们同地球运行的节奏以及所有的地球生命体血脉相通。我们的宗教信仰、心理状态以及哲学思想至少在几个世纪中模糊和淡化了人类作为生物体与地球的联系，比如城市生活。但是在最近的几年中，西方人开始越来越深刻地认识到我们人类同其他所有生物体之间的联系。人类同地球是如此接近，当然不可能完全丧失这种意识。

另一个需要强调的观点是，不同时期的地球环境永远不可能是一成不变的。尽管从一天来看，地球是恒定不变的，然而事实远非如此。地球上各种力量的共同作用使得事物变得异常复杂，充满了不可预见性，那些看似运行顺畅的力量也可能产生急剧的变化。从"宏大图景"中我们可以看到，人类是在所谓的各种大灾难之间生存的。我们不仅认识到这些长期的变化，而且假定每天都是凝滞不变的，我们学会了在这种意识的指导下度过我们短暂的生命。

通过本书的前三章内容，我们可以概括出：我们所处的宇宙出现于 137

图 3.3　宏大图景

（来源：W.J.Howard,1991,*Life's Benginnings*,Coos Bay:Coast Pubilishing,84-85.）

亿年前，它在当时是一个不知是以何种能量聚集而成的微粒，后来突然开始向外持续膨胀。物质在经过充分的冷却之后，出现了氢和氦两种元素，并生成恒星，恒星又制造出较重的原子。一些恒星发生爆炸成为超新星，将较重的元素分散开来，形成了新的恒星系统，包括我们所在的太阳系和地球。在诸如紫外线和闪电这些能量源的推动下，在地球上开始形成构成生命的化学物质，最终第一个生命细胞在 40 亿—35 亿年前形成。这个细胞不断分裂和增加，生命的演变由此开始。约 600 万年前的一次基因突变开启了黑猩猩向人类的演化进程，在 20 万—10 万年前，人类作为一个物种才开始出现，在 3 万年前他战胜了其他类人物种，占据主导地位，并于 1.3 万年前散居地球各地。（图 3.3）

未能解答的问题

1. 最早的智人出现在何时何地？

在解释古代人类的起源时，科学家们都认为直立人源于非洲，之后在 100 万年前从这里向外扩展。直到最近，科学家们在现代人类（即智人）的起源问题上产生了分歧，分裂为两个阵营。有些学者认为，我们最近的祖先是同时在世界的不同地区各自独立进化而来的。这一假说被称为烛台理论（Candelabra theory），即人类演化中的每一个亚种就像是枝状大烛台的每一个分支一样。然而，大多数学者的观点同本章所述相同，认为现代人起源于非洲，然后呈辐射状向外扩展。这一假说被称为诺亚方舟理论（我们曾共处于一艘船中），即人类源自非洲或伊甸园。

根据烛台理论，现代人在许多地区出现，在至少 70 万年前甚至更早的时间开始发生基因进化。而根据诺亚方舟理论，现代人出现于 20 万—10 万年前，然后向外扩展，他们的基因在后来才出现了差异。当绝大多数的人类化石标本来自欧洲、近东和亚洲时，烛台理论颇为流行。从 20 世纪 70 年代非洲开始发现古人类化石起，许多科学家转而支持诺亚方舟理论。许多新近的各种证据都支持了非洲晚期进化的说法，但尚无充分确凿的证据。

在解释不同地理区域的现代人在解剖学上呈现出差异时，这两种理论也产生了分歧。诺亚方舟理论者认为人们在肤色、头发形态、体形上的差异都是表面性的，是后来人类为适应不同地区的气候环境而产生的变化。而烛台理论者则认为这是 100 万年前基因差异造就的结果。

2. 宗教和科学的研究结果是怎样协调起来的？

同其他具有宗教传统的人一样，犹太－基督教的一些信徒并不相信科学研究发现，依然认为世界是上帝在几千年前创造的。这些人被称为"神造论者"(creationists)，他们的观点被称为"年轻地球创始论"(young earth creationism)。还有其他一些有关神创论的观点。"古老地球创世论者"(Old earth creationists)虽然接受了现代地质学和天体物理学，但拒绝认可生物学的观点，尤其是进化论。其他的神创论者则接受了进化论的部分观点，但却否认了两个完全不同物种之间的联系，尤其是人类和猿猴间的联系。许多非常熟悉猿猴的非洲人认为人类是猿的后代，但这种观点不为信仰基督教和伊斯兰教的人所接受。

1997 年的盖洛普民意测验的结果显示，44% 的美洲人认为上帝在 1 万年前创造了现代人类，只有 10% 的人相信人类是进化来的，而上帝没有参与其中。其余的人则认为上帝以某种方式指导了人类的进化过程。大多数美洲人力图将进化论同个人上帝的存在二者综合起来解释。

许多杰出的科学家，如布莱恩·古德温（Brian Goodwin）、理查德·列万廷（Richard Lewontin）、理查德·道金斯（Richard Dawkins），都对此持否认态度。在他们看来，人类进化没有任何前进趋势或者某种特定的方向，而是一系列临时和任意事件的结果，这种生命创造的过程不受任何控制，是一场探索空间可能性的自由舞曲。

　　其他科学家从宗教背景出发开展研究，而且（或者）向具有宗教信仰的人们发表演说。此类的作品有布莱恩·斯威姆（Brian Swimme）和托马斯·贝里（Thomas Berry）的《宇宙故事：从原始燃烧进化到生态记》(The Universe Story:From the Primordial Flaring Forth to the Ecozoic Era)，厄休拉·古迪纳夫（Ursula Goodenough）的《自然的神圣深处》(The Sacred Depths of Nature)，弗里乔夫·卡普拉（Fritjof Capra）和大卫·斯坦德尔·拉斯特（David Steindl-Rast）的《属于宇宙：科学和宗教边缘的探索》(Belonging to the Universe:Explorations on the Frontiers of Science and Spirituality)，爱德华·O.威尔逊（Edward O.Wilson）的《创造：呼吁拯救地球生命》(The Creation:An Appeal to Save Life on Earth)。劳伊·茹（Loyal Rue）是一个宗教哲学家，他以自然主义者的观点来看待整个宇宙故事，他著有《每个人的历史：了解进化的历史》(Everybody's Story:Wising Up to the Epic of Evolution)。

第 4 章　先进的渔猎采集

（距今 3.5 万—1 万年）

　　故事讲到这里，人类开始出现了。这时需要将故事的进展速度大幅放缓，这样我们才能更近距离地观察自己——一种奇怪的无毛类人猿，长有喉头和聪慧的大脑。在时间已然消失的背景下，3 万年听起来好像与我们现在相距不远。毕竟，按 25 年 1 代人计算，3 万年前和我们之间只隔了 1200 代人而已。

　　正如我们看到的那样，现代思维和现代行为方式的进化过程大约始于 20 万年前，它们最初在非洲零星地出现。逐渐地，人们创造出自己的象征性语言，并传递他们的共同认知；约 3.5 万年前，人们创作了洞穴壁画、雕刻、雕像、墓葬品和装饰物，还有可能已经发展出完整的象征性语言。从目前出土的文物中，我们可以看出这一时期（3.5 万到 1.2 万年前）的人造物品不仅复杂精致，而且已经具有象征意义。加之，此时人类已经遍布世界各地的事实，史前史学家确信这些人同我们一样，是具有完全语言能力和大脑应用能力的现代人。

　　这些先进的猎手和采集者过着怎样的生活呢？他们在 10 万到 20 万年的时间里逐步建立起一种渔猎采集的生活。仔细研究这一时期人们的生活，会发现他们行为活动的复杂性大大增加，因此我使用了形容词"先进的"。

渔猎采集的生活

我们知道，地球上几乎所有的气候条件下都生活着猎手和采集者。他们巧妙地使自己适应自身所处的特定环境，因此不同环境下的渔猎采集生活肯定大有不同。然而，我们可以归纳出这些渔猎采集生活的一些共同点，无论它们是发生在北极圈还是亚马逊，澳大利亚沙漠还是南非。

猎手和采集者有时也被称为觅食者，他们在小群体中过着聚居生活。这个群体的规模需要符合两个条件：既能有效地进行防御活动，又不能耗尽步行距离之内的食物。这些群体的规模大小各异，小的 10 到 20 人，大的 60 到 100 人，这主要取决于可获取食物的数量。有时群体之间会合并，但是因为食物不足的关系，合并后的大群体很难长时间存在。历史学家设想，在 2 万年前很可能从未出现过 500 个人同时聚居在一个群体里的现象。

这些群体迁徙频繁，过着游牧生活，跟随动物从一处迁往另一处，或者当植物的果实被消耗殆尽时，他们也会选择搬迁。迁徙的模式取决于各地的环境。夏季时，一个群体在一个地方可能一呆就是个把月，但是在春秋季节，他们迁移的频率就会提高。冬季，他们会蛰居在临近猎物的洞穴之中。一些群体能够建成永久的定居点，比如生活在北美太平洋沿岸的人们就能够做到这一点，因为大马哈鱼和其他海洋食物的供应常年充足。

饮食很可能因季节的变化而有所不同，除非处于极端气候下，例如生活在北极地区的因纽特人，他们只能吃猎捕来的动物。猎捕到的动物加上人们找到的被其他野兽杀死的动物，占猎手和采集者全部饮食比例的 10% 到接近 100% 不等，而食用的动物种类可能会因季节而有所不同。3 万年前，人们开始使用改进了的工具进行经常性的打猎活动；在此之前，寻找动物尸体是人们的主要觅食活动。

很难评价觅食者饮食的质量，但是最近的证据显示他们的饮食可能比我们之前想象的要好很多，这还是取决于运气和场所。水果和坚果，加上肉类，能够提供足够的营养。由于在污染和垃圾累积起来之前人们就已经迁移，传染性疾病很难大规模爆发。由于婴儿的死亡率很高，加上因意外和战争导致的死亡时有发生，这一时期的人均寿命大约在 30 岁左右。然而，此时的一些人能够活到 60 岁以上。

猎人和采集者的住所充分反映了他们的创造性。我们知道，在条件允许的情况下，他们会住在朝南的洞穴中。他们用大型动物的骨架建造房屋。例如，大约在公元前 1.5 万年的时候，人们在乌克兰的迈兹里奇（Mezhirich）建造房屋时就使用了猛犸象的骨头。猛犸象约重 1 万磅，而一个建筑需要 95 根猛犸象骨。在其他地方，人们可能使用耐用性差一些的材料，比如动物的毛皮、树枝、石头、灯芯草和泥。由于很多地方的人们经常处于搬迁之中，这些地方最理想的造屋材料一定是轻便、易携带的。

因为在 1 万到 3 万年后，留存下来的几乎全部是石头和骨头，所以很难想象渔猎采集生活的全貌，除非我们从现在依然过着此种生活的人群中找寻答案。这样的人并不多，并且在非渔猎采集世界的压力下，觅食者的人数急剧减少。然而，他们的存在是渔猎采集这种生活方式的明证。

我们能否依据现在的渔猎采集生活得知这种生活在 1 万到 3 万年以前的形态？当然，一些原因造成了这种生活的现代形态与其古代形态有一定的区别。首先，与生活在农业和工业社会的人们一样，他们在之后的时间里也逐步进化和发展，因此这种生活的现代形态不可能和 3 万年前一模一样。此外，现代觅食者的活动被限定在一些区域内，这比他们所需要的空间要小，而且这些地区往往是别人不愿居住的地方，处在极端环境之下。现代觅食者艰难度日，而他们早期则是在更为广阔、物产更为丰富的地区游荡与生活。最后，现代的采集者几乎都受到了现代科技或政治的影响。

然而，不论生活在北极圈，热带雨林地区，还是沙漠，现在的猎手和采集者仍然与他们的先辈们有着很多的共同点，这使人类学家相信他们对现在的觅食者生活所作的归纳和总结，能够有助于构建出 1 万到 3 万年前渔猎采集生活的面貌。

我们从当代的猎人和采集者那儿得知，男子绝大多数从事狩猎，而女子采集植物果实和小动物的尸体。男女共同完成一些捕鱼和捕捉小型动物的活动。男子制作跟打猎有关的工具（像长矛、弓和箭等），而女子往往发明一些采集和煮饭用的容器，比如篮子、投石器和罐子等，还有一些做衣服的工具，比如刮刀和骨针等。社会结构简单，没有社会阶层的分化，人人平等；这不同于其他人类社会，在这些社会中不同的年龄、性别、家族和个人成就之间存在着差别。人们按需分配。

考古人员发掘到一些生产于 2 万年前的工具残片。2 万年前，农业还未起步，而这些工具在质量、数量和创造性等方面都展现出激动人心的巨大进步。在此之前，石质石器往往比较大，多是手斧和用敲石核技术打制的薄片。之后的石器比较薄，且双面刀刃，而最终这些薄片被用做矛头或投掷性的武器。人们开始使用石头以外的材料（像是象牙、骨头和鹿角等）来制作一些比较复杂的工具，比如有倒钩的鱼叉和钓钩。到了 2.3 万年前，人们发明了弓和箭，由此捕猎活动变得容易多了。这时，人们也已经发明了掷矛，它的手柄长约 1 英尺（1 英尺为 12 英寸，约合 30.48 厘米——译者注），常常以鹿角制成，并饰有动物图案，而且矛的一端安装有钩子。法国的拉斯科洞穴（Lascaux），距今 1.7 万到 2 万年，考古学家在这个洞穴的粘土上发现了一个三股绳的印记。人们能够制作粗线，就能够编制罗网和设置陷阱。

室内艺术从这时开始。人们制造了石边的壁炉和照亮洞穴的灯，还有一些中心为空的小石灰岩厚片，用它来放置动物油脂。缝衣的针大约出现在 2 万年前，大多由石头或象牙制成，有一个供穿线的针眼。有了针，就能够将动物的毛皮紧紧缝在一起来取暖。人们用猛犸象牙、尖牙、贝壳和骨头制作手镯、项链和串珠。和男子一样，女人也创制工具；我们只能猜测哪种工具是男性创制的，哪种是女性创制的。

人口数量在渔猎采集时代相对稳定。很多婴儿早夭，而且他们的出生时间相隔四到五年。女人不可能在采集或者搬迁的过程中同时携带两个婴孩。女人喂养孩子的时间比较长，是造成当时孩子出生时间间隔较长的部分原因。由于没有别的奶水和谷物喂养孩子，在一个婴儿出生后的几年内，女人都要给他喂奶，而哺育往往抑制排卵，这样就自然出现了一个女人生育时间的间隔较长。人们也可能实行过一些其他节育措施，比如杀害婴儿，特别是双胞胎中的一个；喝草药导致流产或者避孕；还有禁欲。低生育率也是由于食物短缺导致的。

当女人做饭时，孩子玩耍；很快，很多孩子就能帮着收集种子和果实，捕捉蜥蜴和青蛙。如果气候和地点比较适宜，这样的生活能够过得比较富裕，通过几个小时的劳作就能够满足一天所有的基本需求，剩余的大把时间可以用来社交、打扮和休息。

此时，最能够反映更加复杂的人类意识已经觉醒的人工制品是洞穴中的壁画。在世界范围内都发现了这类型的画作，但是保存最完好的当属分布在比利牛斯山两侧、法国西南部和西班牙东北部的石灰岩深洞中的壁画。1879 年，人们在西班牙的阿尔塔米拉（Altamira）发现了第一处此类岩洞。从那以后，考古人员在这一地区发现了 200 多处带有壁画和雕塑的岩洞。人们在冰期达到顶点之时，即 2.5 万到 2 万年前，避居在这些洞穴中。*（大群的驯鹿和红鹿足以供养密度适中的人口，故人们无须长途跋涉地寻找食物。）最知名的洞穴壁画从 2.8 万年前开始，结束于 1.3 万年前；它的结束期恰巧也是气候转暖的时候。此时食物种类增加，而动物与食物之间的联系不再那么重要了。

洞穴中的壁画主要描绘的是动物，尤其是鹿、野牛、马和欧洲野牛。画中也有数不清的人体图案，比如男子的手印和画像，更多的是女人和性

---

*从遗传学角度来看，现在居住在这一地区的巴斯克人与其他欧洲人不同，他们之中很多人的血型呈 RH- 阴性。他们的语言也与众不同，这表明了巴斯克人很可能是欧洲第一批智人的后代，这批智人在中东的智人来到欧洲之前，征服了尼安德特人。

器官。近来对于手印的分析显示出这些大多是青春期男子的手印。目前还不知道这种艺术是否具有一种宗教的或者神秘的动机。

与最早的乐器一样，第一批确定无误的人类和动物雕像距今 3 万到 3.2 万年；而目前发现的最早的乐器是一个管乐器，由兽骨制成，一端有四个孔，另一端有两个孔。在法国比利牛斯山有一处名为"加尔加斯"（Gargas）的洞穴，距今 2.3 万到 2.6 万年，它的独特性在于洞内留有超过 200 个的人类手印。当时，人们将手平放在岩石表面，用一根管子在手的周围刷或吹一种颜料，然后就形成了这些"无特色的"手印。其中有十双手的手指残缺。我们该如何解读这些残缺的手指呢？这些残缺是仪式性的自残行为，还是由疾病、传染、意外或冻疮造成的？或者是按照一种规范，人们故意将手指压在手心里？我们怎样才能知晓呢？人们在世界各地都发现了这种洞穴墙壁上的手印，比如在澳大利亚、巴西和加利福尼亚等地。

大约从 2.5 万到 2.3 万年前，欧洲最有特色的艺术形式是女性雕像，这被后世称为维纳斯雕像。这些小雕像往往是由石头或象牙雕刻而成；很少一部分由粘土制成。大部分雕像塑造的是女性，一些雕像的比例很夸张，另一些则比较正常。有些雕像呈现的是男性或无性形象。发现的雕像中，对女性阴部和男性阳茎的表现是定式化的。

一些考古学家和历史学家认为，维纳斯雕像表明了一种广泛的对生育女神的崇拜，代表了女性由于创造新生命的能力，在父权制建立之前的一个时期备受尊重和敬畏的现象。

没有证据证明或者反驳这种解释；留给我们的只有猜想和想象。这些雕像也许代表了一位母亲女神或生育女神，人们祈求这位女神庇护新建的房屋和壁炉；也可能是一种成人礼的教具；或者它只是一种生育的护身符。另外一些可能的解释有：孩子将雕像当作玩偶，或者男人们将它们当作性幻想雕像（图 4.1）。

有些人反对将这些雕像视为生育女神。对人格化的神进行崇拜并不是今日觅食者信仰体系的主体，他们的信仰体系以崇拜普遍的精神和力量为

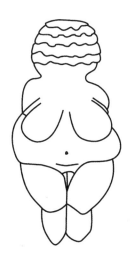

图 4.1　一个被称为″维伦多夫的维纳斯″的女性雕像
这个雕像是由石灰石雕刻而成，高 11 厘米，约有 2.5 万年的历史。

主。人们将这些雕像称为维纳斯雕像，是和一个希腊女神作类比，而希腊女神是一种不同的文化思考方式的产物，希腊人将女神人格化。另外，现今的觅食者更关注如何限制他们的人口，而不是增加；也许造成这种现象的部分原因是现在可供觅食者活动的区域愈来愈少；然而，这也与我们对早期觅食者人口相对稳定的分析相一致。无论你选择相信对维纳斯雕像的哪种解读，女性雕像多过于男子雕像的这一事实一定在某个方面具有非常重要的意义。

　　如今处在后工业化社会当中的人们，承受着极度的生活压力，他们很容易就将渔猎采集生活理想化。洞穴的壁画中展现出人们在野外生活、与动物同居的乐趣，拨动了我们丧失已久的那根心弦。每天只工作 7 个小时就能够获得生活必需品，没有固定的日程表，没有最后期限，身边围绕着朋友和家人，所有这一切听起来都是那么美好而具有吸引力。

　　然而，这样的生活一定也充满了不确定和恐惧。人们居住在十分简陋脆弱的房屋中，而周围布满了凶猛的大型食肉动物。在夜间，母豹子会从人类居住的洞穴中将小孩抓走。人们永远不可能确切地掌握天气变化和食物的供应量。死亡的发生往往很突然，难以预料，让人措手不及。觅食者在宴会、艺术、音乐、宗教仪式和聚会中寻求安慰，释放情感，而我们现在进行这些活动的目的也和他们一样。

渔猎采集时代的人们使用何种语言

专家们确信，渔猎采集时期的人们使用某种语言彼此交流沟通。正如之前提到的那样，尼安德特人很可能还未发展出完全的人类语言，但是智人已经具备了这项功能。目前看来，将人类改变为新物种的基因突变应该是发生在大脑中的一个神经中枢的改变，而正是这一改变使得我们能够使用语法和句法。（使用句法的意思是不再像小孩学说话时那样随机地说出一些词语的组合，而是将词语按照一定的层次结构排列，并使用一些以"因为""尽管""除非"和"自从"等词为标志的从句结构。）这一能力带来的益处使得智人超越了其他人科动物。

目前还不了解完全的语言能力在何时、以怎样的方式产生。一些人认为，完全语言能力的形成是由于人类大脑的网络或是喉舌结构在6万到4万年前突然发生了一些特别的变化。另一些人则认为，完全语言能力形成的时间更早，而且形成的过程更为缓慢；形成于智人发生基因变化之后，而且夹杂了一些别的因素，这些因素中最重要的应该是人们在密切的合作中使用象征性语言所积累的集体认知。由非洲发现的证据所得出的一些近期理论表明，当智人移居到西欧时，西欧突然间出现了这种逐渐的变化。

一些语言学家认为，在非洲出现的第一批智人中的首个族群一定形成了某种最初的人类通用语言。然而，大多数的语言学家并不相信可以重现这种语言，因为使用这种语言的年代距离现在太过久远。可靠的再现一般只往前追溯几千年。

然而，一些语言学家仍然在找寻最初语言的一些相关线索。他们猜想，最初的语言中很可能包含有咔哒声，这是一种从上颚往下吮吸舌头时发出的辅音。咔哒声要求灵活使用嘴和舌头，特别是在连续发出这种声音时。在南非发现了几种保留了咔哒声的语言（一般每种语言包含四到五种不同的咔哒声），使用这些语言的族群在基因上与第一批智人相近。

　　另一个证明存在过最早的通用语言的证据是如下所述的一个事实：世界范围内的很多不同族群都将金牛宫星座的一组恒星称为"七姐妹"，这些族群当中包括了北美印第安人和澳大利亚人。每个族群都用自己的语言命名了这个星座，然而它们的意思都是"七姐妹"。（讲英语的人将七姐妹称为"七巨头"，这来源于一个希腊神话。在这个神话里，宙斯将阿特拉斯和普勒俄涅所生的七个女儿放在星星上。）听起来，出现这样的现象不应该只是巧合；不同族群的人们一定是从他们共同的祖先那里继承了这个词语。他们的祖先在 6 万年前开始分离，散居于地球的不同区域。

　　一些语言学家追溯了近 500 个词，认为这些词属于一种名为"诺斯特拉语"（Nostratic）的语言；他们认为生活在中东、乌拉尔和高加索山脉、中亚、印度和北非的觅食者（猎手和采集者）曾经在 1.2 万到 2 万年前的某一个时期使用过这种语言。这些语言学家关注那些含义最为稳定的词语，即它们很少或从未被同义语所取代。含义最为稳定的 22 个词如下：我、两个、你、谁／什么、舌头、名字、眼睛、心脏、牙、不、手指／脚趾、虱子、眼泪／掉眼泪、水、死亡、手、夜晚、血、角（动物的）、太阳、耳朵和盐。

　　在过去，语言常被视为文化的典型产物，正如下面这句话所表达的一样，智人有发达的大脑，并利用它创造了语言。这个概念属于 20 世纪 70 年代之前社会学的一个主流范式。那时专家认为，各种文化赋予人们不同的特征，而且从自己的家庭和社会中学习到的东西是我们大部分行为的驱动因素。

　　然而，在过去的 30 年里，生物学家和与之一起进行研究工作的社会学家改变了这一传统观点。他们强调人类行为的生物决定因素。他们现在认为，与文化互动的生理本能是人类行为最根本的决定因素。人类重要的语言能力被看作是大脑结构的产物，而大脑结构决定了习得语言的能力。因此，在反复试验的过程中，将婴儿放在不同的文化环境下，他们学习语言的速度和熟练程度并不一致。

由于过去专家将文化视为人类行为的决定因素，因此他们关注的是人们之间的文化差异。既然现在他们的着眼点是生理本能，他们找到的便是不同文化之间的共同点。他们讨论的对象是全体人类——所有个人、社会、文化和语言的共性。人类的一些共性是与生俱来的人类特性，而另外一些则是传播到世界各地的文化习俗。复杂的象征性语言是人类共性最为突出的例子。语言似乎是人类区别于其他动物最显著的特征。别的例子还有：所有的人们都住在某种形式的房屋里，都不是孤独的居住者，他们都生活在特定的社会结构、亲族关系和劳动分工的模式中，享有不同的声望；所有的人都进行私密的性爱和公共聚餐；在所有的文化里都是男人主宰政治权力；人们之间进行合作，但他们之间的争斗比他们想象中的要多；他们区分善恶，履行仪式，唱歌跳舞，为死者哀悼。这些都是人类的共性。

当然，意识或者说是自我意识，也是人类的共同点之一。它在进化史中的拓展能够追溯到什么时候呢？其他动物与它有什么相同点呢？完全的人类意识是在什么时候出现的？

当大脑中的某个层级的中枢神经系统能够传递复杂程度很高的信号时，意识产生了。当信号变得足够复杂时，人类开始具有持续的意识。大概从我们的黑猩猩祖先算起，人类中枢神经的复杂程度就开始逐步增加，而人类的完全意识直到 4 万年前才产生。

海面上升

听起来也许很奇怪，人们向世界各地迁移并占据了地球大部分陆地的过程竟然发生在剧烈的冰川期的一段时间内，那时的冬天比现在要严酷得多。大冰期从 9 万年前一直持续到 1.7 万年前，在大约 2 万年前达到顶峰，而这正好与人类向世界各地迁徙的时间相吻合。

更奇怪的是，尽管冰期的进展是逐步的，但是解冻的过程却十分迅速，只持续了 5000 到 7000 年的时间。大约在 1.7 万年前，气候开始发生变化，地球的一个温暖期迅速到来，世界上所有的动植物，包括人类都必须快速地适应这一变化，不然就会消亡。

到了 1.4 万—1.1 万年前，随着气温的上升，冰层快速融化。海面的上升急剧地改变着人类生活环境的面貌，之前相互联络的人群现在被海水隔绝，多达 40% 的海岸线没入水中。亚洲和美洲之间的大陆桥被海水淹没，形成了白令海峡。连接英国和欧洲大陆之间的那片陆地沉入海底，这就是我们现在常说的英吉利海峡。海水没过了连接西班牙和非洲的陆地，形成了直布罗陀海峡。斯里兰卡脱离了印度次大陆，而菲律宾和台湾则从朝鲜半岛脱离。

1.2 万年前，维多利亚湖的湖水开始注入尼罗河，从而形成了这世上最长的河流。在世界其他地方也形成了若干大河（像是刚果河、黄河、印度河、底格里斯河和幼发拉底河等）。这些大河泛滥时，洪水中携带大量淤泥，有利于农业在这些地区的发展，而之后正是农业哺育了这些世界文明的摇篮。降雨量和植被分布在短时间内发生了重大的改变。到了 1 万年前，与冰期时代相比，海水已经上涨了 400 英尺（140 米）。

洪水继续发生。在公元前 5600 年左右，地中海海面上涨，导致海面过高，海水猛烈地冲刷连接土耳其和保加利亚的大陆桥，由此产生了博斯普鲁斯海峡。地中海的海水将一个小的淡水湖——尤克森湖，变为巨大的咸水湖——黑海。世界各地（匈牙利、斯洛伐克和伊朗等）出现了流散的人群，正如语言学家所列举的那样。这个骇人的洪水在幸存者的脑海中以世界大洪水的神话形式深深地刻进记忆深处；大约有 500 个世界神话是讲述洪水的。

非洲利用了海水上升时期创造的有利条件。难民从遭受洪水侵袭的地区涌入非洲南部。连北非都变得有吸引力了，随着撒哈拉地区降雨的增加，此地逐渐形成了一些湖泊和沼泽；这种湿润气候一直持续了 5000 年左右，沙漠面积在此后的某一时期开始再次扩张。

在地球的这一温暖期里，世界上的很多大型哺乳动物灭绝了。其中的很多动物在数万年的时间里曾经是人类猎手最为钟爱的猎物，例如猛犸古象、毛犀、乳齿象和草原野牛等。事实上，过度捕杀很可能加快了这些哺乳动物的灭绝速度；但是从目前来看，这个问题还是饱受争议的。由于野牛在北美大陆上得以存活，以猎捕大型野生动物为基础的生活方式只在北美的中央大平原一地得以继续发展。

人类适应气候变化的办法是扩大他们饮食的种类。这时，更多的小动物、植物果实、海洋哺乳动物、鱼和贝类被纳入他们的饮食当中。在温暖的环境下，这些食物资源变得丰富起来。可能在冰层融化之前，人们就已经掌握了一些早期的农业技术（诸如管理环境、圈养动物、修剪和保护植物等）；随着全球气候变暖，这些技术理所当然地加速增长。

获取食物的途径越来越复杂多样，这导致人类的社会组织形式变得更加复杂。人口也增加了。这些都为人类适应地球变暖奠定了基础，而适应地球气候变暖对人类的生存来说意义最为重大：当人们安定下来，选择从事更大规模的种植业时，农业产生了。

在之前的渔猎采集时代，人口数量相对保持稳定。据估计，在公元前2.8万年，全球只有几十万人口。到了公元前1万年，世界人口增加到600万左右。造成这种增长的原因有：冰层的消融、文化的发展和集体认知的增多；而集体认知是人们在社交网络中分享彼此的成就，并将它们传给后世的过程中累积而成的，它使人类能够更加成功地进行繁衍。

基因漂变和适应性变化

当我们的故事发展到1万年前农业社会的开端之时，现代人已然遍布全球，并在各种不同的气候条件下生活了将近5万年，而他们作为一个物种，也已经存在了20万年左右。在这一时期里，人类究竟有多大的改变呢？

现代人90%的DNA与其他生物相同，将近98.4%的DNA与亲缘关系最近的非人动物黑猩猩一样。如此说来，人之所以为人，正是剩下的这1.6% 决定的。人类的绝大部分特征是一样的，只有些许的不同。这些不同导致了一些内部的差异和外在的差别，比如皮肤、头发和眼睛的颜色，头发的样式及和脸型等。这些细小的遗传差别随着人群变化，无法简单地划分成亚族群。一些遗传基因相同是很有可能的，但是不存在一种针对亲族关系或种族进行的基因测试，这些关系是在社会生活中形成的。

然而，在 16 世纪到 18 世纪间，欧洲人依据外表的可见差异，特别是皮肤、头发和眼睛的颜色，将人类划分为不同的种类，他们将这些种类称为"种族"。19 世纪进化论开始逐渐被理解和接受时，欧洲人将生物进化论和人类种族的假说结合在一起形成了一种理论。这种理论假定由于地理上的距离，各个种族生活的地区处于相互隔绝的状态，因此每个种族都沿着各自独立的路线产生、发展和演变。白人认为自己比其他种族优越，甚至因为没有找到过渡生物的化石，就认定非洲人是猴子与类人猿或者类人猿与人类之间的过渡生物。

直至詹姆士·沃森（James Watson）和弗朗西斯·克里克（Francis Crick）在 1953 年绘制出了 DNA 的结构（DNA，即脱氧核糖核酸，是脱氧核糖核苷酸的一个长链聚合物，它携带有遗传基因，它的分子结构能够复制长链。），科学家才开始理解事实上遗传是如何运作的。在此之前，大众普遍认为血液中携带着遗传物质。第二次世界大战中的很多美国白人士兵认为，如果自己接受了一个黑人献血者的血液，以后就会生出一个黑人小孩。这就是 1952 年之前供血站一直将血液分开存放的原因。我们的语言（英语——译者注）中也保留了很多这样的观念，诸如这些词语："纯种的"（full-blooded）、"血统"（bloodlines）和"血亲"（blood relatives）。从此以后，科学家和社会学家逐渐形成了他们目前对于基因差异的看法和理解。在这个过程中，大多数人抛弃了"种族"这一用语，因为这个词在生物学上并没有意义。

目前对基因差异的解释是这样的。智人的基因突变最早发生在一个人身上。经过了数代人的时间，逐渐形成了拥有这一基因的一小群人。随着这群人数量的增长和扩散，其间应该经历过一些艰难和阻碍，大约到了7万年前，人数重新降为1.5万人。这样就能够解释我们人类的同质性。人口数量逐渐恢复并进一步扩展，分裂成一些相互独立的群体；由于基因漂变或是偶发的基因突变，每个群体拥有一些独特的基因。到目前为止，我们并不了解这种特殊性形成的时间，也许在智人最初迁往世界各地之前它就已经在非洲发生了，也可能是在迁移之后它才发生。

当这些人群向世界各地扩散、在各地生活后，他们需要适应各地间差异很大的多种气候环境和生态体系。在人们适应当地环境的过程中，通过自然选择，开始出现不同的基因。有一个例子可以很好地说明这一点。生活在安第斯山脉的印第安人，他们的胸腔很大，这样有助于他们从高海拔地区稀薄的空气中呼吸到更多的氧气；而爱斯基摩人的胸脯很紧实，这样可以有效地保持体温。

自然选择是否造就了人们在肤色、眼睛和头发的颜色等方面的不同？这个问题更难回答。例如，没有找到决定肤色的单一基因；肤色很可能是若干个相关的基因共同作用的结果。肤色由皮肤中一种天然色素的含量决定，这种色素的名字叫黑色素。基因能够决定生成多少黑色素。一些生物学家认为，由于黑色素能够保护皮肤，避免晒伤和皮肤癌的发生，因此深肤色的人们在晴天过得很好，他们携带的基因能够生成更多的黑色素。然而，当皮肤暴露在阳光下，黑色素会减缓维生素 D 的生成速度。比方说，深色皮肤的人，也就是说皮肤中黑色素含量较高的人，迁移到日晒较少的地区，他们就很容易患上维生素 D 缺乏症。他们更容易生冻疮。不知为何，在远离赤道的地区发生的自然选择比较偏好生成少量黑色素的基因，由此肤色浅的人们逐渐占据了多数。

还有一些生物学家认为，防止晒伤和皮肤癌的发生对成功繁殖影响甚微。他们还指出，目前至少有八种理论是解释热带地区人们肤色较深的原因的。也许这是性选择和自然选择的综合结果，正如达尔文所说的那样，性选择更多地产生了人们之间的可见差别。

　　性选择是通过选择一些能够吸引配偶的性征，如此一来，这些特征间接地增强了人类的生存，尽管这些特征本身对人类的生存并没有直接价值。达尔文认为，人们在选择伴侣时，非常注重对方的胸部、头发、眼睛和肤色等，而且他们通常选择在这些方面和自己比较接近的伴侣。目前的研究似乎验证了达尔文的这一说法。

　　我们可以得出这样的结论，通过自然选择和性选择的双重作用，相互隔绝的人群逐渐形成了不同的基因。以基因差异的外部表象为基础，群体中可能正在分化、生成多种不同的物种。然而，在智人这一物种出现之后，它的内部再也没有生成新的物种。作为物种，我们还很年轻，不像鸟类、鸭子和黑猩猩那样有足够的时间在隔绝的状态下发展为多个物种。每一个活着的人都属于一个物种，那就是智人。随着地理隔绝状态在现代世界不断减少，基因漂变在所有的地方发生，而且很多人不再以肤色来进行价值判断。

未能解答的问题

1. 我们如何评价渔猎采集时代的生活？

　　我们对渔猎采集时代生活的评价是一个非常重要的判断问题，因为它反映出很多深层的价值观。人类学家作为一个集体，在过去的 30 年间彻底改变了对渔猎采集生活的看法。直到 20 世纪 60 年代，人类学家一提到渔猎采集生活，一般都会提到它单一的生存经济，它对于食物的持续需求，和在异常条件下它有限的剩余储存。这种悲观的看法可以追溯到人们在农业时代的观点；农业时代的人们认为他们的生活方式比渔猎采集优越得多。这种观点也来自于现代中产阶级的看法，他们将注意力集中在渔猎采集时代物资的匮乏上。

1972 年，马歇尔·萨林斯（Marshall Sahlins）发表了一本著作，提出了一个革命性的观点。萨林斯积极地评价渔猎采集生活，将它称之为"原初丰裕社会"；书中分析指出，事实上那时的人们一天只工作五六个小时就基本上获得了生活的必需品。萨林斯反驳了传统的观点，这种观点将人类历史看作一种从觅食者到农民再到工人的进化过程。

一场发生在 20 世纪 60 年代的生物学革命也增加了重新评价渔猎采集生活的内容。生物学家一开始宣称个人更多地是为造福自己的后代和延续自己的基因而展开活动，并不是为了使他们的集体受益。大部分的生物学家现在认为，个人保留自己的基因是一种程式化的活动，而文化是一种由"人类本能所决定的表达形式"。

2. 进化的速度有多快？

很多基因的变化既没有好处也没有坏处，而是呈现中性。其他的一些基因变化不是有益的，就是有害的，但是这种变化是适度的；取代一个有益的基因需要花费数千年或者数万年的时间。（对我们来说，1000 代人将跨越 2.5 万年左右的时间。）然而，一个基因选择可能呈现出一种极为强烈的选择性优势，以至于通过遗传选择，它能够在几千年间就得以广泛传播。

对乳糖产生耐受性，即形成消化乳糖的能力，是一个发生在人类身上的相关例子，而乳糖是在牛乳中发现的糖。大多数的人在 4 岁时丧失了这项能力，然而少数人对乳糖的耐受性一直延续到了成年时期，这些人包括卢旺达的图西人、西非的富拉尼人、印度北部的信德人、西非的图阿雷格人、北非东部的贝贾人和一些来自欧洲部落的人。由于放牧牛羊，这些人身上形成了一种强烈的选择性耐受性，因此他们在成年之后仍然将对乳糖具有消化能力。人类驯化动物只有 1 万年（400 代人）的历史；在这段时间里，80% 到 98% 的牧者对乳糖具有了耐受性，他们的成年人都喝牛奶。

3. 发生过多少基因漂变？

基因调查逐渐开始能够显示出我们祖先的历史。布莱恩·赛克斯（Bryan Sykes）在《夏娃的七个女儿》（*The Seven Daughters of Eve*）一书中，描述了七个母系同祖集团；以线粒体 DNA 为基础，这几个同祖集团包括了超过 95% 的欧洲本地人。线粒体 DNA 只可能来自于母亲。线粒体是存在于每个细胞中的结构，但并不位于细胞核内；人们在细胞核外的细胞质中发现了它。它的作用是帮助细胞利用氧气来产生能量。一个人类卵子的细胞质含有 25 万个线粒体，而精子中几乎没有，而当精子进入卵子时，精子将彻底抛弃线粒体。于是，所有人的线粒体都来自于他们的母亲，母亲从一开始就为孩子作出了这项额外而重大的贡献。

基因的追踪表明，剩余 5% 的欧洲当地人的基因不好解释来源，母系关系紧密的人们讲述的往往是一个不同的故事。例如，苏格兰爱丁堡的一个小学教师明白无误地携带着波利尼西亚线粒体 DNA。她说她了解她的家族 200 年以来的历史，找不到任何线索来解释这一现象的存在。然而，也许她是一位塔希提岛妇女的后代，这个妇女与一位船长相恋；又或者，她是在马达加斯加口岸被阿拉伯人抓获的一个奴隶的后代。英国萨默赛特郡的一位奶牛场工人身上清楚地携有非洲 DNA，这也许源于附近巴斯（英格兰西南部城市——译者注）的罗马奴隶。这些例子说明了基因的漂变——长距离迁移的人群之间发生的基因混合。人们一度以为这种现象是在近代交通条件便利后才发生的，然而现在看来，很明显人们一直在迁移，而基因的漂变早已深深地植入了人类历史当中。

下 篇

温暖的一万年

第 5 章　早期农业

（公元前 8000—前 3500 年）

十分引人注目的是，农业在大约 8000 年的时间里分别出现在世界的几个地区；一般认为至少有四个地区，但很有可能是七个地方。1 万年前（即公元前 8000 年），几乎所有的人都以野生食物为食。到了距今 2000 年，大多数的人靠农业谋生。相比人类 500 万年的历史，甚至是智人 10 万到 20 万年的历史，这 8000 年代表的是一种极为迅速的变化；由于这种变化的速度实在是太快了，历史学家将其称为"农业革命"，是人类历史上一个极其重要的转变。

为什么人类在成功地适应了渔猎采集的生活后，会愿意放弃它而选择农业生活，而这种生活方式在几千年间就遍及全球？这一复杂的问题距离现在更为接近，因为向农业转变仅仅发生在 400 代人（1 万年）之前。

我们对于农业产品是如此地熟悉，以至于很难想象我们自己曾是围坐在篝火旁的猎手和采集者。也许祖先的食物在我们看来有点难以下咽，现在考古学家认为，向农业的转变不仅意味着个人工作量的增加，而且有可能代表了饮食质量的下降。

为什么人们要这么做呢？没人知道确切的答案，但是在过去的三十年里，我们发现了一些新证据。这些证据将上述问题的答案简单化了，那就是为了生存，人们必须这么做。那些没能转向农业的人们消亡了。

人们逐渐抛弃狩猎和采集食物的生活有着复杂的原因，我们可以围绕一场食物危机来展开讨论。像其他动物一样，人类的第一要务就是找到足够多的食物；他们找到的食物越多，他们能够生养的孩子也就越多，而这反过来又促使他们更加急迫地寻找食物。

大约在公元前 9000 年，很多地方的人们开始感到食物匮乏，他们以小群体的方式聚居。不再有那么多物产丰富的地方可供迁移；这些地方已经有人居住。从非洲开始向别处扩散之时，智人的数量估计只有 5 万左右；而在公元前 9000 年，人口数量已然达到 500 万到 600 万。在打猎和采集的年代，人口增长缓慢；但是时间一长，这种增长也是十分显著的。此时，地球可能已经达到了其在渔猎采集生活的技术条件下对人口数量的容纳极限。

然而，人口压力并不是故事的全部。正如我们在上一章提到的那样，与平常相比，这一时期地球的气候的变化更加快速和重大。大约从公元前 9000 年开始，随着全球温度快速升高，最后一个冰期退去了。气候变暖在很多方面影响着人类。随着海平面的上升，人们迁往内陆，而且温度升高改变了动植物的分布；在这种情况下，生活在地球各处的人们都发挥自己的聪明才智利用并适应新的环境。在接下来的几千年里，很多人主动改变了自己，还有很多人被迫作出改变，他们从居无定所、处于群居状态的猎人和采集者转变为生活在固定村庄里的牧人和农民。他们这么做既是基于之前取得的成就（用火煮饭和开辟耕地，使用语言进行社会合作，还有发明了解决问题的工具等），也是对动植物分布改变出的应对。这些人生产的粮食至少能够产生暂时性的剩余。

植物和动物的驯化

人类并不是世界上最早或者唯一的农民。蚂蚁也种植植物（真菌）和饲养动物（蚜虫）。蚂蚁搜集种子并将它们储存在洞穴附近的巢室内。至少有 225 类植物完全依仗蚂蚁的活动来进行繁衍。像蚂蚁一样，人类也逐渐参与到一些动植物的生命循环周期里，我们所说的农业正是从这里起源。

　　在过去的 50 年里，考古学家的研究使得我们关于农业起源的知识大幅增加。他们依据动物（骨头）和植物（种子和花粉）的残迹等证据作出判断。比如，1968 年通过分析伊朗的两个河床中的花粉，证实了气候在 1.1 万年前转暖。另外的一些证据往往是变成化石的人类粪便，被称为粪化石，它反映出人们都食用过哪些植物。发现这些证据最棒的场所基本都位于干燥地区。如果用放射性碳检测同一地址几百年前的不同物质，得出了相同的日期数据，那么这个日期数据就是可靠的。

　　动物和植物的驯化是无意间展开的一个漫长、充满着相互作用的逐步进化过程。不同地方的人群或许交流过该如何进行驯化，但是看起来至少有四个不同的地区在不同的时期、在相互独立的状态下经历了这一过程，这四个地区分别是西南亚（新月沃土）、中国和东南亚、非洲、美洲（图 5.1）。

　　不同地区几乎在同一时期出现了农业。究其原因主要是气候变暖，在温暖气候中存活的动植物往往具有超强的适应性和非特性化特征。大多数的新生物种都具备这些特点；于是，动物在温暖的气候中保持了他们的幼期特征（被称为幼态持续），包括易驯服、无畏、依赖性强和性早熟。拥有这些特征的动物容易被人类驯化。

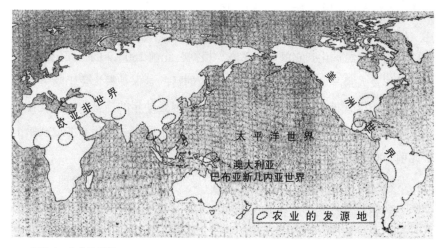

图 5.1　农业的起源

　　（来源：David Christian，*2004*，*Maps of Time：An Introduction to Big History*，Berkeley，CA：University of California Press，213.）

驯化可以被看成一种基因遗传工程。在驯化的过程中，人们逐渐掌控了一种动物或者植物的繁衍过程，这样就使得它们的后代与人类紧密联系在一起，而与它的野生物种相分离，如此便能够使其发展出一些人类乐于接受的特性，从而演变成一个新物种。

毫无疑问，最早被人类驯化的动物是人类最好的朋友——狗。狗的祖先是灰狼。北美是灰狼的故乡，它在那里完成了自身的进化，之后它的分布遍及全球。大约在公元前 1.1 万到前 1 万年，美洲的灰狼逐渐进化成狗；而稍晚些时候，这一过程也在现在的伊朗发生。我们很容易想象，随着气候变化，狗也常常在人类的营火和打猎点旁徘徊、寻觅食物，这时它们不免与人类发生接触。狗很容易就使自己适应了人类活动。它们本来就是跟随着一个领导者的群居动物，这时它们只需接受一个人成为它们群体的领导就可以了。将捕获的幼犬养大并不是一件难事。一个被驯服了的成年犬可以帮助人们捕猎；晚些时候，当其他动物被驯化后，它发挥的作用就更大了：它是非常好的保镖与卫士，能够保护畜群，防范食肉动物的进攻；它还是人类放牧的助手，可以有效地控制牧群。狗是非常有用的食肉动物，它吃食人类的粪便，这样能够很好地清理村庄。至于是否食用狗肉，不同文化背景下的人们有不同的选择，一些人吃狗肉，另一些人则不吃。

正如大家设想的那样，猫的驯化要晚很多，尽管早在 530 万到 340 万年前，猫就已经进化到它的现代形态。根据公元前 1500 年的一项记载，很可能是埃及人最早驯化了猫。他们这么做的目的是保护粮食免于啮齿类动物的偷食。尽管猫在成年后往往独来独往，但是幼年的猫喜欢与人交往；这大概是它们能够被驯化的关键因素。希腊和中国有关驯化猫的记载始于公元前 500 年。

大约只有 13 种大型哺乳动物（指的是那些体重超过 100 磅即 45 千克的哺乳动物）被人类驯化。五个大种是绵羊、山羊、牛、猪和马。其余的八种包括两种骆驼、驴、美洲驼、驯鹿、水牛、牦牛和爪哇牛。这些动物都是在公元前 8000 年到前 6000 年间被驯化的。它们的共同点包括食草、生长快、圈养繁殖、不会加害它们的饲养者、不会逃跑、拥有一个社会组织结构（畜群）即易于管理等。大多数的大型哺乳动物不是不愿被驯化，而是从遗传角度来看，不适合被驯化；不然，我们可能喝着河马产的奶，骑着斑马阅兵。

畜牧业兴起的每一个地方都有当地特有的动物。放牧活动最早发生在西南亚——即美国人所谓的中东*。

在新月沃土的一些地区，人们能够在没有饲养动植物的情况下，定居在村庄里。他们打猎活动的收获颇丰，而捕猎的对象主要是瞪羚；此外他们还收集和贮存了足够多的野生谷物来作为补充食物。与简单觅食行为相对，这一做法被称为复杂的觅食活动，它以没有存粮和短期定居为特征。

在新月沃土有两种野生动物喜欢与人亲近，一种是始于公元前 9000 年左右的绵羊，另一种是始于公元前 8000 年左右的山羊。由于与人类相比，绵羊和山羊都能够消化更多种类的草和树叶，因此它们能够有效地将一些人类不能食用的植物转化成人体所需的蛋白质，而人类逐渐学会了从一个地区到一个地区放养它们，并最终将它们圈养起来，保护它们免受猛兽的侵袭。绵羊和山羊愿意依赖人类的特质是人们成功驯化它们的保障。不论是绵羊还是山羊，它们目前的数量都超过了 10 亿只，而与它们相近的野生物种则濒临灭绝。

人类驯养绵羊和山羊的活动可能始于人们对一个移动中的兽群进行守卫。然后，人们开始在固定的地点放牧，接着喂养它们，然后用畜栏将它们围住，让它们在永久定居点生活。

---

*指代这一地区的术语并不是始终如一的。近东指的是与地中海东岸接壤或邻近的地区。它包括现在的土耳其、叙利亚、黎巴嫩、巴勒斯坦、以色列、约旦和埃及等国。中东可以单指那些毗连波斯湾的国家，包括今日的伊拉克、伊朗、科威特、沙特阿拉伯和阿拉伯半岛上的其他海湾国家。但是现在的新闻评论员口中的中东时常包括近东和海湾国家。另一个被历史学家广泛使用的术语是新月沃土，这是一片弧形的土地，它从如今的以色列、约旦和黎巴嫩的部分土地向北延伸，沿着土耳其和叙利亚向东弯曲，然后顺伊朗和伊拉克边境的扎格罗斯山脉转而向南。正如这里所定义的，我使用的中东和新月沃土，指的都是它们的广义概念。我用"近东"特指地中海东岸，而用"美索不达米亚平原"指代两河（幼发拉底河和底格里斯河）流域。

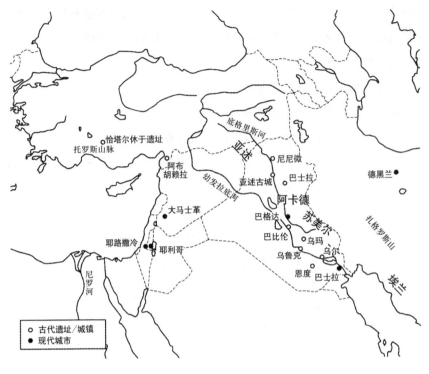

图 5.2　古代西南亚

　　驯化植物的过程同样漫长。在采集种子并将其磨碎、食用的过程中，人们小心翼翼地观察野生植物。根据大量的植物驯化理论，人们首先观察的是那些生长在住地的野生植物，而住地往往堆放着一些采集后还没来得及食用的种子。很可能是女子最先驯化了植物，因为她们通常是猎手和采集者组合里的采集者。她们一定观察到，与其他植物相比，一些植物的种子更为饱满，更容易成熟和进行食物加工。一些植物的穗容易散开，它们的种子由此撒落；而另一些植物在成熟前，都紧紧地保留它的种子。

　　新月沃土地区的女人们在逐渐的摸索和学习中，挑选出三种野生作物（二粒小麦、单粒小麦和大麦），还有两种野生豆科植物，即小扁豆和鹰嘴豆。渐渐地，在采集了这些野生植物的种子后，她们开始学着照料和保护它们。女人们发现在她们种植种子的地方来年会长出新的种子。最后，女人们学会将一些种子保存下来，然后将这些种子播撒在适于它们生长的地方，为它们浇水、除草，挑选其中最饱满的种子和长势最好的植物，并将剩余粮食储存起来。男人继续打猎，女人用她们的技术，为餐桌上增添了一些谷物，比如小麦、大麦和豆类等。

大约到了公元前 7500 年，新月沃土出现了永久定居的村庄。村里的人们培植作物、饲养动物。他们养殖山羊和绵羊，种植小麦和大麦；与之前的渔猎采集生活相比，他们能够在面积更小的地方生产出更多的食物。在这个逐渐演变的过程中，很多复杂觅食者的村庄被废弃，人们重新回归简单觅食式的生活；并不是所有的村庄都能够成功地向农业转型，有些甚至并不愿意作出这样的改变。有证据显示，早期的村民为了将人口限制在食物能够供养的数量范围内，大量地杀害婴儿。

从统计学的角度来看，一个猎手或者采集者需要 10 平方英里（1 平方英里约等于 2.59 公顷——译者注）条件适宜的土地来收集足够的食物养活自己。然而，1 平方英里的耕地至少能够养活 50 个人。因此，农业供养的人口密度是渔猎采集活动的 50 到 100 倍。

大约到了公元前 6000 年，定居生活已经成为新月沃土的常态。这一地区所有适合的动植物都被驯化了，这为毗邻地区接受农业生产方式奠定了基础。由于气候和地形的原因，在欧洲发展农业需要作出一些必要的改变，而尼罗河流域基本上可以完全照搬这些经验。

在公元前 6000 年到前 5000 年间，与近东气候相似的希腊和南部的巴尔干半岛向农业转型，并驯化了牛。关于农业的传播方式问题，考古学家进行过热烈的争论。有些人认为传播方式是口口相传，另外一些人则认为农业的扩散是通过农业人口迁移到新的地区达成的。然而，遗传学的研究已经明确无误地反映出人们不只是口口相传，他们还进行了迁移。

农业活动进入中欧和西北欧的时间比希腊晚 3000 年。至公元前 4000 年，农业扩展到中欧的大河流域——莱茵河／多瑙河和维斯杜拉河／德涅斯特河地区。在公元前 3000 年到前 2000 年间，西北欧开展了农业活动；1000 年后，农业来到了丹麦和瑞典南部。当这些地区的永久居住地发展起来、人口压力陡增之时，人们不得不砍伐或烧毁森林。虽然燕麦和黑麦在中东地区长得像野草，但是它们在气候凉爽湿润的西北欧成长苗壮，成为重要的粮食作物。

在农民从中东和土耳其向外迁移的过程中，他们的语言也随之扩散，这种语言被称为印欧语系。从公元前8000年到前2000年，生活在近东地区与里海、黑海周边地区的人们讲印欧语系语言，它可能是当时世界上十大古语之一。公元前1500年左右，或者更早的时候，梵语从印欧语系语言中脱胎而成，正如公元前1450年前后，希腊语从印欧语系中诞生一样。

农业在尼罗河流域的起步比中东地区晚了将近2000年。在公元前4300年左右，尼罗河流域转向了农业。它的农业基础是大麦、小麦和牛。为什么一个气候适宜的大河流域经历了如此长的时间才开始逐步展开农业活动，至今仍让人费解。早在公元前7000年，撒哈拉地区可能就已经独自驯化了牛，但是撒哈拉在公元前6000年资源枯竭，牧牛人被迫迁往边缘地带。

非洲人驯化了驴，将它作为一种驮畜；饲养了珍珠鸡，它是古代埃及人和之后的罗马人最喜爱的食物；还有之前提到的，他们还驯养了猫。另外，非洲人还种植了小米、高粱、菰米、山药和棕榈油等粮食。山药属于那种不以种子繁衍后代的植物，它们通过块茎或者根部进行繁衍。除了山药之外，此类的植物还有木薯、香蕉、甘蔗和芋头。由于这些植物没有留下可供研究的种子，非洲人和亚洲人种植它们的历史可能比我们知道的还要久远。

目前发现的关于亚洲早期食物生产的证据仍然比较稀少，这可能是由于亚洲的气候比近东地区更加湿热的缘故。已经被广泛接受的结论是在公元前6000年左右，中国已经种植了小米和水稻，而大豆的种植则迟至公元前1100年左右。那里的人们饲养了猪和家禽。看起来，印度和东南亚的人们独自驯化了水稻。

美洲的人们创造出自己的乐园。公元前6000年，生活在墨西哥高地的人们已经种植了三十多种植物，它们有些能够食用，有些还能入药和作贮藏器。这些作物包括玉米、辣椒、番茄、五种南瓜属植物、葫芦、牛油果、木瓜、番石榴和豆子等。玉米的产生过程比较缓慢；基因研究显示人们大约在公元前7000年开始种植玉米。野生的玉米穗只有人的拇指般大小。逐渐地，形成了产量更大、颗粒饱满的玉米穗，且到了公元前 2000 年左右，玉米的产量已经足以支撑农村的生活。由于除了狗和火鸡之外，没有适宜驯养的动物，这里的人们依旧从事打猎活动。他们还种植了棉花和花生。

在秘鲁山区（包括今日玻利维亚和厄瓜多尔的大部分地区），人们驯化了另外一批动植物。美洲驼和羊驼仅被用作驮畜，人们不吃他们的肉。人们的主要食物是马铃薯和昆诺阿苋。昆诺阿苋是一种含丰富蛋白质的种子植物。大约在公元前 1000 年，玉米传到了秘鲁。

从长期来看，动植物的驯化使得农业成为一种生产模式，这几乎在同一时期发生在世界的不同地区。然而，从短期来看，相比其他地区，一些地区转向农业的时间落后了几千年，而这造成重大的后果。由于美洲缺乏适宜早期驯化的动植物品种，美洲开启复杂社会进程的时间比中东、欧洲和亚洲晚了 3000 到 4000 年。因此，当欧洲人在公元 1500 年到达美洲之时，他们发现这里的社会在很多方面与公元前 2000 年的中东相似。欧洲人带着他们更为先进的农业社会的产品，利用他们的马匹、枪支和疾病，扼杀了发展十分缓慢的美洲文明。

在公元前 9000 年到前 3000 年间，人们对植物的研发是如此的成功，以至于之后人们再也没有培育出新的基本粮食作物。蔓越莓、蓝莓和美洲山核桃是少有的几个例外。北美的土著人很早就采摘美洲山核桃的果实，但种植它只是近 200 年间的事。

被子植物的种类接近 20 万，但其中只有 3000 种被大量地用作人类食物。这 3000 种里，只有 15 种在过去、现在和将来对人类都有着重大的意义，它们分别是 4 种禾本科植物（小麦、水稻、玉米和糖），6 种豆科植物（扁豆、豌豆、野豌豆、豆荚、大豆和花生）和 5 种淀粉类食物（马铃薯、甘薯、山药、木薯和香蕉）。

三座小城镇

阿布胡赖拉（Abu Hureyra）村庄遗址的发掘恰好呈现了人们向农业

生活方式转变的过程，它位于现在的叙利亚境内。大约在公元前 1.15 万年，人们首次在这个小村庄居住。那时的房子大都是由木柱支撑着的洞穴，房顶长满了苇草。居民采集和贮藏野生的大麦、小麦和黑麦。波斯瞪羚每年春天从南部迁徙到此地。这里的村民捕捉瞪羚，并将它们集中宰杀，然后将它们的肉腌制和风干，保存起来。阿布胡赖拉的居民逐渐增长到三四百人。在公元前 1 万年左右，气候进入短暂的寒冷期，这些人废弃了他们的村庄，重新过起了游牧生活。当定居生活面临一些困难，比如气温骤降或是邻近地区的木材被砍光而无法取火时，游牧生活就成了他们的另一种选择。

大约 500 年后（公元前 9500 年左右），在同一个地点又出现了一个村庄。一开始，村民大量地捕杀瞪羚。然而在公元前 9000 年左右，他们开始以放牧的形式饲养驯化了绵羊和山羊，同时还种植小麦、鹰嘴豆和别的谷类植物。他们建造的平房是由矩形泥砖砌成的。每户不止一个房间，这些房间由走廊和庭院相连接。屋子的地板是黑色的，涂了一层光亮的灰泥，上面通常装饰有红色的图案。它们看上去应该是单个家庭的住所。这个村子后来发展成占地将近 30 英亩（1 英亩约合 4047 平方米——译者注）的城镇。最后，不知是什么原因，在公元前 5000 年左右它被人们废弃。

考古人员在中东还发掘了另外两个早期的村庄遗址。这两个村子最后也发展成了城镇，它们分别是约旦河西岸的耶利哥（Jericho）和土耳其中部的恰塔尔休于（Catal Huyuk，它的发音是 Cha-TAHL-hoo-YOOK）。

在公元前 7000 年一个生机勃勃的春天，位于耶利哥的定居点拓展为占地面积至少 9.8 英亩的村庄。在这里，人们在自己的住宅区周围建造了结实的围墙。他们将石块切割为厚 9 英尺（2.7 米）、宽 10 英尺（3.2 米）的板砖，然后用这些板砖砌成一座高 10 英尺（3 米）的石墙。在围墙里面坐落着一群蜂巢似的泥砖房。人们为什么建造这样的围墙呢？至今还是一个谜。墙或许是一种抗洪措施，也可能是防范他人偷窃食物的手段。从围墙的存在我们能够看出集体劳动的良好组织性和剩余粮食对这一工程的保障。

在耶利哥，人们通常将死人的头部从身体上割下来，然后存放在住宅区内。有时候，人们会用上了漆的石膏制作仿真人头。这些也许表明了地位的差别，虽然在随葬品中并没有发现类似的线索。

大约到了公元前 6500 年，耶利哥的居民已经牧养了绵羊和山羊，而羊肉占他们食用肉类的 60%。大概这时瞪羚已然灭绝了。人们对牛和猪的控制好像也逐步得到加强。这里的人们还种植了小麦、大麦、小扁豆和豌豆，农作物轮作制保持了土地的高产。此时贸易活动大量开展，交易的商品有土耳其的黑曜石，西奈半岛的绿松石，还有红海和地中海出产的贝壳等。小黏土球、锥状物和圆盘让人联想到一种简易的记录体系，那它们记录的是什么呢？难道是用它们记录商品贸易吗？

耶利哥人使用的黑曜石来自于土耳其，很有可能是来自土耳其最大的贸易中心——恰塔尔休于。黑曜石出产于恰塔尔休于附近的山区，而它是恰塔尔休于贸易繁荣的部分原因。当火山喷发的岩浆流入湖泊或者大海时，温度的骤然下降使其形成一种玻璃石，这就是黑曜石。由于黑曜石易于切割，能够形成锋利的刃边，而且在制造高性能的工具、武器、镜子和装饰品时，它能够被打磨得十分光亮，因此人们将其视作宝贝。恰塔尔休于遗址在 1961 到 1963 年间被首次发掘，它反映了人们如何适应定居生活，并在这一过程中创造美好事物的诸多细节。

恰塔尔休于位于土耳其中南部科尼亚平原的一处湿地附近，占地 32 英亩，被繁茂的林区环绕。人们在挖掘中发现，从公元前 7000 年到前 4500 年，它至少经历过十二次重建，而重建的原因很可能是由于房屋的坍塌。大约在公元前 4500 年，它被人们废弃。生活在恰塔尔休于的人们用统一的模子制造泥砖，将其晒干，然后用泥砖搭建房屋。这些房子的背面相对，有些还有后院。房顶是平的，人们可以爬梯来到房顶上的开阔地。最外围房屋的外墙对整个城镇起到一种防御和保卫的作用。

恰塔尔休于居民食用的肉类主要来自家养的山羊、绵羊和猪，而主食则是两种小麦、大麦和豌豆。他们仍然捕杀少量的红鹿、野猪和野驴，偶尔也采摘和贮藏一些野生植物的果实，比如野生稻米和板栗。虽然并不能完全确定，但是有一些迹象表明这时已经种植了亚麻（一种能够制造亚麻布和亚麻籽油的植物）。

恰塔尔休于的男子平均身高为 5 英尺 7 英寸（约合 1.7 米——译者注），女子的平均身高则达到了 5 英尺 2 英寸（约合 1.57 米——译者注）。男子的平均寿命是 34 岁，女子则为 30 岁。这里计算的平均年龄将婴儿和儿童包含在内，而他们的死亡率很高。相关人员从恰塔尔休于发掘到的骸骨上检测到关节炎，但是并没有发现软骨病和维生素缺乏症。然而，头骨中海绵状骨髓空间的过快增长反映出约有 40% 被测试的成年人患有贫血，而这意味着疟疾的流行。据估计，在公元前 6500 年这里开始成为定居点时，人口数量为 50 人；到了公元前 5800 年左右，人口已经增加到将近 6000 人，但是这种估计并不可靠。

在恰塔尔休于发掘到的物品展现出人们在创造性活动方面的高超水平。这个镇子的人口太少，没有产生后来城市中出现的专职人员，也没有统治阶级或中央集权式的政治结构。随葬品反映出社会的平等。很明显，所有人都参加了创造性的艺术活动，而正是由于定居生活才使得这些活动的开展成为可能。这一时期的定居生活依然以打猎和采集活动为主，辅助一些放牧、农耕和贸易活动。

恰塔尔休于居民制作的陶器是线圈绕制的，此时还没有轮转制作的陶器品种。人们编制篮子，用羊毛和亚麻织布。他们削制精美的刀具和长矛，用石头或者动物骨头雕刻物品，加工羽毛和木材，还制造珠宝和装饰品。铜和铅的纯度一般都很高，考古人员在恰塔尔休于发现了铜铅制的装饰品和节庆用具。

恰塔尔休于具有代表性的艺术反映出打猎仍然在人们的生活中占据十分重要的地位。灰泥墙上的图画描绘了穿着豹皮服饰的男女打猎的场景。在另外一些场景中，秃鹰正在啄食骨头，显然那是人骨。人们的随葬品通常是武器，而不是农具。

女子通常被葬在一些特殊的房间里，考古学家认为这些房间是神祠。目前发现了四十处这样的房间，占在恰塔尔休于发现的房屋的一半。这些房间中最富特色的是一些雕像和模型，有些雕刻的是野牛头部，有些展示的是公牛和公羊的造型，还有一些刻画了女性胸部、女神、豹子和手印等。由于丰腴的生育女性雕像的数量远远超过男性，专家认为女神在居民的信仰体系中享有最高的威信与荣耀。因为埋在这些房间里的是女人，所以大家产生了这样的推断：她们是女祭司，创制了宗教仪式。在一些图画中，一个产妇生下了一头公牛。一些雕塑展示了一个女子将四肢倚放在豹头上，而一个婴儿的头清楚地出现在她的双腿之间。难道豹子代表死亡，而这个雕像描绘的是生死缠绕的景象？又或者豹子代表了女神赋予自然的力量？这些都只是人们的猜想。

除了从残骸旁的大量食物判断出他们相信来世以外，我们并不了解恰塔尔休于居民对于死亡的看法。他们的壁画显示出恰塔尔休于的居民会将死去的人喂秃鹰；当骨头上的肉被清理干净，人们会将残骸埋到神祠里或葬在他们生前所住房间的土炕下。

不知道是什么原因，人们在公元前 50 世纪的某个时间点废弃了恰塔尔休于遗址。

定居的影响

当人们开始在村落和城镇中定居、种植作物和饲养动物时，他们的生活发生了未曾预见的变化。我们目前仍然活在这些复杂的变化中，这些变化很难被分析，因此只能通过描述社会生活的一些方面和这些变化对地球本身造成的影响来说明一些问题。

农业的优势——每单位产出的食物增多——意味着人们需要了解如何储藏和保存食物。他们需要保卫自己的城镇，防范大型动物和其他人群的进攻，因为如果他们一旦不设防或者迁移，失去的东西会太多，他们难以承受。他们需要一些专职人员，这些专职人员包括发明储存物品（陶器、篮子和存储箱）的专门人才和保卫城池的军事人才。剩余的粮食能够供养这些专职人员。剩余的粮食也能养活更多的婴儿；有了粮食，婴儿能够提早断奶，而女人能够更频繁地生养孩子。

然而，耕作也意味着人们需要更为辛劳地进行工作。他们需要挑战身体极限，例如即使在想要睡觉或者参加社交活动的时候，人们依然需要长时间地进行耕种。此外，在漫长的冬夜里他们不能吃掉最好的种子，因为需要为来年春天的播种保存这些种子。人们不得不长时间地碾磨种子和织布，虽然很可能他们并不喜欢这些活动。他们将动植物驯化、圈养起来的同时，其实也将自己"圈养"了。

当人们在城镇中定居后，和他们打交道的人会有几百人甚至几千人之多，而不是三五十人。现在的分析表明，在私人基础上一个人能够交往的极限大约为150人；超过了这个限度，就需要制定法规、规范和政策来约束人们的行为。在扩大了的群体中，人们需要创造出一种解决纠纷的机制，即一些法规和礼节性的仪式，而这些法规和仪式的执行者也因此拥有了一定的权威。在某一个时间点，私有财产的观念（比如一个房子，或是一片地，或是一定数量的牲畜归某个人所有）产生了。接着，人们又制定出一些关于所有权和土地所有权的新规则。此时，必须对家庭作出更为严格的限定，必须限定谁应该和谁生活在一起。人们拥有的财物不再受限于他们能够携带的物品数量，他们开始拥有更多的物质财富。废物和生活垃圾开始成为问题。

由于衣物容易腐烂，它们并不像陶器那样容易保存下来。1993年人们在土耳其南部发现了目前已知最早的织物。这块织物的发现地是现在的恰约尼（Cayonu）。它是一块白布的碎片，大约3英寸（约合7.62厘米——译者注）长，1.5英寸（约合3.81厘米——译者注）宽。这块布包里裹着一个鹿角制成的工具。由于和鹿角中的钙接触，这块布有些半石化了；它可能是块亚麻布，由亚麻纤维纺织而成。用放射碳检测，它的制作日期可以追溯到公元前7000年。

专家认为，从这时起，在村落里定居的人们将他们编篮子的技术发展成织布技术。这需要做很长时间的苦工，可能与制陶和粮食生产加起来的时间一样多。服饰成为人类社会很重要的一部分，因为衣物和装饰成了社会阶层的象征。

人们过起了定居生活以后，饮食中的野生肉类减少了，因此他们需要找别的食物来补充盐分。一个成人的身体包含着三到四瓶盐。出汗会损失盐分，然而人体自身不能生成盐，但又需要盐的更替来维持生命的运转。单吃野生动物能够补充足够多的盐，但是在饮食中增加了生产的粮食则意味着获取的盐分不够，人们需要在地球上寻找到盐。他们饲养的牲畜也需要食用盐；一头牛需要的盐量是一个人的十倍。生活在乡村里的人能够跟随野生动物的足迹，寻找到盐；但是生活在城镇里的居民则面临着更为艰难的处境。最终，盐成为国际交易中的第一批商品之一，也是首个为国家所垄断的商品——中国在公元前 221 年对盐实行了国家垄断。

在驯化动植物的早期，人们发现了每一种动物都是由雌性孕育新生命。那他们如何看待男性在生育后代中的功用呢？

在书写历史产生之前，并没有对于男性在生育后代中作用的记载。令人惊奇的是，现在一些过着渔猎采集生活的部落仍然不清楚男性在生育后代的过程中发挥作用。然而，考古学家认为，在饲养动物的过程中大多数的族群做了足够多的观察，他们了解男性与生育后代之间的联系。

随着人们参与到动物的日常生活中，他们也将自己暴露在动物疾病的侵袭之下。植物带来的害虫不能直接侵害人类，但是很多动物疾病可以。一种肺结核就是来自牛羊的奶水。麻疹和天花也都来自于牛。一种疟疾的传染源很可能是鸟，而流行性感冒的病毒则来自猪和鸭子。这些疾病在人类历史上产生了重大的影响。

乡村和城镇的生活也面临一些危险，只不过这种危险的种类与渔猎采集时代所面临的有所不同。随时可能侵入身体的疾病成为忧虑的一个来源。变化莫测的天气成为大家每天关注的话题：会及时下雨吗？对作物的生长来说，气温是不是太高或者太低呢？冰雹会将作物击倒，就像一场虫灾和真菌感染也会导致粮食歉收一样。野生动物会减少或者消失，而一场突如其来的洪水会席卷所有的一切。人们的生活充满了危险。

定居下来的人们一定觉得自己受地球的摆布，被玩弄于鼓掌之间。他们的关注点不再是安抚野生动物，而是转向了崇拜生命的本源，并向其求助。

在考察人类从捕猎转向农耕的过程中，考古学家发现了很多孕期女子的雕像，这些女子的胸部和臀部十分巨大、丰满。在中东和中欧都发现了类似的雕像，其制作年代大致从公元前8000年到前3500年，而这一时期正是人们从渔猎采集转向农居生活的时代。

正如在第4章中论述过的那样，我们不可能确切地知道这些人工制品对于它们的制造者来说具有怎样的意义。然而，很难不得出这样的结论：这些雕像展现了人们对于生育的一些尊重和敬意。一些人肯定认为这个地球本身就是一个生育女神；这种思想一直流传到书面记载出现的年代，比如希腊女神盖亚。因为是女性孕育新生命，人们求助的神明就以生育女神的面目出现，因为繁衍后代对刚定居下来的人们来说特别重要。从爱琴海到印度尼西亚，女神雕像与早期农业社会的联系以稻米女神的形式表现，稻米女神丝莉（Dewi Sri）是毗湿奴（Vishnu，印度教主神之一——译者注）的女儿。

由于耕种活动，人类社会中开始出现一些剩余粮食，一些人能够专门从事创制礼仪以及与此相关的艺术活动。与恰塔尔休于的情形一样，这类专职人员或祭司最初都是由女性担任的。

在过去的40年间，女学者作了大量的研究，希望能够找到在一些社会中女性掌握政治权利的证据。她们没有找到任何有关这种母权制的证据。很明显，当时的人口密度已经足以要求产生中央集权式的政治权利，而女人由于家庭的牵绊，尤其是越来越多的孩子，难以掌握这种权利。强壮有力的男子成为农夫、军事将领和祭司，这些人掌握着政治权利。

这一时期的孩童数量猛增。在定居生活实验阶段的早期，世界的总人口大约有600到1000万，相当于半个墨西哥城的居民数量。到公元前4000年，增速急剧加快。至公元前1000年，人口总量接近5000万到1亿。人口以惊人的速度增长，密度不断增加，人类生活越来越复杂。

人类向定居生活转变付出了很多的代价，而经历这种转变的人们显然已经意识到这些代价的一部分。他们更辛劳地工作，更加受制于天气。疾病的种类变多，而生物的多样性减少。他们很可能用怀旧伤感的语调讲述过祖先在渔猎采集年代的故事。

　　然而，一些代价是隐蔽的，直到更晚的时候才逐渐显现，被人们察觉。这些代价是人类活动对环境破坏造成的，它们直接威胁了地球自身的供养能力。森林砍伐是环境付出的代价之一。这种行为在人类驯养动植物之前就早已发生，那时人们放火烧林来开辟吸引食草动物的草场。为了开辟更多的耕地，人们烧掉了更多的树林；在金属做成的斧头发明之前，舍此之外别无他途。人们也将树木用作煮饭和取暖的燃料。这种损害在一开始是微不足道的；然而，随着人口的缓慢增加，它的破坏程度也越来越大。

　　干旱时期，山羊会爬到树上吃树叶，并吃掉所有的树苗，因此这一时期放牧活动的增加也导致了对树木的破坏。森林难以在经常放养山羊的地方再生。绵羊也是损坏植被的元凶之一，因为它们吃草时会将草连根拔起，这导致了土壤的沙化。

　　最简易粗放的耕种方式会侵蚀土地。哪怕只是用了一根挖掘棒，一旦土壤的结构被破坏，沙土就很容易被风吹走，或是被水冲走。同样地，这种影响在一开始时是可以粗略不计的，但是随着人口的增长，土地资源耗尽和河流淤积，它就变成了一种可怕的灾难。

　　关于农耕对地球造成的损害，印第安人的领袖斯摩哈拉（Smohalla）曾经在 1872 年左右提出了下面这一观点。当时有一个提案要求他的人民，即西北高原的印第安人放弃捕猎生活，转向农耕。他反对这一提案，并说道："你要求我去犁地。我能拿着刀划破母亲的胸脯吗？"

持续存在的渔猎采集生活和游牧者

　　正如斯摩哈拉的话语所指出的那样，在公元前 8000 年到前 3000 年间并不是所有人都转向了一种定居生活。世界上的很多地方并不适合耕种；那些地方的土壤非常坚硬，而且贫瘠，并没有哪种谷物适宜生长；不仅如此，这些地方的降雨量和温度也不允许作物生长成熟。另一些地区的出产异常丰富，以至于不需要农业来生产食物。生活在这些地区的人们继续过着渔猎采集的生活，或者再结合某种形式的游牧活动。

从公元前9000年到前7000年，欧亚大陆上寒冷的冻土带出现了拉雪橇的家养驯鹿。人们在尼罗河流域的上游河段、裂谷地带，还有非洲的东部和南部平原等地创造出一种牧牛文化。

最重要的牲畜是马。在温暖肥沃的农业区北部分布着广袤的草原，范围从中欧一直延伸至东亚。因为气候寒冷，这些地区不适宜农业生产。在除了马以外的所有大型哺乳动物灭绝之前，生活在草原的人们一直过着以打猎和采集为主的生活。马在北美完成了大部分的进化过程，然后在北美绝迹了。大约在公元前4000年到前3500年间，乌克兰南部的草原民族开始保护和饲养马匹。作为交换，他们用马奶喂养人类的婴儿，将马粪作为燃料，而且食用马肉，尤其是在冬季食物匮乏之时。由于这种相互关系，人口和马的数量都开始在人烟稀少的草原增长。之后，中亚在公元前500年发明了马镫。随着铁的开发使用和马镫的发明，中亚的马上游牧民族逐渐成为人类历史上的重要力量，他们与农业定居区进行贸易，并且不时对这些地区进行劫掠。

北美是马的发源地。生活在北美草原上的人们并没能驯化马。由于气候的变化和人类的捕杀，马在这片大陆上灭绝。在公元1500年之后，欧洲人再次将马引入美洲；在此之前，北美人民一直过着渔猎采集的生活，而生活在墨西哥地区的民众最早种植了一些谷物。南美洲的很多人依然过着打猎和采集的生活，只有生活在秘鲁的安第斯山区和一些热带地区的人们过着耕作的生活。

对于一个群体来说，人们作出进行农业种植和定居生活的决定实属不易。即便定居者成功地生产出足以供养自身的食物，他们仍然面临着游牧民族的劫掠和觅食者对他们所储藏的谷物和牲畜的觊觎。族群间冲突变得越来越多，越来越危险。

世界上最古老的文学中包含很多关于斗争的故事，有些发生在觅食者、牧民和农业民族之间，有些则发生在作出同样选择的个人之间。史诗《吉尔伽美什》（*The Epic of Gilgamesh*）是关于这些斗争的最为古老的文学作品。苏美尔人在公元前 2100 年左右创作了它，而苏美尔人是世界上首批在城邦中生活的人。苏美尔位于幼发拉底河的河口，即今日的伊拉克。口头形式的故事可以追溯到人们开始将植物、动物和自己"圈养"之时，至少能够追溯到公元前 70 世纪（公元前 6999 年到前 6000 年）。

《吉尔伽美什》记录的故事围绕着一个历史人物吉尔伽美什的生活而展开。大约在公元前 2750 年，吉尔伽美什统治着乌鲁克城（今日的伊拉克）。现代世界在 130 年前才得知这部史诗的存在。那时距离 1857 年楔形文字的破译为时不久。当时，在亚述古都尼尼微发现了一块泥板文书，通过它专家破译了楔形文字。尼尼微位于乌鲁克城境内的东面。现在该史诗只有三分之二的内容是以连贯的形式呈现的；其余的片段多有残缺。

在这个史诗故事中，吉尔伽美什被刻画成一个超级英雄，他三分之一是人，三分之二为神，气宇轩昂，力大无穷。造物女神阿鲁鲁（Aruru）也制造了一个名为恩奇都（Enkidu）的野人。恩奇都生活在大自然中，穿着兽皮，和瞪羚一起饮水，也非常帅气和强壮。

吉尔伽美什派神妓（Shambat）去引诱恩奇都，将他带至城中。神妓是女神伊师塔（Ishtar）的圣职妓女和女祭司。她教恩奇都穿衣、理发、喝酒，教他做一个文明人。恩奇都在一场摔跤赛中挑战吉尔伽美什，但是吉尔伽美什赢得了比赛。

当恩奇都被城市生活同化后，他和吉尔伽美什一道去探险。一开始，他们杀死了一个守卫雪松的恶魔——可怕的洪巴巴（humbaba）。接着他们砍下了那棵神圣的雪松。回到城里后，女神伊师塔希望吉尔伽美什和她结婚。吉尔伽美什拒绝了，于是她将天牛派到人间，给乌鲁克城造成了巨大的破坏。这对好朋友设法杀死了这只天牛。他们的亲人和梦境都曾警告他们不要砍下那棵雪松，也不要杀那头牛。这些事触怒了神明，神明发布了惩罚法令，其内容是在吉尔伽美什的陪伴下，他的挚友恩奇都必须经历一段漫长而又充满苦痛的死亡过程。

《吉尔伽美什》这部史诗中的故事传达了人们对于砍伐森林和圈养动物的矛盾心情。关于亚当和夏娃的希伯来神话也传达了同样的挣扎与斗争。

在古老的希伯来神话中，亚当和夏娃生活在伊甸园。这个故事直到公元前1000年左右才被书写下来，但是在此之前，它已经流传很久。这个故事源于巴比伦王国的一个传说，而巴比伦王国是继苏美尔文明之后，在幼发拉底河和底格里斯河河口衍生的又一古国，位于今日的伊拉克境内。

亚当和夏娃的故事呈现出人们最初充当猎人和采集者时的生活条件。那时他们生活在大自然的伊甸园中，可以轻易地采摘到大量的食物。这里的乐园暗喻的不是一个人造的乐园，而是农业文明开始之前上帝赐予的天然乐园。

在这个故事里，夏娃从代表着善恶知识的果树上摘下来一颗苹果，递给亚当。上帝曾明确地禁止人们食用这株树上的果子。当亚当吃了果子后，上帝将这对夫妻逐出伊甸园，即出产丰富的大自然；作为惩罚，他们必须通过辛苦的劳作才能获取食物。

在这个从寻觅食物转向农牧业的故事中，苹果树象征着曾经用来采集果实而现在需要人类耕种的植物，尤其是对于女人来说。也许苹果树不仅包含着一种象征意义，它还是一种特指；苹果正是发源于哈萨克斯坦的山区，然后传播到高加索山脉。

苹果树也象征着善恶知识，从这个意义上说，当人们定居下来过农耕生活之后，他们必须规定哪些行为是善的（有益的），而哪些行为是恶的（有害的）。对于这些第一批定居下来的人们来说，他们的生活群体扩大了，村庄开始存有剩余的粮食，这时他们有必要制定出一些规则和规范来引导成员们的行为。在此之前，他们生活在小群体中，人类的所有行为几乎都会被接受；而当人们的一些行为不被接受时，他们可以选择离开这个群体，加入别的群体或建立新的群体，可以看出这时并没有必要制定复杂的行为准则。在亚当和夏娃的故事里，上帝因为人们学会种植作物而不满。作为惩罚，他将人们逐出了他的乐园，并迫使他们自行生产自己的食物。故事的作者应该意识到了定居的代价——劳动强度加大和行为限制增多。

故事在亚当和夏娃的子孙身上继续发展。亚当和夏娃育有两子，该隐和亚伯。长子该隐成为耕地的农夫，而次子亚伯选择成为牧羊人。当他们向上帝敬献自己的劳动成果时，上帝拒绝接受该隐的礼物，却接受了亚伯尔的羊群。出于嫉妒，该隐杀死了亚伯，被迫远离土地，重新过起了居无定所的生活。希伯来人的上帝对农民不满，不愿人们转向农居生活。在被迦南人征服之前，希伯来人一直过着游牧生活。迦南人是崇拜女神的农业民族；最终，希伯来人也过上了农居生活。

从史诗《吉尔伽美什》与亚当和夏娃的故事中，我们听到的是那些放弃渔猎采集生活的人们的哀伤，他们挣扎于新的生活安排，对他们所作的选择充满怀疑。然而，他们被迫继续这种生活，利用大地、水、阳光和地球上所有的生物来创造他们能够创造的一切。大约在公元前 3500 年，我们称之为文明的事物出现了。

未能解答的问题

1. 在第一批亚洲人移民到美洲之后，两地还保有联系吗？

这是一个开放性的问题。它引发人们的兴趣，但是目前还没有一个确切的答案。虽然有一些证据表明两地仍然有联系，但是这些证据还不足以得出明确的结论。美洲也有和中国一样的乌鸡，这种鸡的骨头和肉都是黑的；和中国人一样，美洲人只用乌鸡祭司，但是不食用乌鸡肉。一些学者认为，玛雅历法可能来自于今日巴基斯坦的塔克西拉（Taxila），因为其中四个日子的命名借用了印度教神明的称谓，而它一共也只有二十个日子。一些证据表明花生从美洲传到了中国沿海，而美洲的棉花则被引入了印度。或许在接下来的几十年里，会有更多关于这一问题的证据出现。

2. 能够在历史上确定伊甸园的位置和《圣经》中大洪水的发生时间吗？

学者认为，伊甸园应该位于伊拉克海岸，那也是底格里斯河和幼发拉底河汇入波斯湾的地方。这条海岸线一度为猎手和采集者提供过大量的食物，但是随着海平面上升，人们被迫迁往气候干燥、人口密集的内陆。一些人可能在一个小湖边找到了安身之所，这个小湖日后变成了黑海。冰层融化的水没能流往德涅斯特河、第聂伯河、顿河或伏尔加河，这是由于冰川之前的重量使地球柔软的内部隆起，而冰川融水在隆起部位改道，向西流去了。大约在公元前5600年，上升中的地中海海水突然泛滥，在两年的时间里在其东面形成了黑海，这使得难民四散而逃，有些逃往今日的伊拉克。这是否就是圣经中所说的洪水，还只是我们的猜测？然而，这个时间与洪水故事口口相传直到与记录在旧约中的年代相吻合。

第 6 章　早期城市

（公元前 3500—前 800 年）

　　一旦人们的粮食生产达到可以储藏一些剩余食物的程度，人口增长的速度就会加快；从公元前 8000 年到前 3500 年，世界人口从 600 万增加到 5000 万。一些人开始在城市里生活，这些城市的居民数从 1 万到 5 万不等。在城市里，人们创造出一整套全新的思想和体系，这些被西方史学家称为"文明"（英语中文明一词的拼写是"civilization"，它来自于拉丁语的城市——"civitas"）。文明的特征一般归结为以下几点：食物储备，祭司阶层的产生，贸易交换的增加，文字的出现，向远离城市的农民强制征收贡赋，士兵和常备军的发展，大型的公共工程和性别不平等的扩大等。

　　历史学家对文明可能产生的意义进行过广泛的讨论。目前很多历史学者避免使用"文明"一词，特别是在近代的殖民主义时期，帝国主义国家的历史学家用"不文明的"（uncivilized）指代殖民地人民之后。如今，对文明的态度正在发生转变。曾经，文明的出现被认为是人类成功战胜野蛮自然的标志；而如今，很多人开始思考文明生活是否如同渔猎采集生活一般的野蛮，或者从社会不平等和频发的战争角度来看，文明生活的野蛮程度是否更胜一筹？

　　一些历史学家用"复杂社会"（complex society）一词代替"文明"。我更多地是用"城市"或者"城市生活"来指代在欧亚大陆同时兴起的早期复杂社会；而我笔下的"文明"或者"复杂社会"指的是上文所例举的城市生活的一系列特征，并不包含肯定或否定的价值判断。我也赞成大卫·克里斯汀的建议，将首批出现的国家称作"农耕文明"，以此提醒我们那时的人们依靠农田生产粮食和交纳贡赋。

公元前3500年前后，第一批城市几乎在欧亚非的四个地区同时出现，这些地区都是大河流域，而这三大洲是人类最早居住的陆地。最早的城市出现在下述四个地区：伊拉克的南部，幼发拉底河和底格里斯河流域；埃及的尼罗河流域；巴基斯坦和印度的印度河流域；稍晚一点的中国黄河流域。城市在美洲出现的比较晚，开始于公元前1300年左右的墨西哥奥尔梅克和公元前900年前后的安第斯部落。事实上，美洲比欧亚非晚出现城市造成了重大的后果，我们将在第10章中讨论这一问题。在本章中，我将详细描述在两河流域出现的第一波城市，并对其他三个欧亚非城市区的生活进行一些简要的叙述。

苏美尔

正如上一章中提到的那样，最早驯化小麦、大麦、绵羊和山羊的地区是土耳其、伊朗和叙利亚高地；之后这些作物品种向南传播到富饶的两河（幼发拉底河和底格里斯河）流域。在旱季，两河流域的人们需要给大麦和小麦进行灌溉。他们在公元前5000年前的某一时刻建立起可靠的灌溉体系。

公元前3500年左右，在这些农业人口中出现了一支城市民族，这些人讲苏美尔语，而苏美尔语和土耳其语相似。其余的族群讲闪语（与希伯来语、阿拉姆语和阿拉伯语等同源），居住在苏美尔地区北部的阿卡德；有时他们向苏美尔城市迁徙，这样一来就出现多种语言混用的情形。但是，在数千年的时间里，苏美尔语占据统治地位。我们之所以了解这些，是因为苏美尔人是第一个创造了自己文字的民族，而且我们已经破译了他们留下来的文字记录。"苏美尔"一词指的是从公元前3500年左右到前2004年乌尔城被埃兰人攻破这段时间里从巴格达一直延伸到波斯湾的城市地区，居住在这些城市里的居民讲苏美尔语。这一片地理区域，包括更多东北部的土地，时常被称为美索不达米亚（"美索不达米亚"在希腊语中的含义为"河流之间"）。（图 5.2）

大约在公元前 3800 年，季风和降雨向南移动，这迫使苏美尔地区的人们更多地对作物进行灌溉，以保证作物的成长和丰收。为了做到这一点，他们搬进了城市，组织管理周边土地上的灌溉系统。

苏美尔的八个城市中最早出现的是乌鲁克，它在圣经时代被称为伊里克，即现在的瓦尔卡。乌鲁克位于巴格达以南 150 英里（250 千米）处，距离幼发拉底河 12 英里（20 千米）。公元前 3400 年，乌鲁克成为当时规模最大的永久居住地。城中有两大庙宇，一个祭祀天空之神安，另一个供奉爱与生育女神伊娜娜。

苏美尔人认为存在一个由无形的生命（神）统治的世界。这个世界有七个主神，他们组成一个议事会来决定人们的命运。这七个主神包括四个男神和三个女神。这四个男神分别是安（天空之神）、恩利尔（空气之神）、恩基（水和智慧之神）和乌图（太阳神）；而三个女神则是基（大地之神）、南纳（月神）和伊娜娜（爱与生育之神，也被称为夜女神、晨女神和天后）。苏美尔人认为这些神为人们制定了永恒的普适法规，人们只有遵守这些法律和规则才能取悦于神明。这些法规被称为"密"（me）。

随着等级制度在城市生活中出现，人们开始为神明排序，由此产生了贵族神。正如法国社会学家埃米尔·杜尔凯姆首次提出的观点所阐明的那样，我们关于天国是如何运转的想法往往反映出人类社会自身的运行方式。

每一个大城市的神庙中都供奉着一个或多个神明。神庙的雕像代表着无形的神；神庙的工作人员通过劳作提供这些神所需要的一切东西；这样的话，神明就会留在这座神庙中，帮助当地的人民。神庙的工作人员掌管着大量的土地，这些土地生产的食物和贡赋使得神庙储藏丰富。所有城市的主庙都坐落在高台之上，高台不断升高形成一个巨大的塔庙，或称神庙（ziggurat），这是苏美尔人对宗教建筑的一大贡献。

后来，苏美尔从以神庙为中心、碎片似的城市发展成为中央集权式的城邦。在苏美尔城邦里，一个城市和它的君主通过文士和祭司构成的官僚制度来统治别的城市。由于城邦间战事频发，神庙祭司集团统治逐渐让位于军事集团的统治。阿卡德国王萨尔贡是苏美尔最富盛名的君王（即位时间约公元前2350年，在位约50年）；他的孙子纳拉姆·辛（统治时间约为元前2291年到前2255年）是第一位宣布"君权神授"的国王。通过征服别的城邦，毁坏它们的城墙和指派他的儿子为征服地区的行政长官，萨尔贡将国家结构发展到一个新高度（一个城邦统治着别的城邦）。

苏美尔的耕地有三种用途，分别是城市里的花园、平行于河道的灌溉田和干旱的牧场。主要的灌溉作物有椰枣、大麦、小麦、扁豆和豌豆。这里也种植亚麻布的原料亚麻。人们饲养大群的山羊和绵羊，还有少量的牛和驴。其中有些牛能够提供牛奶和牛肉，而另外的牛和驴则是驮畜。鱼是一种主要的补充食物；穷人的主食有大麦、鱼和椰枣。小型的捕猎活动仍在继续，主要的猎物是野兔和鸟类；这时狗已经普遍被驯养。

灌溉是很多人的主要工作。春天，人们要防止河水泛滥；接着，随着季节的推移变化，需要将河水逐渐释放出来。这都要求人们对堤坝和运河进行长期的修缮和维护。由于即便是淡水也含有一定的盐，土壤中水分蒸发后会形成结晶盐，若干个世纪之后这些结晶盐将破坏作物的生长。

秋分时节，即粮食丰收之后新一轮的作物种植开始之前，苏美尔人会举办一场神庙仪式来庆祝他们的新年。为了确保来年的丰收，在这场仪式中，国王和代表伊娜娜的高级女祭司将在聚集的民众面前进行性交。苏美尔语中"a"代表水，它的另一层含义指的是精子或生殖力。由此可见，苏美尔人清楚地了解到生命的繁衍离不开男性因素。

考古人员在乌鲁克的一座伊娜娜神庙中发现了一些刻在泥板上的楔形文字，这些文字是迄今发现的人类最早的书写语言。专家们普遍认为这些文字起源于早期的商业活动。当时商人在一些湿泥板上刻写一些小标记来代表货物，以此来记录贸易往来的数据。之后，官员在泥板上画出一头尖、一头为球形的图案来表示一些事物。接着，他们让这些图案成为代表事物的单音节名称。一些人决定在尖的一端加上一个楔形，然后图画开始由楔形表示，这样就产生了楔形文字（楔形文字的英文表达为"cuneiform"，来自于拉丁语中的"cunens"一词，意为楔形）。楔形文字中大约包含了3000 个表示音节的字母。生活在苏美尔和周边地区的人们使用这种文字长达 3300 多年。

目前发现了大约 5000 到 6000 块的苏美尔泥板文书，它们散布在世界各地的博物馆中。在 1889 到 1900 年间，一支美国考古队考察并发掘了苏美尔的宗教中心尼普尔，他们发掘到的部分物品保存在伊斯坦布尔的"古代东方博物馆"（Istanbul Museum of the Ancient Orient），剩余的则由宾夕法尼亚大学的校博物馆收藏。对于这些材料的语言学分析始于 19 世纪末，这是学术合作取得的一项重大胜利。现在，学者已经有足够的信心来翻译一些新发掘的文字材料，尽管很多文献的片段已经散佚，然而在条件允许的情况下，将来很有可能还会在伊拉克发现更多的文字材料。人们发现的大部分书面材料已经出版公布；其中有很多是在最近 30 年间发行的，包括 20 部神话，9 部史诗（包括上一章中提到的《吉尔伽美什》），还有数百首圣歌、挽歌和安灵曲（包括 105 页那首关于伊娜娜女神的圣歌）。现在大约有 300 个人能够读懂楔形文字。约翰·霍普金斯大学设立了一个名为"数字化汉谟拉比"（Digital Hammurabi）的项目，意在建立一个电子档案，以 3D 效果呈现所有已知的泥板文书；这样一来，世界各地的学者都可以对它们进行翻译。

由于苏美尔人没有木料、石料和金属，他们主要通过驴子商队，可能还使用商船与土耳其、伊朗、叙利亚、印度河流域和埃及等地的人们进行贸易，大量换取这些材料。以上的贸易联系在中欧、亚洲和北非等核心区域建立起人类的联络交流网。

在苏美尔城市生活的初始阶段，当苏美尔的居民能够买到铜时，他们使用铜器。大约从公元前 2500 年开始，西亚某地的人们学会了制作青铜。青铜里面锡和铜的比例为 1 ：9，它比铜要坚硬。因为只有从埃及东部的沙漠、英格兰的康沃尔和阿富汗才能得到锡，所以在很长时间内青铜并没有被大量使用。然而，东亚在公元前 2000 年开始使用青铜，而东北非使用青铜的时间为公元前 1500 年。

人类第一次城市生活的实验形成了一股发明创造的狂潮，当今的城市生活在很多方面与这一时期的城市生活依然保持一致。苏美尔人将如何解决人们之间的争斗写成了条文，创制了一整套的法律和规则（上文提到过的"me"）。任何一位君主皆可组织高效的军队，建立和完善官僚管理制度和为征服其他城邦的统治者提供支持的制度。财产私人所有制逐渐产生，富裕的家庭与海外进行贸易，换取奢侈品。约有 90% 的人依然是农民，他们需要向统治者缴纳贡赋以换取保护，必要的时候统治者用强制办法收取贡赋。这一时期出现了等级制度，即不同的社会阶层，一些贫苦的农民、流浪者和战俘沦为奴隶。苏美尔人发明了象形文字、圆柱体图章、提水的杠杆和计数体系，建造了运河和水渠，创制出一套根深蒂固的官僚制度，此外，他们还进行文学创作，将白银用作货币。其他地区可能也发明了上述事物中的某项或某几项，但是苏美尔人将它们合为一体。

最终，约 4000 年前，即公元前 2004 年，苏美尔人统治的乌尔城被来自伊朗的埃兰人摧毁，乌尔王被流放，他再也没能返回故国。此后，苏美尔语绝迹，尽管在公元 1 世纪以前，楔形文字一直被用作国际外交的通用语言。

苏美尔的骤然崩溃引发了后人无限的思考。近来人们将注意力集中到了灌溉的危害上，并将它视为苏美尔崩溃的一大主因。越来越严重的土地盐碱化导致产量下降和一系列的农业歉收。最近的气候研究显示，公元前 2200 年，苏美尔北部发生了一次大的火山喷发，喷出的火山灰遮天蔽日。与此同时，又一轮 278 年的干旱周期开始了。总之，面对环境变化，人类历史上的首次城市生活显得十分脆弱。

在今日的城市生活中，我们可以看到一些苏美尔时期的影子。上文中已经提到过苏美尔城市与现代城市在宏观方面的一些相同之处。不仅如此，在很多细微而具体的方面，我们也与苏美尔人一样。苏美尔人的计数体系以 12 为基础，而不是 10。我们在很多时候保留了这一点，例如 1 分钟是 60 秒，一小时是 60 分钟，一天是 24 小时，一年为 12 个月，一圈是 360 度等。我们还保留了苏美尔人的一些观念，比如他们认为 13 是不吉利的，比如他们相信存在无形的统治力量，不同的只是我们将神的数量压缩为一个。

以下是苏美尔人的一首圣歌，在歌中他们热情地歌颂夜晚的星星——金星维纳斯，而这颗星是爱之女神伊娜娜的象征。从这首圣歌里，我们能够感受到他们的快乐：

> 在一天结束的时候，夜空中布满了光彩夺目的星星，它们散发出伟大的星光，
> 夜之女神在天空中出现，
> 地上所有的人都仰望着她。
> 男人们变得纯净，女人们更加纯洁；
> 轭中的牛向她发出哞哞的叫声。
> 绵羊在它们的栏圈里激起尘土，
> 大草原上所有的生物，
> 高原上所有的四肢动物，
> 繁茂的花园和果园，翠绿的芦苇和大树，
> 深海中的鱼和天空中的飞鸟——
> 我的女神让所有的生物都急切盼望回到自己的住处，
> 苏美尔的动植物和数不清的居民皆向女神跪拜，
> 年长的妇女们为女神精心准备了食盘和饮品，
> 女神在大地上恢复活力，
> 苏美尔一片欢乐，
> 年轻的男子与他的心上人做爱。
> 我的女神在天上，面带着甜美的笑容。
> 苏美尔人在圣洁的伊娜娜女神面前庆祝游行，
> 夜之女神伊娜娜绽放光辉。
> 我赞美你，圣洁的伊娜娜。

> 夜之女神在晨曦中闪耀。

乌尔城衰亡之后，劫掠和入侵成为美索不达米亚平原生活中的常事。原本生活在沙漠地区的人们迁移到这里，统治权转移到巴比伦国王汉谟拉比（约公元前 1792—前 1750）的手中。巴比伦与北边的亚述反复交战，互有胜负。尼布甲尼撒二世的统治被人们铭记，因为他攻占了耶路撒冷，摧毁了庙宇，并将大量的犹太人掳往巴比伦，史称"巴比伦之囚"。

通过沿海航运和陆地上的商队，苏美尔人和另外两个早期的城市地区进行了贸易，这两个城市带是埃及的尼罗河流域和巴基斯坦的印度河流域。这种贸易往来很可能从这两个城市文明诞生的初期就已经开始了。第四个城市地区以中国为中心，直到晚些时候这一地区才与欧亚的核心区域发生联系。

其他的城市文化中心——印度、埃及和中国

大约在公元前 7000 年，人们开始在印度河流域居住；公元前 3000 年，他们开始在河上生活。这里的人们向人类的资源库中加入了瘤牛和的棉花。考古人员发掘了两座印度河流域古城——摩亨佐达罗（Mohenjo Daro）和哈拉帕（Harappa）。很明显，这些在公元前 2600 年左右兴起的城市能够熟练地管理和控制水资源，它们建成了人类历史上的第一套污水处理系统，能够将饮用水和生活废水分开。由于学者们还未能破译印度文字，我们对他们的宗教和政府管理一无所知。一些雕刻在圆柱体图章之上的图形表明印度教中的一些神可能来自于印度河神。在公元前 2000 年左右，这些城市开始衰落；对此，说得通的解释有以下几种：越来越多的森林砍伐，过度灌溉导致的土地盐碱化，北部游民的入侵，还有河流的改道等。一些突发事件，类似于地震或严重的洪灾，也许加快了衰亡结局的到来。到了公元前 1500 年，印度河上的城市生活已经消失，这说明人们转向依靠农业生产来获取食物的生产方式并不一定是一个不间断的过程。

　　因为专家已经成功破译了埃及的象形文字，所以我们对埃及社会了解得更为详尽。与苏美尔文字呈现出一个逐步发展的过程不同，产生于公元前 3300 年到前 3200 年的埃及象形文字，从一开始就表现为一个比较成熟的体系，这说明埃及文字可能是对苏美尔体系的模仿和改造。1824 年，吉恩·弗朗索瓦·商博良（Jean-Francois Champollion）利用拿破仑军队在埃及发现的罗塞达石碑，破译了埃及象形文字。罗塞达石碑的碑文是在公元前 2 世纪刻上去的，它的内容用三种文字进行了表述，这三种文字分别是象形文字、古埃及通俗文字（一种简易的象形文字）和希腊语。人们发掘到的大部分埃及文献写于纸草之上。纸草文书在干旱的条件下保存完好。纸草文书反映了公元前 3100 年左右，尼罗河沿岸的城市生活区被统一为一个单一的复杂社会，这个社会的统治者是来自三角洲地带的孟斐斯。埃及的统治者被称为法老；从很早的时候起，法老就宣称自己是神，而这一观念也可能是从苏美尔人那里学到的。

　　尼罗河是世界上最长的河流，长达 4160 英里（约合 6700 千米——译者注）。尼罗河的洪泛期比其他任何一条河流都稳定。该河能提供世界上其他地域不具备的好处。它为船只的双向行驶提供了可靠的保证（水向北流、风往南吹），这样就为法老控制王国的航运和货物分配提供了可能。尼罗河每年泛滥一次，人们利用堤坝引洪漫灌，以此保留洪水所携带的泥沙，浇灌作物，如此就避免了类似苏美尔地区那样由于过度灌溉导致的土地盐碱化的发生。这样一来，尼罗河为埃及的发展提供了一个非同寻常的稳定基础，而周遭的沙漠成为其天然的防御。

　　尼罗河流域基本的粮食作物有小麦、大麦、椰枣、无花果、橄榄和葡萄。埃及人还驯养了一些小型家禽，比如鸭子、鹅、鹌鹑、鸽子和鹈鹕等。此外，他们也捕鱼。埃及人学会了制作可食用的橄榄，方法是将其浸泡在盐水中。他们制作面包和啤酒，还用盐保存鱼。到了公元前 2800 年，他们用腌制的咸鱼与腓尼基人进行贸易，换取雪松、玻璃和从紫红色骨螺中提取的紫色染料。另外，埃及人在死去的人身上铺满盐，将其放置 70 天，以此来保存尸体。

由于缺乏足够的证据，我无法系统地阐述埃及人的宗教思想。然而，关于这个问题的一些基本论断是清晰的。埃及人很骄傲，他们认为自己比他人优越，这也是人类的通病。它的人口是混居的，包括了从闪米特人到深黑肤色的努比亚人等很多不同的族群，因此埃及人崇拜的神族由很多地方神混合而成。他们的造物主，阿图姆（Atum）是双性神，后来与太阳神拉神（Ra）合二为一。埃及人认为心脏是思想的中心，而且形成了一种来世信仰，即人们来世的生活取决于自己今世的思想和道德表现。冥界之神奥西里斯（Osiris）就是死后复活的，他负责审判来到地府的人们。他会将每个新丧之人的心放在一个天平上，由此判断这个人是应该被死亡恶魔抓走，还是重返人间，过上比前世幸福的生活。奥西里斯的妻子伊希斯（Isis）被民众广泛崇拜，尤其是在罗马帝国的早期，范围甚至扩展到埃及之外。

埃及人成功地将他们的灌溉体系维持了 5000 年之久，这个时间比苏美尔人和印度河流域的哈拉帕社会都要持久。然而，今日的埃及常常被水土问题困扰，而应用 21 世纪的新科学技术反倒使问题进一步恶化，虽然发明和使用这些科技的初衷是为了解决问题。（例如，阿斯旺大坝使得尼罗河水每年不再定期泛滥，这样埃及的农业也就失去了洪水中所携带的大量肥沃淤泥；而水坝蓄藏的水向地下渗漏，危害了古墓。）

内部鲜有战事的埃及人最终遭受了喜克索斯人的入侵，一般认为喜克索斯人是来自巴勒斯坦的迦南人。公元前 1678 年，喜克索斯人驾驶着新装备——二轮战车，穿过了西奈沙漠，将埃及人拖入旷日持久的战争乱局之中。这场战争发生在公元前 2350 到前 331 年之间，这一时期埃及处于来自中东的统治者的治理之下。逐渐地，各地的君主熟练掌握了建立帝国和利用一套官僚体制来治理帝国的办法；到了公元前 1550 年，埃及控制着尼罗河，它的统治范围南达努比亚和巴勒斯坦口岸和叙利亚，北抵幼发拉底河。800年后的亚述帝国和 1000 年后的波斯帝国，它们的统治疆域包括了下埃及、土耳其的全部和美索不达米亚平原，并向东拓展到印度河流域。作战技术的改进促成了这些军事征服活动的胜利，这些技术中尤其值得一提的是马拉战车和制造廉价盔甲的冶铁术。冶铁术发源于公元前 1200 年左右的塞浦

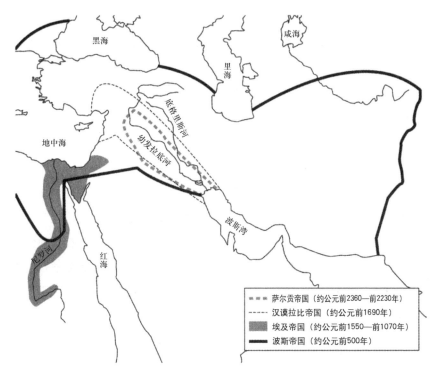

图 6.1　西南亚和埃及的一些古代帝国

路斯或东土耳其。（图 6.1）

　　埃及文明深刻地影响了一种"乡巴佬文化"（country cousin）——克里特文明。克里特文明发源于希腊海岸沿岸的克里特岛，是欧洲的第一个复杂社会，它的存在时间大约是从公元前 3000 到前 1450 年。克里特人使用一种早期形式的文字，他们利用船只开拓建立殖民地，由此建立起一个贸易帝国。由于克里特岛位于希腊和非洲海岸之间的地中海上，埃及文明对克里特文明，尤其是对它的壁画产生了深远而强烈的影响。埃及通过克里特人影响了希腊，甚至希腊人崇拜的神有可能也是对埃及的模仿。不知是什么原因，克里特文明突然终结，这也许是由于邻近的锡拉岛（即现在希腊的圣托里尼岛）在公元前 1645 年发生了一次骇人的火山喷发。这次火山喷发向大气层中释放了大量火山灰，遮天蔽日长达数年之久。

中国位于欧亚大陆的远东地区。第四个农业文明在那里兴起，并形成了另一种极具特色的人类文明。中国早期的城市是建立在农业产粮剩余的基础上，而它的农业则是建立在一个大河系统的基础之上，即黄河和它的支流。中国北方的降雨少于南方，那里的主食是当地产的粟和从中东传入的小麦。后来，在湿润的南方，大米成为当地人的主食。

在中国，高度发达的农村逐渐发展成城市。中国的城市分布在黄河附近，这与美索不达米亚平原和埃及的情况不同，它们的城市是由从事农业生产的边远地区发展而成。公元前3000年，中国北方建有围墙的村庄里业已出现了精心布置的坟墓，随葬品中有大量陶器，而陶器上的文字是汉字的鼻祖。贵族家庭掌管着与神的关系，而中国人认为能够通过祖先神为他们的后代向神求情的方式与神界进行沟通。人们与祖先神的联系则是通过用青铜器盛满美酒的仪式建立的。汉字中的"祖"一词早期的含义是"阴茎"，甚至更早的时候就是"人的躯体"的意思；这说明了一种文化转型，在这种文化里只有儿子们能够执行祭祀仪式，使父亲的灵魂自由地加入祖先的行列。

与美索不达米亚平原的祭司集团和军事集团各自分立的情形不同，在中国与神进行交流的家族同时也组织军事防御工作。公元前1523年，依靠从中东引进的一套昂贵的武器系统，包括由木头、骨头和筋腱连在一起制成的弓箭，青铜制的盔甲，和马拉战车等，商朝建立起了军事和政治统治，并延续了500年。在一个农田里发现了甲骨后，考古学家发现了商的首都安阳，安阳位于现在的河南省。这些甲骨上刻的文字是神谕；由于这些甲骨文和中国古代汉字十分相像，因此学者当时就能够读懂它们。

在商朝统治时期，中国的青铜制造技术已然十分精湛，可从当时贵族所使用的青铜器（尤其是礼器和蒸煮器具）中看到这一点。商朝人也用青铜器制造车轮的金属部分，但是很少使用青铜农具和工具。他们的书由竹简穿制而成，此时中国人已经使用毛笔写字。这一时期，中国还存在人殉人祭和奴隶制。中国人开始使用货贝当作通用货币，虽然没人知道这些贝壳从何处来。

城市的转折点

在欧亚大陆和非洲的尼罗河地区，早期城市的兴起给人类生活带来了很多具有转折性意义的改变；而这些变化一直伴随着人类，时至今日在我们的生活中依然清晰可见。随着社会变得越来越复杂，维持社会整体运转的一些制度结构逐渐显得不可或缺。这些基本的制度包括文字的使用、宗教的便携性、完备的官僚制度和父权制的建立等。

早期的文字在宗教活动、商业贸易和贡赋记录等活动中发挥了重要作用。然而，从长期来看，无论是楔形文字还是象形文字，它们的结构都过于复杂，显得不够灵便，人类需要更为简易的文字。

在埃及，通俗文字在简化象形文字的压力下产生，由于它是大众普遍使用的文字而得名。然而，却是腓尼基人最后完成了向字母文字的飞跃。在字母文字里，每一个字母代表一个发音。腓尼基人是来自地中海东岸（今日的黎巴嫩）、从事航海贸易的一支闪族人，他们是连接埃及和美索不达米亚的纽带。腓尼基人还在西班牙南部建立起卡迪斯港，并在公元前 600 年左右从那里驶向了非洲西海岸；他们到达这一地区的时间比葡萄牙人早了 2000 多年。大概正是由于开展贸易活动的地域如此广阔，才促使他们创造出一种更为简易的书写系统。

在字母文字中，每一个符号代表一个字母，而不是一个音节。大多数语言的所有发音都可以用 25 到 30 个符号来表示。腓尼基字母只有辅音，大约形成于公元前 1400 到前 1000 年，它是从埃及象形文字中借来了 22 个符号或说是字母创造而成的（图 6.2）。由于闪族语中元音数量有限，只有辅音也是可以的。与阿拉伯人和希伯来人不同，腓尼基人读书的顺序是从左往右；阿拉伯语和希伯来语是晚些时候形成于东地中海地区的两种字母文字，它们的读写顺序是从右往左。

我们的字母文字包含着历史的延续性，从字母 M 中便可以看到这一点。古代埃及人用波浪线代表水。希伯来语和腓尼基文字都保留了这一点，它

腓尼基字母	对应的罗马字母	腓尼基字母	对应的罗马字母	腓尼基字母	对应的罗马字母	腓尼基字母	对应的罗马字母
⪡	A	⚏	Z	⅄	M	Φ	Q
⅃	B	⊞	H	Ⴤ	N	⫩	R
⅂	G,C	⊗	–	⧣	X	W	S
◁	D	⊇	J	○	O	✝	T
∃	E	⪢	K	⟋	P	ⱳ	–
Y	F,V,U W,Y	⊂	L	ⱱ	–		

图 6.2　腓尼基字母表

们的字母"Mem"代表水，这个字母在拉丁文中演变成了字母 M。

　　通过对一种口语进行语音学分析的方法来创造一种字母是非常困难的。证据表明这种现象在欧亚非大陆只出现过一次，且美洲大陆从未发生过此种现象。大多数的字母是从较早出现的文字中借用来的，或者是人们从别处的字母中受到启发，从而创造出他们自己的字母表。

　　公元前 800 年左右，腓尼基字母传入希腊，而希腊人的语言中包含更多的元音。由于需要更多的字母来代表他们的元音，因此希腊人借用了另外四个辅音字母，它们分别是 A（alpha）、E（epsilon）、O（omicron）和 Y（upsilon）。I（iota）是希腊人的创造。罗马沿用了希腊字母，而现在的罗马语和日耳曼语中依然使用罗马字母。

　　阿拉伯语也是从腓尼基字母中衍生出来的，但是从公历纪元开始，它的发展就逐渐偏离了腓尼基文字，并在 6 世纪中期转变为阿拉伯语。在公元 650 年，阿拉伯人用阿拉伯文字书写了《古兰经》。伴随着伊斯兰在世界范围内的扩张，阿拉伯语得以广泛传播。

汉语从未抛弃它的象形文字和音节符号。汉字大约产生于公元前 2000 到前 1500 年，在公元前 200 年到公元 200 年间经历了简化，直至今日它的基本形态没有改变。它使用了约 214 个声调，这些声调与文字结合起来代表完整的词语。

字母文字的发明是具有变革意义的，因为它简化了读写的过程，并使得更多的人能够接受和使用文字。在这个过程中，下层民众能够接触到宗教中神圣的经文。当人们迁徙或居住地被占领时，长久以来一直与地方神相联系的宗教思想内容可以随之移动，因为人们可以随身携带宗教经典。由此，地方神可以演变为世界神，不再与一个特定的地点捆绑在一起。

犹太的以色列人（即犹太人）的经历恰好展现了上述的过程，是这方面的一个主要例证。大约在公元前 20 世纪，最早兴起于美索不达米亚乌尔王国的亚伯拉罕带领他的家族向西南方向挺进，到达了今日以色列所在的地区。公元前 586 年，巴比伦国王尼布甲尼撒二世占领了耶路撒冷，并摧毁了当地的寺庙，杀戮了它的祭司。被俘获的耶路撒冷居民被掳往巴比伦，这些人在巴比伦用他们保存的圣经创立了一种新的宗教。这种宗教以礼拜为主，每周教民们聚集在一起，听被称为拉比的牧师讲解经文。通过对经文的思索，这些背井离乡的人们为自己创制了一套行为规范，而且他们相信神是普遍存在的，即神与他的子民同在，并不是只存在于某个特定的地域。无论在什么地方，无论面临怎样的困境，犹太教在它诞生之后的 2500 年间一直引导它的教众，给他们以信心和勇气。

在西南亚频繁的战争中，帝国逐渐形成了，而复杂的官僚管理体制对于帝国统治来说是必要的。字母文字也使得这种官僚体制的建立成为可能。官僚体制在字母文字出现之前已经兴起；从公元前 1792 到前 1750 年，汉谟拉比统治着巴比伦，他在这一时期牢固树立了官僚管理体制。官僚管理体制意味着由统治者任命的个人有权征收赋税、实行法律，而为了换取军事保护，人们在大多数时间内必须接受这种管理安排。字母文字极大地增强了统治者任命的效力。此外，它还促进了贸易的发展，因为个人能够记录他们的生意联系和往来。

城市的兴起与父权制的建立（也就是女性在政治和社会上的附属地位）同时出现，而父权制是人类社会等级制度发展的另一个方面。这一现象的发生不能用一个简单的理由解释（复杂的历史情况大抵如此），它是一系列复杂的因素相互作用形成的，是早期城市社会的一大特点。

在向农业转变的过程中，女性角色更多地转向以家庭生活为中心。在男子减少打猎活动后，他们拿起沉重的犁耙，以此增加土地的亩产量，而女性很难从事这种重体力劳动。（然而，尽管美洲没有犁，那里也形成了父权制）。粮食产量的增加使得孩子的出生频率加大，而频繁的生育活动使得女性被困在繁忙的家务劳动当中。私人财产所有权使男人进一步地掌控女人，这样才能够确保他们的财产只留给他们的后代。来自外部部族的侵袭使防御变得必不可少，而男子需要组织抵御行动，保护财产和家庭。或许最简单的解释是相比女人，男人更容易从社会最基本的单位构成——家庭中抽身，他们拥有更多的时间从事其他专业化的任务。

随着城市的发展和城市人口不再从事种植业，早期农业时代的伟大母亲神开始丧失意义。在很多神话故事里都可以看到她被人们废除。例如，巴比伦的一个神话就讲述了他们的神王马杜克（Marduk）向万物之母提亚玛特（Tiamat）发动战争的故事。他将她的身体劈成碎片，并用这些碎片重建了世界。以色列人完全杜绝了女神的形象。他们的宿敌是农业民族迦南人，迦南人崇拜一个名为阿施塔特（Astarte）的生育女神，而圣经旧约将这个女神称为"可憎的"。

希腊罗马文化传达了明确的男权信息。雅典娜从宙斯的头部诞生，这是对于伟大母亲神话的经典颠覆。很多早期的希腊文学作品都是讲述女性权利减弱这个主题的。在《降福女神》（Eumenides）中，埃斯库罗斯（Aeschylus）借太阳神阿波罗的口宣称："母亲不是她的孩子口中所称的父母，她只是个新植入的种子的看护者，守护种子的成长而已。真正的父母是种种子的那个人。"刻有赫耳墨斯半身像的方形界碑因赫耳墨斯神而被命名为赫尔墨斯方碑，其顶端的头柱通常是木制或大理石制的。头柱前面都装饰有一男性生殖器的雕像，而这个生殖器通常是挺直的。至少从公元前 6 世纪的希腊文化中就可以找到这些了。在罗马文化中，男性性器官被认为能够避免和克服邪恶的影响。阴茎被当作保护符，父权制深入到社会的各个方面。

这一章的时间跨度大概是从公元前 3000 到前 1000 年；在这段时间里，世界人口从 5000 万左右增长到 1.2 亿。每一个世纪的增长比率大约是 4.3%到 4.5%，这种增长速度比较和缓，并不属于激增。长期的趋势表现为增长和下降的周期循环，而历史学家认为这个循环的基础是一种普遍增长的趋势。

正如在这些城市起源地的遗址中发现的手工艺品显示的那样，早期的城市之间发生过一些贸易往来。从公元前 1100 到前 800 年，腓尼基人控制着地中海地区的贸易，他们的商业活动南抵非洲的西海岸，并到达英格兰，换取当地所产的锡。到了公元前 1500 年左右，不知名的冶金学家知道了熔铁所需的温度比炼铜要高 400 摄氏度，这些冶金学家也许来自于高加索地区。公元前 900 年，在东地中海地区铁器已得到普遍使用。在公元前的首个千年里，铁器传播到欧亚非三大洲的很多地区。

从公元前 3500 到前 800 年左右，生活在欧亚非交流网中心的人们开始创制社会体系和结构，而这些体系和结构能够确保他们供养稳定的城市和大规模的帝国。在农业化的过程中，生活在欧亚非四个地区的人们采取了极为相似的消除地方性差异、使人们适应人口密集的城市生活的做法，而美洲独立发展起来的农业文明在这一点上也与它们非常相像（见第 10 章）。一些观察家发现，这些解决办法也同白蚁和其他社会性昆虫十分类似。无论是对人类还是昆虫来说，密集生活可能有它自己的特点。

在下一章里，我们将看到我们所熟知的世界宗教和文化是如何在公元前 800 年到公元 200 年这一时期的早期农业文明中产生的。在这段时间里，以城市为基础的帝国文明在欧亚非的整个核心地区达到了它的顶端。

未能解答的问题

1. 城市文明是首先在一个地方产生后，再向别处传播扩散的吗？

题目中所说的是文化扩散理论，这种观点在50年前十分流行。然而，目前被大家广泛认可的观点是文明多元论，即文化在很多地方形成并发展，而每个地区通常只有一种本土文化。

2. 埃及与其他的地中海人类定居点的贸易交换达到了什么程度？埃及文明在多大程度上影响了别的文化？

近年来，非洲人民迫切地重申他们对世界历史所作出的贡献，尤其是在1987年左右，马丁·伯纳尔 (Martin Bernal) 发表了《黑色雅典娜：古典文明的亚非根源》 (Black Athena: The Afroasiatic Roots of Classical Civilization) 一书之后，题目中的问题被广泛讨论。

伯纳尔曾说过，他在这本书中想要表达的主旨是埃及和腓尼基文明对希腊社会的形成具有强大的影响，而且欧洲学者因为种族主义和反闪米特等原因，贬低了这种影响。很多历史学家承认伯纳尔举出了很多近200年间埃及和腓尼基影响如何被贬低的例子。然而从这些例子中，大部分历史学家无法得出希腊文明是黑非洲和腓尼基文化的产物这一结论。

除了埃及在多大程度上影响了希腊和罗马文化这一问题外，我们还应该思考这样一个问题，即有多少埃及人是黑种人，而埃及文明在多大程度上属于黑色非洲？大部分的埃及人是黑种人，闪米特人，还是混血儿？由于埃及人在他们的绘画中象征性地使用颜色，因此用黑色画出的人也许事实上并不是黑皮肤。一定有很多来自不同地区的不同肤色的人们混居在埃及，但是没有人知道真相到底是什么。

第 7 章 欧亚非的联络网

（公元前 800—公元 200 年）

　　正如我们所看到的那样，地球上兴起的第一批城市和文明出现在欧亚非的四大河流域。这些城市形成了一个联络网，一个城市生活的小核心；在这个核心区内，人们彼此间进行着贸易和交流。从公元前 800 年到公元 200 年，这些社会中形成了复杂的官僚管理系统和宗教体系，而直到全球化时代，这些体系仍以各具特色的世界文化形式而存在。

　　在这章中，我们将主要讲述生活在上述核心城市区的人们的发明创造。然而在我们的故事进入这一主题之前，需要提醒大家注意的是此时大多数的人仍生活在城市以外的地区，或是城市的周边，他们继续过着"前城市"形态的各种生活，像是农耕、放牧或者是渔猎采集。撒哈拉沙漠切断了撒哈拉以南非洲的游牧民族与主流贸易之间的联系。美洲的人们继续发展他们的渔猎采集文化。在欧亚非兴起的城市文明核心以北，生活着欧洲的凯尔特人和亚洲内陆骑马的游牧民族。这些游牧民族周期性地侵入农业和城市地区。印度次大陆的早期城市生活于公元前 1500 年左右崩溃，由于游牧民族在其之后的发展中起到了关键作用，因此，虽然本章只是简略地提及他们，但在接下来的两章中他们将是重要的讲述对象。

　　需要特别提到的是凯尔特人，由于他们被罗马所征服，其文化在世界历史的叙述中经常被贬低。然而，在公元前 300 年前后，即凯尔特人的全盛期，他们的居住地遍布从爱尔兰到黑海，从比利时到西班牙和意大利的整个欧洲。大约在公元前1000年，凯尔特人发源于莱茵河和多瑙河的源头，即法国东部和德国西部地区。

罗马人将凯尔特人称作"高卢人"，这来自于一个希腊语"hal"，意为盐，因为盐和铁是凯尔特人经济的基础。公元前900年，在东地中海地区和欧洲，人们普遍使用铁制工具和武器；通过河流运输，凯尔特人在这些地区南北穿梭，与其他族群进行贸易。他们将这些人分别称为莱茵人、美因人、内卡人、鲁尔人和伊萨人。

凯尔特人创造出一套高度发达的公有制农耕文化。在他们的社会中，官员由选举产生，女性与男性享有平等的权利。凯尔特人拥有橡木建造的发达道路、石质的建筑、精美的金属饰品与工具；此外，他们的月历比罗马的儒略历精确得多。他们崇拜众多的男神和女神，而德鲁伊特是诸神的首领。凯尔特人在商业中使用罗马字母；但是为了保持自身的记忆能力，他们拒绝用文字记录自己的历史、家谱和宗教。优秀的武士喜好近身格斗，甚至有时他们会赤身肉搏。在公元前390年左右，即元老院建立罗马共和国一百多年之后，凯尔特人对罗马进行了长达七个月的劫掠。然而，正如将要看到的那样，罗马帝国发起了反击，并最终几乎攻占了凯尔特人的所有领土，只有爱尔兰、威尔士、苏格兰和布列塔尼等少数几个地区除外。在这些没有被攻占的土地上，凯尔特人得以将他们3000年的文化保留到现代。

印　度

现在我们将目光转向欧亚非的城市化地区，从印度开始讲起。喜马拉雅山脉是印度的北部边界，它是由与大陆分离、呈漂浮状的印度板块与亚洲大陆碰撞产生的。只有一条可行的通道可以穿过这些巍峨的山峰，那就是喀布尔山口（Khyber Pass）。大约在公元前1500年，北方骑马的游牧民族从这里迁入印度北部，他们的语言属于印欧语系。目前还不知道，他们是经过战争占领了该地还是被悄然同化了。

　　然而，这些人确实到达了这一地区，他们就是大家熟知的雅利安人。与土著的达萨人相比，雅利安人的肤色较浅。这两个族群以某种方式相结合，从而形成了一种瓦尔纳（表面意思为"颜色"）制度，也称种姓制度。在这个制度中，雅利安人是高级种姓，而达萨人为低级种姓。祭司和学者是最高级别的瓦尔纳（婆罗门），接着是武士和统治者阶层（刹帝利），然后是由剩下的雅利安人组成的平民阶层，最后是非雅利安阶层。种姓制度成为印度文化的一大特色，它将婚姻严格地限定为种姓内通婚，并通过这种方式使这一制度得以长期存在。现如今，种姓制度已被官方废除，但是仍然有 2.5 万个亚种姓部落，它们组成了 3000 个不同的种姓，被归入四种古老的瓦尔纳。

　　种姓制度与一种造业轮回的信仰相联系。祭司告诫人们，每一个生命都有灵魂，也就是"自我"；在人死之后，这个灵魂将与肉体分离，附着到另一个肉体上，而转世的结果取决于该灵魂的"业"（Karma），即它在世上所有行为的善恶好坏。如果这个"自我"和它的肉体接受了天定的种姓地位，忠实地履行了与这一地位相应的义务和责任，作为对于这一行为的奖赏，"自我"就会在来世的时候进入高等种姓；如若不然，就会遭到惩罚，在来世进入较低的种姓。这种信仰体系有利于人们接受种姓制度中社会经济地位的静止状态。

　　印度人几乎从未经历过政治上的大一统，这主要是由两点原因造成的。一，地方统治者没有能力从他们的种姓阶层中征求到足够多的支持打败邻邦；二，北方游牧民族不断地侵扰并被其同化。因为印度的气候不适于饲养马，所以印度人难以抵御来自北方的马上民族的侵袭。

　　不断有新的地方神被纳入印度的宗教中，最终形成了一个包含诸多男女神的大熔炉，依据某种传统来看，大概有 3.3 亿个那么多，由此可见印度宗教的宽容和开放。然而这种多样性包含着统一性；所有的神被看作是统治着这个宇宙的一个神力的不同体现。大约 11 世纪，伊斯兰入侵者将这一宗教称为"印度教"，意为"印度人做的事"，这就是印度教名字的由来。

　　最终，不同信仰和仪式的发展对婆罗门祭司和永恒轮回思想的权威构成了挑战，瑜伽就是其中之一。它的理念是个人能够通过思想和肉体的修行获得灵魂的解放与顿悟。然而，最大的挑战来自悉达多·乔达摩（Siddharttha Gautama，公元前563—前483），他被尊为"佛陀"（简称"佛"，意为觉者）或释迦牟尼。

乔达摩是一个小国国王的儿子，因此他属于刹帝利种姓。这个小国位于现在的尼泊尔境内。他在皇室中得到了良好的教养，过了二十九年奢华的生活。之后，他放弃了自己的特权，成为了一个苦行者。这样过了六年后，他意识到，和奢侈生活一样，苦行主义也不可能产生思想，因此他选择了这两者之间的一条中间道路。坐在位于现在印度东北部巴特那城南的一棵菩提树下，乔达摩突然悟出了一套深奥的思想理论，这构成了他日后所宣讲的教义的基础。他强调朴素的生活，通过自我约束和冥想来最大程度地降低欲望和苦难。他不相信众神和一神，也不相信死后"自我"或灵魂依然存在。他的目标是涅槃，表面意思是"生命之火的熄灭"，从轮回中解脱出来。他在整个印度游历，宣讲他的理念，由此展示了他非凡的领导才能。

佛祖的教义吸引了众多的追随者，他们立誓修行，过禁欲、非暴力和贫穷的生活。在他的教义得到广泛传播以后，逐渐出现了小乘佛教和大乘佛教的分野。小乘佛教保留了最初的教义，而大乘佛教则加入了新的教义，比如他们将佛陀视为神和崇敬的菩萨并加以崇拜；再比如，为了留在世上帮助他人，那些几乎达到涅槃境界的人却选择了轮回。

公元前326年，马其顿—希腊的统治者亚历山大大帝到达了旁遮普地区（巴基斯坦北部）。在他死后，印度统治者旃陀罗笈多（Chandragupta Maurya）扩张了自己的统治区域。从公元前269到前232年，伟大的阿育王（Ashoka）通过征服，进一步扩大了王国的统治范围。怀抱着对自己之前行为的彻底悔悟，阿育王皈依了佛教，实践着非暴力、德政、宽容和节制等佛教教义。他规定以动物作为祭祀牺牲是非法行为，并终止了他的御膳房对动物的宰杀活动，而且不再举行皇室的狩猎旅行。阿育王所采用的佛教法轮如今依然飘扬在印度的国旗上；在阿育王的推动下，佛教成为了世界宗教。

大约在阿育王死后 50 年，北印度的政权在来自北方的攻击下崩溃。此后的 500 年间，印度都处于分裂状态。从公元前 3 世纪到公元 3 世纪，印度一直深陷王国混战的乱局当中。然而，这一时期通常被看作是印度古典艺术和文学繁荣发展的阶段。

中　国

中国从未经历过早期城市文明的衰落，一种以祖先崇拜为特征的独特文明在这里继续发展。商朝之后，从公元前 1030 年到前 221 年，中国经历了长期的战乱；其间，至少有 25 个封国为了争权夺利而相互攻伐（作者对于这段历史有误读，将西周也算入了春秋战国时代——译者注）。人们在黄河流域建造了很多的堤坝和运河；如此一来，整个黄河的洪泛平原都进入了农耕状态。很多新发明涌现，融入到这一文明当中；这些发明包含了以牲畜为动力的犁、挽具、弩和货币经济。大约在公元前 1500 年，中国出现了青铜器；在公元前 500 年，中国人开始制造铁器。中国人渴望中亚的玉器，而地中海地区的人们则想要获得阿富汗和伊朗的天青石。于是，这一时期地中海地区和中国之间形成了一条松散的商贸通道。

从公元前 4 世纪开始，中国人开始使用挽具；他们将一条胸带系在马的锁骨下方，而不是将其环绕在马的喉咙部位；绕喉系带的做法容易使马局部窒息，从而影响它功能的发挥。欧洲人可能并没有发明挽具；16 世纪中期，中亚人将它带到了匈牙利；直到那时，中国马负载重物的能力依然好过欧洲马。

为了保护自己免受游牧民族的侵扰，中国人制造了大量的武器，特别是能够刺穿两副金属铠甲的弩。弩的扳机包括了三个可移动的部件，这三个部件位于两根轴上，每一个都是青铜铸的，精确度非常高。从公元前 4 世纪起，希腊人开始使用弩；没人知道他们的弩是从中国走私的，还是模仿中国的。在公元 400 到 900 年间，弩从欧洲消失了，而后重现；在科特斯征服中美洲的过程中，弩是他主要的作战武器。

尽管中国的政治在这一时期并不稳定，但它在思想上获得极大的发展。成百上千的哲学流派纷纷建立，这些流派的思想家们游历四方，向各国君主进言献策，表达各自的政治主张，同时创办了很多学校。分封制度逐渐被官僚统治所取代，而官僚制度中也包括了武官制和玺符制。印有价值的货币出现于公元前500年。

来自草原的游牧民族不断从北面和西北方进攻中国；从这些游牧民族那里，中国人学会了战车作战，还有使用马鞍和马镫。大约在公元前350年，中国人已经学会了使用骑兵进行战斗，尽管在没有草场的陆地上养马花费很高。（一匹马吃掉的粮食相当于12个人的口粮。）

公元前221年，秦统一了整个中华帝国。秦始皇是中国历史上的第一个皇帝。他工作起来不知疲倦，每个月都要仔细阅读大量写在木简和竹简上的公文和报告。他将土地收归国有，由政府来管理。他统一了度量衡，并延展了长城。然而十几年后，汉代秦而立，统治中国。汉朝的统治期从公元前202年一直延续到公元220年。

发达的河道系统保障了中华帝国的农业生产，而农业发展带来的粮食剩余则是中华帝国得以延续的一个重要因素。此外，河道系统也为税收的征集提供了便利的交通。税收是年度粮食产量的一部分，官员以一定的方式征集后，将它上交朝廷。男子每年还需服劳役一个月，此外他们一生中还要服一次兵役，为期两年。从公元前202年到公元8年，长安城（现在的西安）一直是汉朝的首都；公元2年进行第一次人口普查时，长安居民共有24.6万。当时全国人口约为6000万，其中10%到30%的人居住在城市里，而同一时期欧洲的城市人口只占人口总数的10%左右。

汉朝的另一个统治基础是孔子的儒家学说（"孔夫子"在拉丁文中被称为"Confucius"，或者"Master Kong"）。孔子教导人们以正确的方式生活，即社会等级是一种自然现象，君子应该培养良好的修养，无论在私人空间还是公共场所都应该对自己的言行进行严格的要求。在汉朝统治者的推动下，对儒家经典的研习成为一个人具有良好教养的标志；而朝廷通过竞争激烈的考试来选拔官员，考试的内容即为儒家经典，所以对儒家经典的学习也是官员的必备素养。

从公元前 480 到前 221 年，很多中国的民众信奉老子的学说。老子比孔子年长近五十岁，尽管这种说法并不一定是确切的。老子对世人进行劝诫，希望大家放弃世俗的追求，专注于提高自身的修养，集中全力寻找属于自己的正确行为方式（即"道"）。相比社会、官僚和政府的要求，他的追随者更偏好于追求"道"。老子的学说被称为"道家"。

公元前 101 年，连接中国与中亚以及地中海的商路发展到一个更高的水平。那一年，汉武帝派遣了一名使者去找寻一种生长于费尔干纳盆地（位于现在的乌兹别克斯坦）的大型马匹。这个使者就是张骞，他往返于长安与西域之间，前后出使西域多次，尽管他的第一次出行就花费掉了 13 年的时间，因为在途中他被敌方俘获。他走过的路发展成为日后著名的"丝绸之路"，它是中国主要的对外交流通道。丝绸由桑树上的蚕吐丝形成的茧制成，直到 6 世纪，丝绸一直是中国独有的秘密。在中亚，丝绸是一种货币和最为重要的财富形式。希腊人和罗马人将丝绸视为珍宝；佛教徒需要大量的丝绸来制作幡旗。在丝绸之路上交换的商品还有种子和作物；酒葡萄和苜蓿传入了中国，而中国的杏和梨也传到了地中海地区。（图 7.1）

与一两个世纪以前希腊发生的情形一样，汉代的中国兴起了一种崇尚怀疑和理性的思想。活跃的科技文化生活继续发展，其中包括了纸的发明和传播。帝国的官员对土地和家庭情况进行登记，以便征发赋税和劳役。若干个世纪之后，伊朗和欧洲的纺织技术才逐渐接近于中国的水平。在炼铁过程中，煤被用作燃料。

丝绸之路上的货物运输隐藏了一些无形的旅行者，比如各种动物疾病和病毒。直到现在，其中的一些疾病还是众所周知的儿童疾病，比如水痘、流行性腮腺炎、百日咳和麻疹等。在人口聚集到 30 万或更多时，这些疾病才会从动物传染到人类；因为只有这样的高密度才能够确保在第一批感染者死亡后，有源源不断的人成为新的病毒侵入对象。

丝绸之路将这些疾病传至它所连接的两端，生活在这些地区的城市人口都是极易受感染的。大约从公元 165 到 180 年，罗马帝国和中华帝国

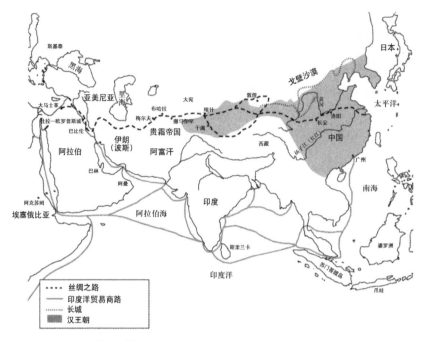

图 7.1 丝绸之路与汉时中国

都爆发了严重的瘟疫，疾病夺走了大量的生命，死亡人数约占两国人口的
1/4；这也是导致汉朝统治在公元 220 年终结的因素之一。

由于统治阶层内部的明争暗夺和腐败低效，绝望农民发动的起义，盗
抢行为横行以及地方军阀勃然而起的野心等原因，汉帝国一直面临内斗不
止的局面。然而，中国从来克服不了的潜在不稳定因素是来自草原的游牧
民族持续不断的袭扰和侵略。汉亡之后，中国经历了长期的政治分裂；直
到 6 世纪，这种局面才结束。

丝绸之路的贸易巩固了欧亚非城市和农业文明之间的联系。它连接了
中国、印度、希腊和罗马，使大量的思想和产品在这些地域之间流通；而
这种互通有无的联系开启了世界历史上一个崭新的时代，通过下一章的叙
述，我们就能够感知到这一点。正如哥伦布发现美洲后，新旧大陆之间的
联系对于现代社会意义非凡一样，中国和地中海地区之间存在的这种联系
对于第一个千年具有非常重大的意义。然而，在我们进入由丝绸之路所连

结的新时代之前，我们有必要对地中海周围的生活与文化进行补充说明。

希　腊

与早期的美索不达米亚平原、中国或印度相比，我们对希腊的了解更为详尽，这是因为我们所掌握的关于希腊的资料更为丰富，包括了大量的考古发掘成果和现存文献资料。希腊并没有经历一个人口密度大、社会阶层严重分化的城市快速兴起的阶段。希腊半岛地势较低，多岩山，这里种植着大麦、橄榄和葡萄。此外，居民还驯养了绵羊和山羊。然而，所有这些加起来也难以供养人口众多的城市。希腊北部降雨丰沛，具备饲养牛马的条件。但是，大约在公元前 1650 年，锡拉岛（圣托里尼岛）的火山喷发形成了大量的坠尘，对此后的气候产生了长久的影响。直到公元前 800 年左右，希腊人才创造出一种崭新的城市生活模式，这种模式被称作"城邦"（polis）。相比美索不达米亚、印度和中国等几大古文明中心，这种城市生活更多地保留了希腊人从部落生活中学到的人与人之间的平等。

城邦往往建在山顶，它的范围包括周边的乡村地带。城邦是公民的联合体，有执政官领导，而执政官由选举产生，任期有一定的年限（一般为一年）。只有男子才能够享有公民权，因为公民权要求公民能够亲身参与保卫城邦的战斗；妇女和儿童、奴隶，还有外邦人是被排除在公民权之外的。贤明的执政官会采取措施，尽力防止公民间的贫富差距扩大到难以控制的地步，比如在公元前 594 年，执政官梭伦就采取了免除债务、重新分配土地和投票权等措施化解危机。

大约在公元前 700 年，字母文字从腓尼基传到了希腊。这样一来，希腊人就能够将一些史诗书写下来，据传这些史诗的作者是荷马。希腊殖民者在希腊、意大利、土耳其和黑海等地的港口周围建立了数百个新城；与此同时，在公元前 8 世纪，希腊的人口增长了 5 至 7 倍。这些殖民者成为个人主义精神的典范和希腊人崇拜热捧的对象。希腊人将自己称为"希腊人"，将其他人称为"野蛮人"（字面意思为"不讲希腊语的人"）。吕底亚（位于现在的土耳其西部）的居民发明了金属货币，并将价值印于其上，借此表示国家为货币中金银铜等贵金属的含量和纯度做担保。希腊人很快就采用了货币制度，贸易因而繁荣发展起来。

在《伊利亚特》中，希腊诗人荷马十分推崇个人在战斗中的英勇表现。然而，在公元前7世纪中叶，希腊人在战斗中采用方阵战法，方阵中的公民一排排并肩作战，每个士兵都用手中的盾牌保护紧挨着的自己的战士。如此一来，追求荣耀的行为主体就从个人转化成作为整个城邦。公元前480年，大约20个希腊城邦组成的联盟在海战中战胜了波斯帝国的军队，取得了出其不意的胜利。一年后，希腊在陆战中再次击败波斯。自此，希腊文明进入了长达150年的黄金时期。希腊最大的城邦雅典是这一时期希腊文化的领袖。

这个时期，雅典约有人口30万，其中有3到4万人是公民。他们创造出一种别具风格的上层生活方式，包括在集会上进行政治讨论，男人裸体参加运动会，酒会中充斥着哲学辩论等；在没有祭司和王权束缚的情况下，这种生活方式以个人权利的增长和理性思维自由发展为基础。公民实行直接民主，立法权被赋予全体公民，500人会议拥有行政权，而议员的任期是两年。每年选举10个将军，将军可以连选连任。伯里克利从公元前443年到前429年一直担任将军，这一时期是希腊民主的全盛期。

对于希腊人来说，忠诚于城邦是第一位的。在希腊，不是祭司而是执政官筹划宗教仪式。上层社会的崇拜对象是一个神圣家族，天神宙斯和战神阿瑞斯是这些神明的领袖；神的行为与人类别无二致，与人类不同的是，他们享有永恒的生命。从事农业生产的广大群众主要进行一些祈求丰产和生育的祭祀活动，他们的祭祀对象以女神为主，比如阿斯塔蒂神。

上层社会的男子在学校接受逻辑思辨和公共演讲的训练，他们的老师被称作哲学家。由于希腊社会不存在一个权威的祭司集团，它的思想家们调动自身所有的语言能力，通过思考力图弄清楚生命的全部内涵。希腊的戏剧、诗歌、历史、哲学和科学一片繁荣，并在柏拉图（逝于公元前347年）的提问和亚里士多德（逝于公元前322年）的解答中发展至高潮。

　　尽管雅典的妇女看起来都生活在绝对父权制的统治之下，但是希腊各个城邦的情况并不完全一样，甚至有可能父权制的模式是人们臆想出来的，并不是历史的真实。斯巴达的贵族妇女在尚武的丈夫外出当兵作战时，能够掌握一定的财富和拥有部分的自主权；然而，包括亚里士多德在内的一些雅典男子认为，斯巴达妇女是斯巴达衰亡的祸根，她们既放荡又贪婪。

　　在希腊的黄金时期，阿提卡城（希腊南部）大约 1/3 的居民是奴隶。大多数的奴隶是外邦人；一些当地人因债务问题沦为奴隶。所有的工作都由奴隶来做，奴隶还必须满足主人提出的性要求，但是他们的处境并不是非常糟糕，很少被残忍地虐待。哲学家伊壁鸠鲁就是奴隶出身，至今仍有许多人从他的著作中汲取营养。希腊作家是这样为奴隶制辩护的：“野蛮人”不像“希腊人”一样理性，因此只有在希腊人的照管下才能过上好的生活。

　　为什么雅典能够在一段时期内如此兴盛呢？别的先不论，单表这样一个事实，即雅典城从本土的银矿中获得大量财富，异常富有。它还是一个“迷你”版的帝国。为了打败波斯海军，雅典组建了一个同盟；之后，它开始向同盟里的其他希腊城邦索取贡金。雅典扩张主义的政策引发了它与一些希腊城邦之间的战争，史称“伯罗奔尼撒战争”（公元前 431—前 404 年）。这场战争以雅典及其盟邦的失利、斯巴达及其盟邦的胜利而告终。然而，希腊的各城邦并没能悟出和平共处之道，它们相互间依然征伐不已。雅典制止了斯巴达的扩张，重新获得了自由，并将它的黄金时期又延长了半个世纪。

　　在公元前 338 年，即亚里士多德去世前 16 年，马其顿（位于希腊半岛北部）的菲利普国王征服了包括雅典在内的诸多希腊城邦。两年后，菲利普遭遇暗杀，据传这次暗杀行动可能是与他感情疏离的妻子谋划的。他的儿子亚历山大在 20 岁时继承了王位，而亚里士多德曾经担任亚历山大的老师。在 15 年内，亚历山大大帝征服了波斯帝国，创建了当时世界上统治区域最大的帝国。埃及和非洲北海岸都在他的统治之下。由于借助希腊人来实行统治，亚历山大帝国融合了很多希腊式的思想和方式。无论埃及早期曾经对希腊和罗马文化形成过怎样的影响，这一时期文化的流向发生逆转，埃及逐渐希腊化了，之后又罗马化了。

在它们的全盛期，希腊城邦的陆地森林覆盖率从公元前600年的约50%降至公元前200年的10%左右。希腊人用木材取暖，煮饭，烧制陶器，炼制铁器与青铜器，还有造船。他们将4/5的土地发展成牧场，饲养绵羊和山羊，这导致了严重的过度放牧。在公元前215到前146年间，希腊被罗马征服。此前，对于除希腊之外的城市化世界来说，帝国式的官僚政治统治方式已经比较普遍；之后，希腊人也开始接受帝国式的统治。

罗 马

意大利半岛是地中海地区北部诸文明的中心。相比希腊，这里的地理环境更宜人；意大利的土地更肥沃，能够养育更多的人口。从公元前7世纪到前6世纪，来自伊特鲁里亚的伊特鲁里亚人聚居在亚诺河（比萨和佛罗伦萨）与台伯河（罗马）之间、意大利西部的土地上；在被罗马人征服之前，他们是意大利半岛的统治者。

大约在公元前600年，位于意大利中部、西海岸的7个山城合并成罗马。公元前507年，元老院的成员推翻了暴君的统治，并建立起罗马共和国。罗马共和国一直延续到公元前31年。在共和国里，所有的男性公民都有投票权，虽然一个富裕公民的选票比穷人的选票更为重要。逐渐地，世袭的元老院议员的统治将罗马公民之间的不平等制度化了。一个家庭里最年长的男性成员便是家庭的"家长"（paterfamilias），而家长拥有高于其他家庭成员的权威。

在共和国时期，罗马控制了意大利半岛，并获得了它的首批海外殖民地，包括西西里岛、撒丁岛和西班牙等。儒略·凯撒（Julius Caesar）是罗马最杰出的将领。在公元前59到前51年的时间里，他征服了高卢（现在的法国）的凯尔特人。罗马的行省由元老院议员担任总督，总督实行一年一换，由不同的议员接任。然而，这种制度逐渐不能适应罗马扩张的形势。随着罗马的扩张，它的统治延伸到莱茵河，维也纳、布达佩斯、贝尔格莱德等沿多瑙河到黑海的欧洲地区，土耳其的部分地区，还有近东和北非。在公元 47 年，罗马征服了英格兰南部，但是没能征服爱尔兰、苏格兰和威尔士。凯尔特人坚守住了这些地区。

被征服地区的很多民众被贩卖到罗马充当奴隶，这其中包括凯撒在征服高卢的 9 年中捕获的 50 万人。没有可靠的证据可用来估计罗马社会中奴隶的比重，但是罗马皇帝拥有大约 2 万个奴隶，富裕家庭的奴隶数量也在 4000 个左右。

公元前 31 年，罗马共和国寿终正寝了。那年，凯撒的甥孙屋大维成了奥古斯都，奥古斯都是皇帝式的独裁官，拥有至高无上的权力。屋大维为罗马创制了一套行政管理官僚体制，这套体制保证了官员能够以相当的忠诚和必要的协调一致来管理帝国。从公元前 27 年到公元 180 年的这段时期被称为"罗马的和平"（Pax Romana），因为这一时期西欧没有重大的战事发生。罗马帝国统治的全盛期出现在公元 2 世纪。

在公历纪元之后的三个世纪里，罗马城大约有 100 万的居民。民众的食物基本上都是从西西里和北非海运来的。罗马文化中融合了很多地中海地区的文化因素；罗马吸收了希腊的天神家族，例如朱庇特就相当于宙斯，而玛尔斯则相当于阿瑞斯。罗马大道起自苏格兰，终于巴勒斯坦，全长超过 5000 英里；在这条大路上，每人每天平均能够骑马行走 92 英里（约合 148 千米——译者注）。

在罗马崛起的过程中，盐是一个必不可少的因素，它发挥了重要作用。整个罗马帝国分布有 60 多座盐场。军队需要给士兵和马匹提供盐。有时候，甚至将盐作为士兵的酬劳（英文中表达"报酬、工资"的单词"salary"和意为"能够胜任的"俗语"worth his salt"就是这么来的）。鱼是罗马人的主食之一，而咸鱼是他们的用来贸易交换的主要商品之一。

位于地中海东岸的犹太国是犹太人建立的国家，隶属于罗马帝国体系，是帝国众多卫星国中的一个。公元前 10 世纪，在国王大卫和所罗门父子的统治之下，犹太王国迎来了它的鼎盛时期。公元前 933 年，王国分裂为以色列国和犹太国；以色列国在公元前 722 年归顺了亚述，犹太国于公元前

586 年成为巴比伦王国的属地。巴比伦人摧毁了耶路撒冷和它的圣殿，并且将万余犹太人掳到了巴比伦。公元前 5 世纪，耶路撒冷得以重建，而犹太国却仍然扮演着帝国体系中的卫星国角色，它先后成为波斯、希腊和公元前 68 年之后的罗马等帝国的卫星国。

公元 6 年发生的一次重大事件将犹太人的家园（大致相当于今天的以色列）置于罗马帝国的直接统治之下。除非犹太人将代表罗马帝国权力的标志展示出来，否则罗马的统治者便不能容忍犹太人的一神教信仰。不仅如此，罗马还向犹太人征收高额赋税。这些激起了犹太人的反抗。很多犹太人开始祈盼"救世主"弥赛亚立即现身，将罗马人赶走。

在这一背景下，来自以色列北部加利利地区的一个年轻木匠耶稣开始了他的传教活动。他反对所有犹太教的领袖，不论他们是来自撒度该派还是法利赛派，因为他发现这些领袖都过度在意金钱和权力。他强烈主张个人信仰和灵性的回归；他被其他的犹太教领袖视为政治煽动者和潜在的革命者，而这些领袖早已和罗马当局达成妥协。耶稣被移交给罗马长官本丢·比拉多（Pontius Pilate），他判耶稣有罪，并将其钉死在十字架上。通常，一个普通罪犯是不会被判处这种刑罚的。

耶稣的追随者认为耶稣在受难之后复活了，他们到处传播耶稣关于上帝之爱的预言。保罗是一名接受了耶稣教义的犹太人，他来自位于安纳托利亚（土耳其）的希腊城邦塔尔苏斯。从公元 45 到 58 年，保罗在罗马大道上奔波往返，以基督教（英文中的基督教一词来源于希腊语"christos"，意为"救世主"）的名义在希腊、叙利亚—巴勒斯坦和安纳托利亚等地吸纳教众，并在环地中海东岸建立起众多的基督教社区。

回过头来看耶路撒冷，事情发展得并不顺利。犹太人先后被一连串的罗马官员统治。比拉多在公元 36 年卸任。富人与穷人、城市与乡村之间的紧张态势与日俱增。圣殿山始建于哈罗德大帝时期，最终于 1 世纪 60 年代早期完工，因此而陷入失业窘境的无地民众多达 1.8 万人。为了维持社会安定，地方政府发起了目前所知的历史上第一批"再就业"工程；这些人重新铺设城市的道路，即使他们每天只工作一小时，政府也付给他们报酬。

耶稣逝世后，犹太国的民众终于在公元 66 年奋起反抗罗马统治者，他们的起义被镇压。不仅如此，在公元 70 年，神殿被摧毁，在耶路撒冷的基督教教会也毁于一旦。这为基督教从犹太教中分离出来扫清了道路，从此基督教更加希腊化，并在政府的迫害中成长为罗马帝国中颇具实力的少数团体，或许这种迫害本身也有助于基督教势力的增强。除此以外，起义的失败还导致了另一个结果，即在 1948 年当今的以色列建国之前，犹太人都没有自己的政府。

在帝国逐渐解体的过程中，基督教为罗马世界里的穷人和受压迫群众创造出一种认同感和一致性。基督教的这一功用开始于之前提到过的、公元 165 年到 180 年间的瘟疫大流行。这场瘟疫夺走了罗马帝国近 1/4 的人口。相比罗马社会的其他团体，基督教民众更加成功地应对了这场瘟疫。基督教将扶助病患视为一种宗教义务；非基督教的群众往往选择逃离，并且不向染病者提供基本的饮食，而原本一些病人是能够在基本的护理中生存下来的。从比例上看，更多的基督教民众活了下来，而这些民众则对他们的教会深怀感激。即使在遽然的死亡面前，基督教教义也使得生命更加有意义；它向那些失去亲朋的人允诺了天堂的存在。

罗马帝国在 3 世纪经历了严重的通货膨胀，这一时期粮食价格上涨，金银资源枯竭。由于政府制造的新铸币中金银含量减少，民众对货币失去信心，经济复归到以物易物的状态，赋税也基本上只收取实物。抢劫盗窃的现象不断增多，这释放出社会贫穷的信号。人们迁往一些有实力的地主庄园寻求庇护，如此一来，大量人口从城市流向乡村。君士坦丁（306—337 年在位）曾一度统一罗马帝国，但这一局面并没能维持多久。他皈依了基督教，却于 324 年（另一种说法是 330 年——译者注）将首都迁到了拜占庭，并将其重新命名为君士坦丁堡。410 年，罗马城被来自中亚大草原的西哥特人洗劫。帝国的统治形式在君士坦丁堡继续发展，而意大利和欧洲的其他地区则落入地方政权的统治之下。

与美索不达米亚和米诺斯文明的突然崩溃不同，罗马帝国的解体是一个缓慢的过程，持续时间长达数代之久。很多复杂的因素导致了罗马的衰败，很难一下子分析清楚。历史学家提到过的衰亡原因包括了以下几个方面：道德沦丧、气候变化、战备不足、奴隶制盛行、对自然资源的滥用和浪费等；此外，由于水土流失和过度放牧，导致农业产量下降；不仅如此，意大利的城市居民依靠遥远的殖民地供给食物和维持生活，最终中央政权不再能够掌控殖民地。

希腊和罗马的上层拥有公民权和自由，这种模式虽然只持续了几个世纪，但是它的思想却通过口口相传和保存在图书馆中的文献记载等方式流传了下来。当意大利的条件成熟了，这些思想将重新绽放光彩，它们的印记将布满整个欧洲，对欧洲产生巨大而深远的影响。

人口、环境和宗教

世界上最初的两次人口调查先后出现在汉朝和罗马帝国时期，属于当时两国官僚行政管理计划的一部分。正因如此，没人知道在此之前全球有多少人口，而同一时期又有多少人生活在这两大帝国的统治区域之外。据历史学家估计，在农业兴起之时，全世界人口约为600万；世界总人口数在公元前1000年时约为1亿，在公元元年增至2.5亿左右。农业解除了人口增长的首要限制因素；随着剩余粮食的增加，更多孩子能够长大成人。技术创新导致人口增长，而当人口增长超过粮食供给的能力，人口数量又会下降；如此一来，人口的增减呈现出一种周而复始的循环趋势。公元100年时，人口在3万到45万之间的城市大约有75座，而这一时期大城市的人口总量约为500万。

自然界和人类都为农业进步带来的人口增长付出了一定的代价。自然界的代价包括人类对维持自身生存的环境所进行的破坏，其中危害最严重的是砍伐森林和由此引发的水土流失，还有灌溉导致的土地盐碱化。所有人类社会的发展都是在砍伐森林的大背景下取得的，而人类毁坏森林主要是为了放牧、获取燃料和取得制陶与冶炼金属所需的木炭等。

到了公元200年，这些环境问题的恶劣影响已在欧亚非三大洲严重凸

显。苏美尔平原成为不毛之地。由于过度砍伐和土地盐碱化，兴起于印度
河流域的复杂社会形态只延续了 500 年左右的时间。在中国，砍伐林木导
致了黄河的泛滥，而黄河的得名正是源于它所携带的泥沙的颜色。因高大
挺拔而饱受赞誉的黎巴嫩雪松曾经是腓尼基的大宗商业产品；而如今，只
剩下一些小规模的树林。地中海的海岸失去了它们的自然植被，像是橡树、
山毛榉木、松树和香柏等；只有橄榄树还生长在土地严重流失的山坡上，
它们的根足够强壮，能够刺穿岩石。由于过度砍伐，罗马帝国的北非行省
退化为一片广阔的沙漠。从公元前 800 年到公元 200 年，这些地区经历了
大范围的环境退化，此后它们再也没能恢复原貌。在 20 世纪以前，只有埃
及在它 7000 年的历史中保持了环境与可持续发展之间的平衡，这主要得益
于尼罗河每年一度的泛滥，它的泛滥会自然更新下游的土地（用上游地区
流失的土地）。然而，到了 20 世纪，灌溉和大坝结束了尼罗河的泛滥，破
坏了自然的循环更替。

　　人类也为人口密度的增大付出了一些代价。无论是在城市，还是在边
远的纳贡区，人们的生活都非常不易且充满了不确定性。人们需要做出很
多的调整，承受诸多痛苦。至公元 200 年，绝大多数的人仍然生活在乡村中，
但是他们当中越来越多的人需要向生活在城市里的统治者缴纳贡赋或税收。
城市里存在着严重的社会等级分化，一些城里人拥有土地，而大多数的人
是无地的，这些人只能依靠出卖劳动力维持生计。享受着文明成果的只是
为数很少的贵族和精英。为了扩大统治和保护存储的余粮，战争频繁发生，
几乎成为生活的一部分。最后，在丝绸之路将欧亚非三大洲密集的人口联
系起来之后，生活在城市里的人们不得不面对由动物病毒和细菌引发的疾
病大流行，以及它所导致的灾难性后果，而只有向密集的人群扩散后，这
些动物病毒和细菌才可能引发这些后果。

　　在公元前 800 年到公元 200 年的这一千年里，在欧亚非发生的一个现
象十分引人注目，那就是具有创造性的宗教思想大量迸发。如果将基督教
和伊斯兰教看作是对希伯来生活的两种预言的话，那么如今几个主要的世
界宗教都出现在这一时期。欧亚两洲伟大的先知都诞生于这个时代，包括

了波斯的琐罗亚斯德和摩尼（摩尼教），中国的孔子和老子，印度的吠陀预言家和佛陀，希腊哲学家，犹太的先知，地中海地区的耶稣和稍晚出现的穆罕默德。生活在城市区之外（美洲、北欧和撒哈拉以南的非洲）的人们还继续信奉他们的早期宗教。

在城市核心区出现的新宗教与早期宗教有些不同。在渔猎采集的年代里，人们认为万物有灵，敬畏着与所有存在物相对应的一个无形的精神世界；后来，他们崇拜那些行为大体与人类相似的男女众神，这些神与人类的唯一区别在于他们是永生的。这些宗教都反应出人们对生活的肯定态度，他们欢乐地举行各种宗教庆典，敬畏地祈求神灵的庇佑，但是重点在于他们尊重天赐的自然世界，而人类正是自然世界的一部分。对于那些生活在城市文明诞生之前和非城市文明地区的人们来说，他们的一生都不曾经历过大的改变，大概他们也珍视生活的持续性，这种原始的观念相信时间和生活会一如既往地持续下去。

在公元前800年到公元200年间诞生的新宗教不再是对现存世界的肯定，它们转而开始设想一个更好的、超然的世界。这一时期，现实生活不再令人感到心满意足。新的先知和圣人强调的是如何得救、超脱或者涅槃，如何在来世过上更好的生活，如何在轮回里进入更好的种姓和阶层。在某种程度上，这些先知和圣人还构建出各自的伦理道德体系，促使人们的行为能够适应城市生活的需要。这些城市人口密集，处于不断的发展当中。

与此同时，鉴于太多的人在城市文明的进程中承受着精神苦痛的折磨，比如生活在城市里的人需要面对城市生活的种种不幸和不确定性，生活在城市附近乡村的人们则需要向城市贵族交纳贡赋等，先知和圣人们不断地找寻一些解除痛苦、给予人们精神补偿与慰藉的办法。通过成为城市中一个宗教团体的成员，人们能够重建那种成员间互相关心、扶持的小团体生活，而这种小团体生活正是渔猎采集时代的小聚居生活和城市化开始之前乡村生活的特征。

尤其是对于那些拥有土地的贵族来说，城市生活有非常多的好处。然而，这种生活总是包含着对城市诞生之前的地方传统的背叛。它迫使人们在两种生活方式中作出选择：或者怀抱着对于更好生活的憧憬，抛弃乡村传统和原始生活，仿效和学习城市的生活方式；或者拒绝城市文明，坚守并强化地方传统。现如今，在城市化趋势逐渐加强、几乎席卷全球的形势下，很多人依然面临着同样的抉择。

<h1 align="center">未能解答的问题</h1>

1. 历史学家和哲学家基本上都认同，世界性宗教出现在从公元前 800 年到前 200 年的某一个时期，而德国的存在主义哲学家卡尔·雅斯培（Karl Jasoers）在 1949 年出版的《历史的起源和目的》（*The Origin and Goal of History*）一书中将这一时期称作"轴心时代"（Axial Age），此书是他的首部世界历史专著。几大世界性宗教几乎诞生于同时的原因是什么呢？

目前，学术界对这一问题尚未得出统一的答案。或许，这些强调来世的宗教反映出城市生活的艰困与不易，因为这些城市的人口密度大到难以承受；个体的思想家似乎首次将自身从社会意识中分离出来，独立探索他们对城市生活困境的答案。或许，具有不同思想的各个族群之间联系的增加也是这个现象产生的重要原因之一；而字母文字的出现在这一过程中发挥了重大作用，因为它是表达和传播个人思想和观点的工具。犹太教民、基督教众和穆斯林笃信的实则是"一本相同的圣经"。在四通八达的道路上，旅行和贸易活动的增加意味着知识的分享和共同认知的增多。目前条件已经成熟，可以对所谓"轴心时代"的本质、因果等问题进行研究和阐述。无论这些宗教兴起的原因是什么，事实是，相比那些在当代知识和环境下产生的新宗教来说，更多的现代人信仰的仍是这些大约产生于 2000 年前的思想体系。

2. 罗马帝国"衰亡"了吗？

欧美传统的观点认为，罗马军事和政治权力的分崩离析标志着一种文明的终结，这将欧洲滞留于物质和精神财富都匮乏的黑暗年代。从 20 世纪

70 年代开始，西方历史学家避免使用"衰落""崩溃""危机"一类的词来指代这一事件，取而代之的是"转变""改变""演变"等词。亚历山大·德曼特 (A.Demandt) 是一位德国学者，他在 20 世纪 80 年代出版了一本题为《罗马衰亡了吗》(Der Fall Roms) 的著作。在这本书中，他列出了若干个世纪以来学者就罗马帝国衰亡问题给出的 210 种解释。与此同时，一位美国学者简要地回顾了几个世纪中与罗马衰亡相关的著述。两者都表明作者们几乎将罗马的衰亡与所有的原因相联系。改变不一定意味着衰落，而且在任何情况下"衰亡"暗含着一定速度，而复杂的转变过程是缓慢进行的。因为对此讨论印象深刻，我在文中使用的是罗马帝国的解体，并不是它的衰亡。

第 8 章　欧亚非联络网的扩展

（公元 200—1000 年）

公元纪年伊始，人类就已经在城市化背景下形成了一种相当稳定的生活方式。强有力的领袖人物创建了帝国官僚统治秩序，以确保其对臣民的稳定控制。罗马帝国、中国的汉帝国、美索不达米亚的帝国、伊朗和印度，都经历了向能够维持城市生活的农业方式的转变，并达到了这一转型过程的高潮。

然而，在这一转型过程中，人与人之间的不平等日益加重，抢劫、掠夺和战争成为常态，这是人口数量激增的巨大代价。这种稳定状态并未持续多久。交通运输和商业贸易领域出现的新发展逐渐打破了帝国统治秩序，并开启了人类发展的下一个重大飞跃——因贸易活动急剧发展而形成的强大商业网络。

核心区域（公元 200—600 年）

欧洲人和美洲人习惯于将罗马帝国灭亡之后的这一时期称为"黑暗时代"。此时，附着于基督教的拉丁文明日渐衰落，从这一角度看，文明之光确已熄灭。但从另一角度看，这也开启了欧洲盎格鲁人、撒克逊人、哥特人、汪达尔人、法兰克人以及其他族群的文明之光，也点亮了位于欧亚大陆中心帝国的文明之炬。透过欧亚非三洲的整体交通网，我们可以说，随着大陆两端罗马帝国和汉帝国的陨灭，帝国权力的中心转移到了伊朗和印度。相较于中国，欧洲元气大伤，经历了更长的时间才得以复原。

公元324年，罗马皇帝君士坦丁将首都迁到拜占庭，并将其更名为君士坦丁堡，由此，帝国在欧洲的权力收缩，欧洲社会处于解体和崩溃的乱局中。欧洲的人口在公元200到600年间减少了一半，欧洲经历了充斥着人口迁徙、战争和城市衰落的"黑暗时代"。

在君士坦丁堡，希腊罗马文明的余辉发展成拜占庭帝国。392年，拜占庭帝国废除了所有的异教仪式，摧毁了异教庙宇，掌握着绝对政治和宗教权力的基督教统治者无法容忍其他任何宗教的存在。最终，罗马的拉丁教会和君士坦丁堡的东正教会在1054年正式分裂。拜占庭帝国虽然一直延续到了1453年，但其权势日渐衰落，到12世纪末，曾经的拜占庭帝国中有2/3的基督徒变成了穆斯林。

灭亡之前，拜占庭帝国对基辅罗斯和维京人产生了决定性的影响。维京人在俄罗斯境内被称为瓦兰吉亚人（Varangians），他们控制了乌克兰和俄罗斯境内的两条主要河流——第聂伯河和伏尔加河。瓦兰吉亚上层贵族住在城市，即第聂伯河上的基辅城和伏尔加河上的诺夫哥罗德，而当地的斯拉夫人为他们耕种务农。989年（另有说法为988年——译者注），基辅罗斯的统治者弗拉基米尔一世（Vladimir I）为其民众选择了宗教信仰——东正教，而非伊斯兰教；据说是因为君士坦丁堡城以及城中教堂的壮美，而且他认为俄罗斯人不能没有伏特加酒。

在萨珊帝国（224—651）灭亡后，帕提亚人在拜占庭东部的伊朗和伊拉克地区占据了统治地位。这些统治者一般使用骑兵作战，他们的马匹体型高大壮硕，只食用苜蓿晒制成的干草，而苜蓿的生长需要通过灌溉汲取大量水分。这一时期，美索不达米亚平原上的城市经济繁荣，文化昌盛。萨珊帝国的农民从中国和印度引进了各种作物，包括棉花、甘蔗、水稻、柑橘类水果和茄子等。萨珊帝国的统治者确立琐罗亚斯德教作为官方宗教信仰；就像君士坦丁确立了基督教一样，这些统治者都利用宗教作为政治统治的工具，不能容忍其他宗教的存在。

印度的笈多王朝在 350—535 年的统治，为印度古典时代文化的繁荣提供了一个稳定的政治环境。笈多王朝的繁荣主要依靠其集约化的农业生产方式，尤其得益于从南亚引入到印度西部的水稻种植；同时，这也造成大批森林被砍伐。在通往中国、地中海地区和印度洋的商路上，桂皮、胡椒和棉纺织品的贸易也十分兴旺。棉花可能原产于印度，因为印度的气候环境非常适宜棉花的生长，并且印度人精通纺纱织布的每一道工序。

佛教和印度教圣徒沿着印度境内的商道，经过中亚到达中国，为数以百万计的人们带去救世的希望。印度教的一些教义在这一时期得以确立，而佛教僧侣和信众则创立了与他们各自不同角色相对应的仪式。在慕名而来的人士资助下，佛教寺庙成为一种公共活动形式，同犹太—基督教和伊斯兰教传统中的流动性集会一样重要。这些宗教有利于国家进入帝国行列，且便利了无数普通民众的贸易活动。

正如前章所述，横穿欧亚大陆的贸易线路被称作丝绸之路。丝绸之路并非一条单独的线路，而是由不同的支线和部分组成，并在不同时期发挥着不同的作用。丝绸之路最繁忙的时期从 1 世纪一直持续到 11 世纪，直至海上航线逐渐繁荣起来成为更重要的运输方式为止。在第一个千年里，商队从中国长安浩浩荡荡地出发，途经人迹罕至的沙漠、山川和草原，经过大约四个月的长途跋涉，历经 2500 英里（4000 千米）的行程后，到达撒马尔罕和布哈拉（当时的粟特，现在的乌兹别克斯坦和塔吉克斯坦）。

丝绸是中国主要的出口商品，在希腊和罗马人眼中，丝绸一直以来都是一种充满着神秘色彩的织物。他们听到了多种相关的解释，比如丝绸是由树皮制作的。直到 6 世纪中期，拜占庭皇帝才从两个僧侣那里得知，丝绸是以桑叶为生的蚕的产物。

到了 1 世纪，丝织品深受罗马富裕市民的喜爱。在丝绸之路的两端，丝绸主要用于宗教活动。基督教牧师使用紫色的丝绸，绣以金色的丝线做成法衣。国王、神父和圣徒死后会用丝绸包裹尸体葬在墓中，甚至古老的坟墓也被丝绸包裹。在佛教盛行的地区，大批丝绸被用于绘制卷轴画，有时一个寺院中就能用到上万码的丝绸。信奉佛教的俗人会捐给寺院丝绸，以报答寺院僧侣为他们所做的祈祷，从而为来世积德。寺院僧侣们则会将这些丝绸转手卖掉换取各种日用品和所谓的佛教"七宝"。这"七宝"是用来装饰他们的舍利塔或神龛的，分别是金、银、琉璃、珊瑚、水晶、珍珠和玛瑙。在香火旺盛的富裕期，佛教寺庙会由此而成为重要的经济实体。

除了中国的丝绸，丝绸之路上的其他产品还包括了来自中亚的大型马匹、皮毛地毯，印度的棉纺织品、珍珠和水晶，地中海地区的珊瑚，印度和罗马的玻璃器皿，还有印度、阿拉伯半岛和非洲的香水和香料等。

丝绸之路的旅途到底是怎样的呢？我们可以从两份不同的旅行作品中一窥究竟。它们是由两个中国人——法显和玄奘所作，他们都是从中国到印度取经求法的和尚，一路上在前代人所建的佛教寺庙中住宿化缘。法显在418—423年间去世，而玄奘逝于664年。

伊斯兰世界的扩张和中国的复兴（公元600–1000年）

公元纪年中第一个千年的后半部分见证了伊斯兰世界的迅速扩张，它始于630年的阿拉伯半岛，而后席卷欧亚非大陆中部核心区域的干旱地带，到750年已从比利牛斯山延伸至印度河。

当时，阿拉伯半岛的人们主要从事驼队贸易，他们从海滨城市——位于阿拉伯海岸的也门向北部运送货物，到达巴勒斯坦、约旦和叙利亚的定居农业地区。本土宗教依然是多神信仰，主要崇拜自然力量和天体。一些旅行者带来了基督教和犹太教思想，并为半岛的人们所熟悉。有资料显示，当时已经出现了深受犹太教思想和实践影响的一神教派。

伊斯兰教的先知穆罕默德在570年出生于麦加城。麦加靠近红海海岸，位于也门和叙利亚之间，是两地贸易的必经之地。穆罕默德是一个孤儿，主要由其叔父抚养，长大后从事经商活动，后受雇于一个富孀赫蒂彻。穆罕默德成功地为她经营了几支商队，后来同她结婚。大约在610年，穆罕默德开始在麦加附近的山中沉思冥想。一天晚上，一个被穆罕默德认为是天使吉布列（阿拉伯语中的哲布勒伊来）的人跟他说话了。这些神启一直出现，直到穆罕默德去世为止。穆罕默德将这些启示用充满韵律的节奏吟诵下来，并在公开场合将它们以诗歌形式传播，但他始终述而不作。

穆罕默德最早的启示是号召人们尊奉唯一的真主安拉，是安拉创造了宇宙以及世界万物。人们将在世界末日接受审判，无罪者将进入天园，而有罪者将堕入火狱。穆罕默德称自己是接受神启的安拉的使者，号召每个人都成为穆斯林，或顺从真主的意愿。皈依真主的人将组成所有穆斯林皆平等的乌玛（共同体）。

由于麦加贵族统治者非但不承认穆罕默德作为真主唯一使者的地位，而且迫害他的那些势力还很微弱的信徒，因此在 622 年，穆罕默德及其信徒逃往临近的城市麦地那。麦地那位于麦加城以北 215 英里（340 千米）处。穆罕默德在麦地那领导建立了一个大型的穆斯林乌玛，并零星地发动对麦加的战争，麦加最终于 630 年屈服投降。伊斯兰教称这一迁徙事件为"希吉拉"，穆斯林将迁徙的那一年作为伊斯兰历法的开端，即公元纪年的 622 年为伊斯兰教历元年。

632 年，穆罕默德在经历了疾病的短暂折磨后去世，他没有对自己死后领导权的继承者作出任何安排。他的岳父，阿布·伯克尔（Abu Bakr）成为穆斯林的精神和政治领袖——哈里发。伯克尔将穆罕默德的启示记录下来，编撰成《古兰经》，《古兰经》在 650 年左右最终成书。争夺哈里发头衔的争斗在 656 年和 680 年接连发生，最终导致了穆斯林中什叶派和逊尼派的永久分裂。

穆罕默德去世之前，穆斯林在他的领导下已将阿拉伯半岛南部和西部的大部分地区基本归于统一。穆罕默德去世后，穆斯林统一了整个阿拉伯半岛，并于 634—651 年在同拜占庭帝国和萨珊波斯（现在的伊朗）的战争中取得了决定性的胜利。这些胜利的唯一物质基础是骆驼，因为穆斯林可以通过它们在沙漠中运送军队。穆斯林坚信，安拉是站在它们这一边的，这种信仰很可能在战斗中发挥了很大的激励作用。对于穆斯林的迅速扩张，还有的人认为，这是因为阿拉伯半岛上存在人口过剩的现象，那里的人们在很早之前就开始向外迁移了。

穆斯林在广大的地区建立起永久性的军营，两个在伊拉克，一个在埃及，还有一个在突尼斯。他们在661年将首都迁到了大马士革。穆斯林虽然两次都未能攻克君士坦丁堡，但他们成功地征服了北非，并在710年跨过直布罗陀海峡进入西班牙。经由西班牙，他们将势力推进到比利牛斯山和法兰克王国境内，732年，一支突袭队在图尔为法兰西贵族所败，图尔距英吉利海峡150英里（约合241千米——译者注）。法兰克王国可能并未真正陷入被征服和吞并的危险之中，但穆斯林还是令欧洲内陆的人们感到心惊胆战。

君士坦丁堡战役发生在717—718年间，它对基督教文明的存亡具有决定性的意义。如果拜占庭帝国在经历巨大损失后依然没能取胜，那么欧洲很可能面临沦为穆斯林之地的命运。然而从文化角度来看，穆斯林在7—10世纪发动的大征服运动是具有决定意义的，因为基督徒最终重新夺回的只有地中海岛屿和西班牙。在穆罕默德去世后的一个多世纪中，伊斯兰教从麦加一个商人的信仰发展为一个帝国的信仰。这个帝国从西班牙西北部的比利牛斯山脉一直延伸到兴都库什山，这是人类历史上最激烈的扩张活动之一。除埃及之外，穆斯林并没有强行改变各地居民的宗教信仰。他们将扩张的触角延伸到那些人烟稀少的地区。

724年，穆斯林到达了中国西部边境地区。他们使用的金币和银币分别被称为第纳尔和迪拉姆，上面刻有阿拉伯宗教用语，它们也充当从摩洛哥至中国边境的一种流通货币。此外，这里还出现了一系列旨在促进贸易活动的法律与和约。

747年，新的阿拔斯家族登上了哈里发宝座，并将首都从大马士革迁到了巴格达。直到1258年为蒙古人所灭，他们在巴格达的统治维持了500多年。从阿拔斯王朝开始，巴格达进入了延续两个世纪之久的繁荣时期。从《一千零一夜》的故事中，我们可以一窥当时宫廷的金碧辉煌，这座宫殿是哈伦·拉希德（Harun al-Rashid）建立的，他在776—809年间担任哈里发。拉希德还十分酷爱诗歌。正如8世纪60年代大马士革城建立时的情景一样，源于希腊、伊朗、中亚和非洲等地的文化汇集巴格达，加上从中国引入的印刷术所带来的便利，这些有利因素都极大地促进了当地文学的繁荣与发展。

在其处于繁荣期的几个世纪中，穆斯林编写了大量的书籍，数量之多超过了他们之前的任何一个文明，甚至可能比先前所有文明的总和还要多。纸草现已濒临灭绝，2 世纪中叶，不知何人在何地发明了一种书的新形态——抄本（codex），这种抄本起初由羊皮纸或纸草纸组成，有了纸张后，就采用纸这种材料了；这些纸被折叠或捆绑在封皮之间，就像现在的书籍一样。穆斯林从俘获的中国囚犯那里学会了造纸术；至 10 世纪，纸张在穆斯林世界中已经基本取代了纸草，成为书写材料。由于伊斯兰地区没有桑树，穆斯林将亚麻破布碾磨成纸浆，以此代替中国人的桑树皮造纸法。

穆斯林将他们统治下的伊比利亚地区称为安达卢斯（al-Andalus，伊比利亚是西班牙和葡萄牙半岛的古拉丁文名称）。他们在那里引进了欧洲最先进的农业经济，这种经济以橘类水果和甘蔗这些新作物及新型灌溉系统为特征。科尔多瓦和格林纳达成为学术文化中心，11 和 12 世纪的西欧知识革命就萌发于此。（图 8.1）

在欧亚非大陆的东部，中国在汉帝国衰亡之后经历了 300 多年的动荡不安。而在此期间，佛教和道教的影响力陡然上升，并成为中国某些地方的统治思想。

6 世纪末，隋朝（581—618）成功地将中国重新统一起来，并建成了新的运河体系。朝廷征发了 550 万劳工才完成了该运河的修建，而这些劳工在 5000 名官差的监督下不停地辛苦劳作。在唐朝（618—907）的统治下，中国成为世界上最先进的国家。由于穆斯林建立的帝国在兴都库什山以西地区建立了稳固的统治，突厥人又控制了草原地带，所以各地的贸易和旅行活动因危险性降低而恢复到较高的水平。

在唐朝的统治下，中国加强了对其南部沿海地区的控制，同时增强了对印度洋的利用。中国海员精于设计制造大型的航海船只，这些船只的容量是君士坦丁堡和巴格达船只的两倍。中国出口的商品主要是上乘的丝绸

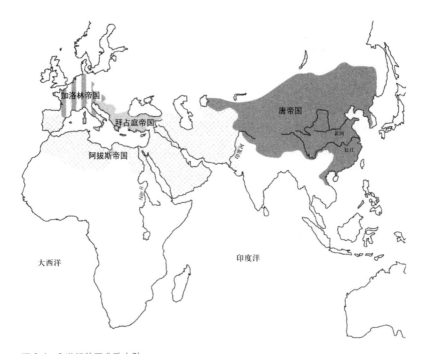

图 8.1　9 世纪的亚非欧大陆

和瓷器，瓷器是在唐朝发展起来的一种特殊形式的粘土容器。中国的出口商品使得其他地区的贸易相形见绌。据称，中国的船只数量同其他国家重量的比例是 100:1，每艘船所载货物是其他国家的两倍。

　　从国外进口的商品改变了中国。人们的服饰从之前的长袍转变为中亚马背民族喜爱的裤装。由于中国人学会了种植棉花，棉布逐渐取代麻布成为最普遍的服装面料。葡萄酒、茶、糖和香料改变了中国人的饮食。所有这些商业贸易活动都是在没有中央银行系统的情况下运行的，唐王朝谨慎地对待巨额的财富积累。个体的知识分子和地主进行有息贷款活动。

　　唐朝的首都长安是当时世界上最大的城市，人口将近 200 万，其中 100万人居住在数十英里的城墙内。当时中国有 26 座人口超过 50 万的城市，20% 的居民住在城市中，是当时城市化发展水平最高的国家。

　　由于唐朝统治者的提倡，中国对外来的思想文化兼容并蓄。许多城市为外国商人设立了专门的区域，这些外国人住在中国，并从事商业。中国的许多重要人物都具有外国血统，如安绿山将军是粟特人，诗人李白出生于阿富汗（译者并不同意作者的这种说法。李白的出生地在当时属于唐帝国，那时还没有阿富汗这个国家，因此不应该以这个地区现在的归属来判定李白的血统）。

唐王朝借助纸张来协调整个官僚体系的运行。在公元 2 世纪初时，宫廷宦官蔡伦发明了造纸术（目前史学界认为蔡伦是改进了造纸术——译者注）。6 世纪时，中国已经开始进行印刷术的试验。唐朝人的识字率是15%—20%，而在当时的欧洲，这一比率最高也只有 10%。纸币最早在 11或 12 世纪时开始印刷发行。纸张还被用于遮蔽窗户。

850 年左右，中国的炼金术士在尝试炼制长生不老药的过程中，偶然发明了火药，火药由硝石（硝酸钾）、硫磺和碳组成。12 世纪晚期，当火药进入西方人的视线时，中国的火药已然经历了若干个发展阶段，火药枪和火炮也得到改进。

唐朝在一个多世纪的历史中控制了中亚的许多地区。它向西的扩张止于 751 年的一场重要战役——怛罗斯战役。此次战役发生在塔什干和巴尔喀什湖之间，位于现在的哈萨克斯坦境内。阿拉伯人打败了中国人，从那时起，唐朝的势力开始衰退，然而这场战役也阻挡了伊斯兰向东方扩张的步伐。

怛罗斯之战后，造纸术经由此次战役的一个中国囚犯传给了阿拉伯人。穆斯林在巴格达建立了一个造纸厂，到 1000 年时造纸术在埃及已被广泛使用，并从穆斯林控制的西班牙传播到了法国的比利牛斯山脉，1157 年欧洲第一座造纸厂就修建于此。

怛罗斯之战四年之后，体型肥硕、患有糖尿病的安禄山将军在其驻地河北发动叛乱，反抗盛极一时的长安宫廷。中国军队的统治者镇压了叛乱，然后夺回了丧失的权力。唐朝继而开始对草原部落首领交纳沉重的贡赋。到 9 世纪中期，唐朝的政治和军事力量日渐式微，对外贸易也逐渐下降。

由于帝国不再如往日那般繁荣昌盛，文化对抗也相继而来。信奉儒学的人试图说服皇帝，让他将帝国的灾难归因于外来的影响，尤其是佛教徒，因为佛教的出家制度渐渐破坏了中国的家庭以及王朝的税收基础（寺院无需缴税）。845 年，中国政府试图通过摧毁寺院的方式清除国内的佛教思想，共有 26 万名和尚和尼姑还俗，众多的寺庙和神龛被夷为平地。但佛教思想还是得以留存，因为佛教的很多观念已经被儒家实践所吸收。后来，寺院又恢复了合法的地位。然而，唐朝的世界大同主义思想在正统观念重建后被消解，在几个世纪内都从未再现。907 年后，较小规模的国家取代了唐朝的统治。

欧亚非联络网的边缘和范围

目前，我们考察了连接欧亚非联络网核心区域的城市生活和商贸状况。现在，让我们将视线转入网络的边缘地带，这些处于外围地区的人们经历了一些引起局势动荡的新兴事物，诸如城市化、长途贸易和世界性宗教等。

生活在城市中的人们依赖处在边缘位置的农区供应生存所需的大部分食物。在亚欧大陆的大多数地区存在着另一种生活方式，即游牧畜牧业。牧民们过着逐水草而居的生活，靠驯养某些牲畜为生。在亚欧大陆北部的核心地带，人们主要以养马为生。大约在公元前 4000 年，生活在如今乌克兰南部的人们最早驯化了马。到公元前 1500 年左右，草原地带的人们已经形成了一种以马为生的马背文化。

游牧部落对贸易有着特殊的需求，因为他们居无定所，自己只能生产有限的产品。他们虽然仅依靠放牧就能够生存，但还是非常希望得到谷物、布料和金属。要获取这些物资，他们面临两种选择：贸易或劫掠。由于游牧民族个个都是英勇的武士，因此他们能够以保护当地农民为条件获得报酬。例如，在同中国的统治者打交道时，他们就是这么做的。386 到 534 年，游牧民族中的拓跋部甚至在已进入农耕文明的中国北部建立了政权。

在草原的西部，一系列新的游牧民族在东部游牧民族的压力下向西迁移，他们于 200—1000 年间陆续到达东欧。这些新的部族被称为匈奴人、阿瓦尔人、保加尔人、卡扎尔人、佩切涅格人、东哥特人和马扎尔人

374—453 年，匈奴人以匈牙利平原为大本营，深入到高卢和莱茵兰地区大肆进行劫掠，并攻入了意大利，后来以教皇利奥一世（440—461 年在位）的恳求为借口而撤退。当匈奴首领阿提拉（Attila）在 453 年去世时，一场瘟疫袭击了其余的匈奴人，匈奴部落自此分崩离析。

匈奴人并未能征服拜占庭帝国。匈奴人统治了多瑙河地区，但没能控制高卢、不列颠群岛、伊比利亚半岛和北非，这些地区落入了日耳曼人手中，西部罗马的遗产被深埋于地下，不见天日。此后的 600 多年中，文化战争不断上演，因为罗马基督教传统同日耳曼民族以及随后一波接一波的入侵者之间的对抗始终未能停歇。自从维京人、匈牙利的马扎尔人和西班牙穆斯林的入侵之后，在 568 到 650 年间，更多的日耳曼入侵者进入欧洲。在这一时期，西欧重新回到了欧亚非联络网的边缘地位，缺乏中央政府的统治和稳定的商路。

在语言方面，罗马传统的通俗拉丁文大量演变成罗曼语方言——葡萄牙语、西班牙语、法语和意大利语，他们保持着自己的语言特征来抵制新入侵者的语言。然而在北欧，拉丁语却未能延续，它让位于日耳曼语和斯堪的纳维亚语。日耳曼部落中的盎格鲁人和撒克逊人在 410—442 年间征服了英格兰，创立了一种以日耳曼语为基础的语言，首次为这片土地带来了文明与教化。

在意大利，一个虔诚的隐士努西亚的圣本笃（Benedict of Nursia）创建了修道院，每个修道院都由院长统领。圣本笃为西欧修道生活制订了修道指南，称作圣本笃法规（the Rule of Benedict），强调清贫、禁欲和对修道院长的服从。倘若没有修士们此后几个世纪的工作，幸存下来的大部分古拉丁文著作很可能将会永远地遗失。只有欧里庇得斯的九部完整戏剧复本、塔西陀著作的复本和贝奥武夫作品的复本在黑暗的中世纪中侥幸保存了下来。

正如此前所述，穆斯林攻入欧洲南部，在 711 年将西班牙从西哥特人手中夺了过来，并试图征服高卢地区。然而，欧洲的主要威胁在于来自于挪威、丹麦和瑞典的维京人。维京人通常被欧洲人称为北欧人，被俄罗斯

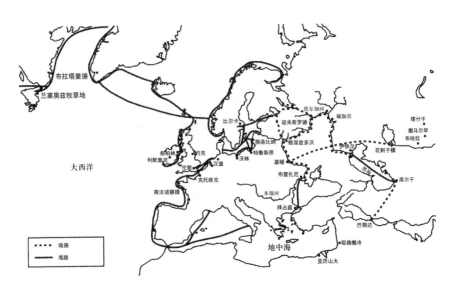

图 8.2　维京人的贸易路线

人和乌克兰人称为瓦兰吉人。维京人的社会体系包括三个阶层：奴隶、自由农和武士首领。直到 1000 年左右，维京人还未使用重型犁，他们的食物大多来自燕麦、大麦，绵羊、山羊，以及牛和鱼类。维京人从事长距离的贸易活动，他们乘船经第聂伯河和伏尔加河到达黑海和里海，远至底格里斯河上的巴格达。维京人还从不列颠群岛和斯拉夫地区俘获奴隶，同欧洲人和穆斯林进行奴隶贸易。毛皮是他们的另一大产品，包括熊皮、黑貂皮、貂皮和松鼠皮等。他们贸易的商品还包括木材、驯鹿皮、盐、玻璃、马、牛、白熊、猎鹰、海象象牙、海豹油、蜂蜜、蜡、毛织品和琥珀等。（图 8.2）

　　维京人相信命运之树，即世界树（the Yggdrasill）位于神圣世界的中心，诸神每天在那里会谈。世界树有三条根，一条通向死亡之地（地狱），一条通向森林巨人之地，还有一条通向人类世界。在维京人的心目中，整个世界是被世界树支撑着的，并且把他们所在的乌普萨拉（Uppsala）中的一棵奇特的树看作是生长在俗世的世界树。每过九年，所有的维京人都会聚集在乌普萨拉镇的神庙中，用九天时间为他们的神祇献祭。每天的祭品都由九种生物组成，其中还包括一个人，祭品悬挂在神庙附近的树上。

我们之所以能够知道维京人的信仰，是因为他们创造了一套被称为如尼文（runes）的字母表。这套字母表出现于 2 世纪末或 3 世纪初，其中的字母由笔直的笔画组成，适合于刻写在木头或石头上。表中 2/3 的字母借用了拉丁文和凯尔特文的字母，其余 1/3 是维京人的新创。他们保留下来的有关到达冰岛的传说向我们展示了其看待生命的态度。

维京人的短暂扩张在 800 年时突然开始，到 1070 年时结束。人口过剩很可能是他们一窝蜂进入邻近地区的主要原因，他们需要在那些尚未建立起中央帝国的地区寻获土地、财富和声望，而帝国统治往往会保护当地居民免受此类侵扰。维京人很可能是在回应法国皇帝查理曼征服撒克逊人的举动，因为查理曼将其帝国边境拓展到了丹麦。先进的造船技术为维京人的扩张提供了便利。他们学会了用橡木造船，这种船只长度可达 70 英尺（约合 21 米——译者注），而吃水很浅，仅为 3.5 英尺（约合 1 米——译者注），可容纳 30 到 100 多人。他们使用松木制造桅杆，用羊毛制作帆。造船技艺能够同维京人相媲美的并不多。

至 820 年，维京人已定居在诺夫哥罗德。839 年，他们侵入了爱尔兰，866—878 年他们进入英格兰，建立了对东部五个地区的统治。841—884 年，维京人进攻诺曼底海岸，作为保护巴黎的交换条件，他们得到了塞纳河流域的土地。此后，他们继续向南航行抵达法国和西班牙海岸，一直到达巴塞罗那、马赛和意大利沿岸为止。他们向西行进，在爱尔兰（875 年）、格陵兰（982 年）建立了殖民地，并于公元 1000 年之后不久在纽芬兰建立了短暂的统治。1962 年，人们在纽芬兰的安斯梅多发现了维京人建好的房屋遗迹，这成为维京人曾在此居住的证据。

大约在 965 年，丹麦国王"蓝牙"哈拉德(Harald Bluetooth)改宗基督教，并承认德意志联邦的神圣罗马帝国皇帝奥托一世为其领主。在 995 年左右，挪威人也被强迫信奉基督教，尽管位于乌普萨拉的神庙直到 12 世纪才被摧毁。维京人的入侵虽然短暂，但的确产生了深远的影响，对西欧文化的形成起到了重要的作用。

罗马中央政府覆灭后，西欧的农民受到了来自周边游牧民族的侵扰，于是他们向地方上的一些地主寻求庇护，这些地主往往势力较为强大，能够为其提供保护。日耳曼传统意义上的庄园，即一种自给自足的农耕单位从此在西欧盛行。农业劳动者，即所谓的农奴，从属于庄园领主，不能自由离开，以此作为接受地主保护的交换条件，这些地主在当时战火纷飞的环境下已经转变成贵族骑士。完全意义上的奴隶制减少了，而它曾是罗马经济的支柱。城市人口萎缩，道路破损，商业凋敝，文化式微，难怪欧洲人称这一时期为中世纪，它前承辉煌的古希腊罗马文明，后启 14 世纪的文艺复兴。

虽然显得有些出乎意料，但由于犁的改进，农业生产在这一时期有所提高。北欧的土壤为重粘土，同其他地区的土壤相比更不适于犁的使用。后来，人们发明并使用了带有犁壁的重型犁，它可以向一侧翻转土垡，不过实在是太重了，需要六到八头牛才能拉动。到了公元 1000 年，成片的麦田（小麦、大麦和黑麦）已遍布北欧地区。人们的主食包括啤酒、猪油或黄油、面包、野猪肉（这些野猪生活在森林中，以橡树果为生）以及各种野味。在南欧，人们的食物主要是小麦、葡萄酒和橄榄油。

罗马的统治地位转移到西欧各蛮族国家，这本应导致基督教这一重要文化力量的消失，然而基督教却存活了下来，并在西方文明中占据了统治地位。这是为什么呢？

答案是罗马的教皇制度并未瓦解。它是团结、权威和组织力量的强大源泉，尤其是在 6 世纪早期，当时的教皇愿意同那些早期皈依基督教的日耳曼统治者合作，并吸收了足够的日耳曼传统；这样一来，多神论者更容易接受基督教。然而，要彻底摧毁异教行为并非易事，直到 11 世纪，西欧一些地区的牧师依然颁布禁令，禁止信徒对树木、河流和山川的崇拜。

奠定基督教统治地位的事件主要发生在不列颠群岛和法国。不列颠的爱尔兰凯尔特人从未被罗马人征服，然而在圣帕克里特（St. Patrick）的劝说下，他们于 5 世纪前半叶皈依了基督教，帕克里特是一个已经罗马化的不列颠基督徒。盎格鲁—撒克逊人占领英格兰后，基督教仅在爱尔兰留存下来。爱尔兰修道院派遣修道士和学者作为传教士，到英格兰推动"凯尔特教会"的发展。教皇格列高利一世（590-604 年在位）也从罗马向这里派遣传教士。664 年，英格兰的基督徒举行集会，决定皈依罗马教会而非凯尔特教会。如前所述，从 8 世纪到 10 世纪，英格兰的撒克逊人与获得英格兰东部大片领土的维京人作战。丹麦国王卡纽特（Canute）在 1017 到 1035 年间统治英格兰。1066 年，征服者威廉在英国加冕称王，他是一个曾定居诺曼底的维京人的后裔。威廉同意按照惯例向罗马教会交纳贡赋，但拒绝承认教皇的权威凌驾于自身之上。未经国王许可，英国教会不承认任何新的教皇，不接受教皇的任何敕令。由此可见，英国国王在自己制定原则的基础上选择了基督教。

在现在的法国，一支日耳曼部落最早在莱茵兰地区定居，他们被称为法兰克人。一部分法兰克人居住在罗马帝国境内并皈依了基督教。罗马帝国灭亡后，法兰克王国向南扩展，一直延伸到现在的法国边境。法兰克人的首位伟大领袖克洛维（Clovis）在 481—511 年间在位，他于 508 年皈依了罗马基督教，这一行为很明显受到了当时已是基督徒的妻子克罗德切尔狄（法语中读作克洛蒂尔德）的影响。法兰克国王同教皇结盟，将从战败的勃艮第人手中获得的土地赠予教皇，在查理曼时期（768—814），他将撒克逊人的领地向东推至易北河，并沿多瑙河打到了维也纳以南。772 年，查理曼率领军队摧毁了一片被撒克逊人奉为神圣的树林，撒克逊人同维京人的宗教信仰十分类似。

由于撒克逊人强烈反对放弃原来的宗教仪式，查理曼就强行让他们接受了基督教洗礼，对那些不实行斋戒、杀害主教或教士、按撒克逊传统实行火葬、拒绝接受洗礼、阴谋对抗基督徒和不服从法兰克国王的人处以极刑。撒克逊人为抵制查理曼和基督教，进行了长达 30 多年的斗争。然而在法兰克人赢得军事胜利之后，牧师和教士紧随其后，为基督教化的日耳曼人的长期统治建立起一个足够牢固的基础。

在查理曼帝国的东部地区即现在的德国，统治权后来落入了地方公国的手中；直到一个强大的君主奥托一世出现后，这种情况才有所改变。奥托一世在 962 年赢得了教皇的加冕，成为神圣罗马帝国皇帝。神圣罗马帝国作为一个德意志邦国君主的松散联合体继续存在，各国君主选举任命他们中的一个人作为帝国皇帝。

至公元1000年，欧洲的大地主已成为身着盔甲的骑士，他们保卫自己的领地并同当地的国王结盟。在罗马统治消失了若干个世纪后，各地的国王逐渐成为基督徒。基督教本身也经历着转变。基督教最初是一种奉行和平主义的宗教，当时耶稣在罗马的一个偏僻行省向社会边缘群体传教，教导他们不要使用战争等暴力手段；后来基督教演变为一种战争宗教，成为保卫欧洲人和拜占庭帝国的武器。

当西欧经历着人口迁徙和战火纷飞的黑暗时代时，非洲开始更多地参与源自穆斯林世界的稳定商贸网络。如前所述，北非皈依了伊斯兰教，而撒哈拉以南的非洲则继续以一个特殊的区域存在，相比欧亚大陆的大部分地区，它更长久地远离世界贸易的主流。（图8.3）

在公历元年之前的某个时期，非洲人就从阿拉伯人那里学会了将骆驼作为驮畜来使用；大约到了公元300年，这种方法传到了乍得湖，那时穿越撒哈拉的商路才刚刚启动。骆驼同其他驮兽相比更具优越性，它能够在消耗很少食物和水分的条件下运载更多的货物，由此，撒哈拉沙漠就因其廉价的运输成本而备受青睐。埃及和北非在636—711年间处于穆斯林的统治之下，自那之后，非洲主要通过穆斯林同世界其他地区取得联系。在同穆斯林进行贸易的早期，西非地区的统治者抵制穆斯林的宗教信仰和文化，拒绝参与世界贸易交流网，因为接受这一切就意味着要抛弃当地的宗教传统，同时他们也会失去宗教传统赋予的神圣权威。然而在985年，一个非洲国王率先皈依了伊斯兰教。

大约在公元500年，水手们从现在的印度尼西亚出发，沿东海岸航行，最后抵达马达加斯加，带来了当地班图人培植的香蕉、山药和芋头，如此一来他们能够将更多的森林地带开辟为耕地。伊斯兰教在海岸地带传播，在那里形成了一种大众文化和语言，它以非洲的语法和词汇为基础，也吸纳了很多阿拉伯语和波斯语中的措辞和表达方式，并使用阿拉伯字母来拼写。后来，这一民族和语言就以"斯瓦希里"而为人所知，斯瓦希里这一

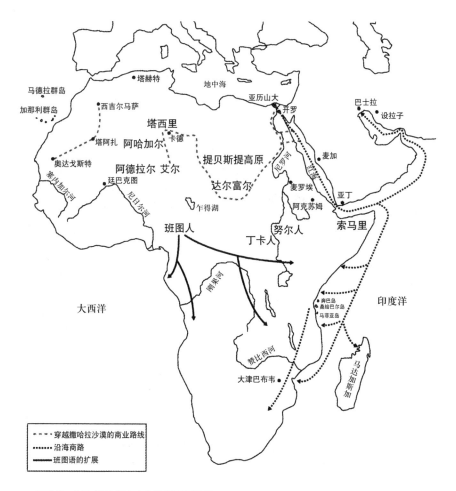

图 8.3 公元 1000 年左右非洲的商贸路线

名称来自阿拉伯文"sawahil alsudan"，意为"黑人的滨海地区"。由于
伊斯兰商人并没有进入内陆地区，因此讲班图语的非洲人在此后的几个世
纪中依然对本土宗教感到心满意足。

虽然骆驼能够穿越撒哈拉沙漠，但是一旦来到撒哈拉以南地区，它们
便会患上昏睡病，变得毫无用处，这主要是因为湿润的气候使得采采蝇和
锥虫在骆驼身上滋生。对于那些不适应撒哈拉以南地区气候的人来说，这
里的其他疾病也是非常致命的，诸如疟疾和黄热病。地理条件也使人们对

撒哈拉以南的非洲敬而远之；尼罗河和刚果河是非洲最大的两条河流，它们在入海口附近为急流和瀑布，使人们与海洋隔绝。多种可怕的寄生虫也阻止了当地人的外出。19 世纪之前，非洲内陆一直都处于一种与世隔绝的状态，那里人口稀少，没有进入城市文明，撒哈拉以南的非洲依然保持着使用约 2000 种语言的传统特征。

早在第一个千年，早期非洲人就已经掌握了冶铁技术，这项技艺有可能是他们自己发明的，也有可能是从外地引进的。班图人早先居住在热带雨林地带的边缘地区，这里靠近已知的早期冶铁遗迹，与现在尼日利亚和喀麦隆边境相距不远；他们后来向南迁徙，并在 800 年将冶铁术带到了非洲南部。

在撒哈拉以南的非洲分布着湿热的热带雨林和潮湿的热带稀树草原。在这里，所有的贸易商品都需通过人力来输送。没有哪种驮畜能够在这样的气候环境中生存。这种情况使得人们青睐于那些轻便但价值高昂的商品，尤其是金子。公元 1000 年之前，非洲出现了两个以黄金贸易为基础的王国，它们分别是西非的加纳和东非的津巴布韦。

加纳在 8 世纪末的阿拉伯文本中以"黄金之地"的名字出现。索宁克人建立了加纳王国，它的领土包括马里、塞内加尔和毛里塔尼亚的部分地区。索尼克人将砂金卖给北部海岸的柏柏尔人，以此换取铜和各种手工业品。在公元 1000 年之前，加纳古都由两个城镇组成，一个城镇中居住着各族的商人，军事、政治领袖以及他们的侍从则在另一个城镇中生活。

在位于赞比西河南部的高原上，出现了另一个强有力的国家——津巴布韦，该国的支柱产业为当地金矿的开采和运输。津巴布韦的都城是现在的大津巴布韦，其在 1400 年时人口达到顶峰，约 1.8 万人。历史学家们推测，都城的人们砍伐树木充当柴火，耗尽了附近的森林资源，同时他们还在周边的牧场上过度放牧，这些在 15 世纪加速了津巴布韦的衰落。然而，总体来看，非洲海岸线在公元 1000 年之前一直是欧亚非联络网的边缘地带，而在那之后的很长一段时间，非洲内陆仍是一个边远地区。

如前所述，在其他的边缘地区，维京人占领了爱尔兰、格陵兰和纽芬兰。在印度洋和太平洋地区，航海活动广泛地开展起来，然而却没有诸如冰岛传奇这样的事迹被记载并传世。公元 400 年时，波利尼西亚人在复活节岛和夏威夷岛定居，并在 1300 年左右定居于新西兰，但他们同世界的其他地区没有联系。大约到了公元 400 年，西太平洋和印度洋形成了一个大的海上航行区域。船只可以进行远距离的航行，不再需要靠岸航行或向当地缴纳关税。许多货物能够在更广阔的地域内流通，如印度的胡椒和棉花、中国的瓷器和丝绸、印度尼西亚的肉豆蔻和丁香，以及非洲的黄金和象牙。这一复杂的互动在 800 年的时间里急剧增长。

总之从公元 200 年到 1000 年，欧亚非联络网在这 800 年间得到了急剧的增强和扩张。在船只和商队的推动下，商业和交流活动不断加强和扩展。在公元 200 年以前，农耕文明只是零星地存在于这一网络的中心地带，而到了公元 1000 年，非洲的部分地区、整个亚洲东南部、南太平洋岛屿、朝鲜、日本、北欧和西伯利亚大草原，都被纳入到这一网络中，它覆盖了当时世界 2.5 亿人口中的 2 亿人。

这一时期的特点是宣扬救赎的宗教向那些曾经信仰地方神或自然崇拜的地区的扩展。在这一过程中，伊斯兰教经历了华美的转身。最初它的认同感来自于地方族群和地方主义；最后，它发展为一个世界性宗教。当穆斯林在北非遇到了波利尼西亚人以及西部草原的土耳其人时，出现了大规模的宗教皈依行为。基督徒在凯尔特人、日耳曼人和斯拉夫民族中获得了胜利。虽然维京人对基督教的抵制一直延续到 1000 年，但那时除波罗的海南岸的几个零星区域外，所有的欧洲人都已成为了基督徒，而这些区域的民众在 1387 年成为最后一批皈依基督的欧洲人。佛教思想扩展到了中亚、中国和南亚。这些宣扬救赎的宗教具备这样一个共性，即指导并鼓舞人们去追求超越世俗的外在世界，如天国、天堂、涅槃，以及湿婆和克里希纳神的组合。它们为那些饱受现实城市生活之苦的人们带去来世得到救赎的希望。城市在繁荣的时期是不稳定、不平等的，在萧条时期又很容易崩溃。这些新出现的宗教使人们心存希望，并有助于维持城市生活所需的社会分化。城市的增加与信仰救赎宗教人数的增长相辅相成，在公元 200 年到

1000 年间，它们都是欧亚非网络中人类生活的一个共同特征，甚至在许多非城市化的地区也是如此。

复杂社会的代价

与人类生活复杂性的增加相伴而生的是代价越来越大。为实现这种复杂的生活，人类必须将更多的地球资源引入他们的生活系统中。其中的一种方法就是砍伐树木。

如果一个人分别于公元 200 年和 1000 年，坐在盘旋于亚欧大陆上空的宇宙飞船中观察，那么他观察到的最大差别将是消失的森林。从中国到印度的一片热带森林消失了，它曾是世界上面积最大的热带森林之一；人们砍伐了这片森林，以此开辟稻田，供养更多的人口。遍布欧洲的原始森林也遭到砍伐，取代它们的是各种粮食作物，这样能够养活更多的人口。那些崇拜森林的人改变了信仰，或是转而信仰许诺来世得到救赎的宗教，用这种方式换取更多人的生存机会和更复杂的现实生活方式。

尽管大量森林遭到砍伐，但占地球森林总量 70% 的林木得以保留。据现有的推测，森林采伐量直到 1700 年依然没有超过 25%，到 1850 年时达到 50%，1915 年时已为 75%。尽管在公元 1000 年时，滥伐森林的景象已经显现，但还未曾达到近三个世纪以来的这种急剧增长的速度。

人类同其他动物之间力量不平衡的转变仍在继续。人类加强了对其他哺乳动物的统治，对它们大肆猎捕，以致所剩无几，并迫使许多动物沦为满足人类需要的食物和驮畜。

从公元 200 年到 1000 年，地球上的人口数量从 2.57 亿减少到了 2.53 亿，呈轻微下降趋势。到 1000 年，除俄罗斯外，欧洲的总人口达到了 3000 万左右，比公元 200 年减少了 1400 万人。中国约有 5600 万人口，约占世界人口总数的 22%，非洲人口占世界总人口的 15% 左右，美洲约占 7%。

回顾历史，至公元 1000 年，欧亚非的人类历史至少呈现出了五种共同的模式。随着时间的推移，人口的数量缓慢地持续增长。随着人口的增长，人口密度也不断增大。与此同时，人类的阶层化、组织化以及技能和知识方面的专业化程度也不断加强。在过去 1 万年任何一个既定的年份中，我们能够发现与之前相比，人类生活的这五个方面在规模和程度上都进一步扩大和加深。这种增长并非始终如此，它伴随着起伏波动。然而，若从以千年时间为计量尺度制作的图表来看的话，这些呈复杂性增长的普遍模式，都是一直存在的。

在之前的两章和本章里，我们讲述了人们在非洲和亚欧大陆的生活。现在我们转动地轴，将目光转向美洲大陆。虽然一直以来，美洲同欧亚非的联络网鲜有交流，但是至少在 1.3 万年前这里已经有人类居住，并且很可能在 3 万年前人类就已到达此地。在复杂社会兴起的同时，美洲大陆正在进行一种独立的实践活动。

未能解答的问题

1. 1492 年以前的非洲和美洲存在联系吗？

一些诱人的证据表明了这种联系的存在。大西洋的洋流从非洲海岸的两个地方（佛得角群岛和塞内冈比亚海岸）出发，流向南美洲的东北岸和加勒比海。挪威探险家托尔·海尔达尔（Thor Heyerdahl）乘坐按照非洲人的古老标准仿造的芦苇船（纸莎草船），在 1969 年成功地从萨非抵达巴巴多斯群岛。有人还重复了他的这一行程。事实上，葡萄牙人佩特罗·阿尔瓦雷斯·卡布拉尔（Pedro Alvares Cabral）船长的经历也证实了这一洋流的存在，因为当他的海船在 1500 年航行到非洲附近时，被偶然间带到了巴西海岸。

伊本·法德尔·阿拉哈·阿乌马里（Ibn Fadl Alah al—Umari, 1301—1349）的著作中记载了非洲人试图到达美洲的证据，他是大马士革的阿拉伯地理学家。马里国王曼萨·康康·穆萨（Mansa Kankan Musa）于 1324 年途经开罗，之后阿乌马里在此地呆了 12 年。招待过曼萨·穆萨的人将穆萨国王讲过的故事告诉阿乌马里，包括穆萨是如何成为国王的。貌似穆萨的前任曼萨·穆罕默德相信自己能够到达大西洋的边界，因此他准备了200艘船只，并从塞内冈比亚海岸（当时属于马里）起航。最后，一艘返航的船只报告称，其他船在远洋中遇到了一股强劲的水流，陷入其中后再也看不到了，所以它就折了回来。于是，曼萨·穆罕默德装备了一支更大的探险队，于1311年离开已经成为国王的曼萨·穆萨，之后他再也没有回来。这股水流很可能来自亚马逊河河口，而这些船员也许已在中美洲登陆。

伊万·范·塞蒂玛（Ivan van Sertima）是非洲人在1492年之前已到过美洲这一假说的主要支持和辩护者，他是圭那亚人类学家和罗格斯大学的非洲研究教授，作品包括《重访早期美洲——那些在哥伦布之前到来的人》（*They Came Before Columbus: The African Presence in Ancient America*）。大多数主流历史学家都不接受他的论证。

第 9 章　美洲文明的兴起

（公元 200—1450 年）

美洲是地球上最晚成为智人居住地的大陆。大约 4 万年前，人类到达了澳大利亚，但是稍晚才将它开发现在阿拉斯加的样子，最早是在 3.5 万年前，最晚在 1.3 万年前。

与此同时，在没有人类狩猎活动的干扰下，美洲的动植物度过了漫长的发展时期。在距今 7.5 万到 1 万年的大冰期时代，动物很容易穿越亚洲和阿拉斯加之间的大陆桥。拿马来说，它原产于美洲，之后跨过大陆桥来到了亚洲；再比如狮子，这种与全球人类分布范围最接近的哺乳动物，则是从亚洲来到美洲的。在此数万年间，生活在北美大陆的哺乳动物种类是现在的五倍。四种巨型地懒在周围信步，每只高达 20 英尺（约合 6 米——译者注），重 3 吨。这些哺乳动物的组合一定十分壮观，包括了巨型啮齿动物、三种骆驼、毛象、乳齿象、长脚野牛、雕齿象（样子像犰狳）、大型狮子和貘、猎豹、剑齿猫、大象、狼、巨型短脸熊和马等。

在 1.6 万到 1 万年前的这段时间里，上面提到的很多动物灭绝了。为什么所有的灭绝都集中发生在如此短的时间里呢？专家对此问题还未得出肯定的答案；气候变暖和人类的到来之间形成了复杂的相互作用。事实上，很多动物的灭绝既可以用它们难以适应栖息地环境的迅速变化来解释，也可以说成是智人猎捕造成的，还有可能是二者兼而有之。

人类在美洲出现

从公元前 1.4 万到前 1 万年，巨大的冰层开始融化，目前还不了解导致这种变化的原因是什么。地貌景观出现了深刻的变化，随着冰川的退却，大量土地裸露出来，地球上散布着大小不一的湖泊。随着植物和与之相联系的动物群体向北迁移，复杂的运行机制被打破。

可能是在上升的海水逐渐吞没白令海峡、关闭大陆桥的最后一刻，人类猎手来到了美洲，出现在这副图景中。（现在的白令海峡位于阿拉斯加和西伯利亚之间，是一条 50 英里长的寒冷水道。）一小群人很可能在公元前 1.4 万年左右来到了阿拉斯加；在两三千年间，冰川中出现了一条通道，阿拉斯加人由此能够来到中央大平原，即现在加拿大的埃德蒙顿所在地。至少发生过两到三次大的移民潮，这些移民从东亚的不同地区迅速向两块新大陆扩散，在迁移的过程中人口快速增加。从公元前 9500 到前 9000 年，人们从加拿大平原向墨西哥中部全面扩散。我们假定最初的少量移民为 100 人，那么在 300 年间人口数量显然已经达到 100 万左右。在公元前 8500 年，人们到达了南美洲南端的火地岛。这也就是说，在不到 1000 年的时间里，人口扩散了 1 万多千米。

对于曾经生活在西伯利亚的人们来说，美洲一定是个伊甸园。在这里，有易于捕获的大型动物、成群的飞鸟和一片未被破坏的、景色壮丽且温暖的荒原。在人类开始定居生活的 2000 年中，预计约有 5000 万到 1 亿只动物消失，包括可能曾经被驯化的很多大型动物。

穿过白令大陆桥到达美洲的人们并没有带来陶器和和狗以外的家养动物。在公元前 6000 年之前，他们都一直过着渔猎采集的生活。大约从公元前 6000 年开始，他们开始在四个地区种植作物，它们分别是墨西哥地区、北美的东部林区、南美的热带地区和安第斯高原。这四个地区相互间几乎没有什么联系；然而，它们几乎在同一时间出现了作物种植。该现象表明，这一时期出现了普遍的气候变化，而此种变化适宜作物的生长。将四个地区加起来，美洲土著人种植的作物种类超过一百种，其中的一些作物为全世界人民所喜爱，比如玉米、马铃薯、辣椒、番茄、花生、烟草、可可和古柯等。然而，即使在美洲农业起步之后，人们主要还是靠渔猎采集等活动为生；又过去了 4500 多年，在墨西哥和安第斯地区才出现了永久定居点。

美洲人民最早种植的作物应该是中美洲的辣椒、林区的向日葵、新墨西哥的南瓜、上述三个地区的苋（一种很有营养的谷物）和安第斯的干果。近来发现的证据表明，在公元前 2000 年，玻利维亚和巴西亚马逊河流域出现了大面积的热带种植园，而木薯的种植历史可能和玉米一样悠久。

美洲没有野生的小麦、大麦、燕麦和大米，所以人们无法耕种这些作物。正如之前提到的那样，玉米最初是一种野草，它的棒子只有拇指般大小。经过长期的基因选择，在公元前 5000 到前 4000 年间出现了玉米种植，玉米最终发展成哺育美洲文明的谷物。尽管与大米、小麦和大麦等作物相比，每英亩的玉米将产出更多的卡路里，它在美洲的传播速度却很慢，因为在能够随着季节按时成熟之前，它需要适应不同气候环境下不同的日照时间。与亚欧大陆的东西轴相比，美洲南北轴两侧的陆地差异极大；这就意味着作物难以在同纬度地区传播，而必须适应不同纬度下的气候条件。

大约在公元前 3000 年，墨西哥形成了它独具特色的食物种类，包括玉米、大豆和南瓜等。因为只有火鸡和狗两种家畜，中美洲人主要依靠谷物和豆类的组合来摄取蛋白质。墨西哥的作物传播缓慢，在公元前 1200 年才传到美国西南部，迟至公元 1000 年才出现在东部林区。

南美洲的两种气候导致各地出现了截然不同的食物种类。大约在公元前 4000 年，生活在热带低地地区的人们开始种植木薯和白薯。通过某种未知方式，白薯从美洲传入了波利尼西亚群岛，这表明在欧洲人连接新旧大陆很久以前，两地间就存在断断续续的航行。波利尼西亚人在公元 400 年到过复活节岛，或许他们也曾来到美洲海岸，并将白薯带回了自己的家园。目前没有证据表明发生过这样的航行；白薯在波利尼西亚群岛的存在至今仍是一个谜。

再往南就是安第斯山脉了。生活在那里的人们创造出别具风味的文化和饮食。他们食用的碳水化合物主要是马铃薯和昆诺阿苋。昆诺阿苋是一种高蛋白的谷物，重量很轻。他们种植的马铃薯品种多达 3000 个，从小的紫色马铃薯到大型的白色马铃薯，应有尽有；近些年来，曾经有人在北美市场做过一些展览，将这一系列的品种展示出来。此外，安第斯人还从三种动物身上获取蛋白质，它们是家养的美洲驼和羊驼，还有野生的小羊驼。（这三者也被合称为骆驼科动物。）美洲驼和羊驼也被用作驮畜，但是不用它们产奶或犁地。安第斯人找到了将马铃薯和动物肉片冷干的办法，英文中"牛肉干"（jerky）一词就是从这里来的。

美洲的农业发展迟缓。没有大型家畜来犁地、施肥和放牧，人们只能依靠劳动密集型的耕作方式来开辟新的灌溉土地，以此增加他们的食物供给量，但粮食的增长速度十分缓慢。因为它们需要时间适应南北纬度之间的气候差异，种植的作物无法快速传播。直到公元前 1500 年，在中美洲和安第斯地区才出现了人类的永久定居村落。一些村落的人口快速增长，社会分化加剧，它们有组织地进行战争，并修建了纪念性的建筑，而这些都是农业文明兴起的标志。

中美洲的城市中心

美洲大约在公元前 1000 年出现了城市文明。奥尔梅克是这一城市文明的发源地，它位于墨西哥湾沿岸，范围大约是现在的塔巴斯科和韦拉克鲁斯。这个城市社会由 35 万左右的居民组成，这些人居住在小城镇里。他们在那里建造了三处举办庆典的场地，人们定期在这些场所举行聚会。奥尔梅克没有创造出一种代表口头语言的文字体系，但是雕像和壁画是他们的记忆工具，他们以此来铭记一些神明或思想。

由于没有文字记录供我们深入了解奥尔梅克人的思想，我们只能从他们留下来的物质文化中作一些推断。他们在巨大的玄武岩上雕刻出巨型头像，每个头像的脸都有自己的特点，其中有些高达 11 英尺（3.4 米）。他们的神是男女同体的。奥尔梅克人十分喜欢玉，他们经常在玉器上雕琢一些美洲豹或化身为美洲豹的男子的图像。

　　奥尔梅克的居民是最早开始玩"球类游戏"（相当于他们的语言"纳瓦特尔语"中的"tlachli"一词）的人。这种游戏在长形的石头球场（呈"I"形，100 到 200 英尺，相当于 30.48 到 61 米）举行，球场的两侧是倾斜的。选手配戴手套、腰带和鹿皮护臀等。选手们需要用臀部或膝盖把一个橡皮球撞进设立在球场两头的拱门中，其间手或脚不能接触球。有些球场的石墙上有浮雕，这些浮雕描绘了失败球队的队长被斩首的情形；不过，因为成为祭祀品是一种荣耀，被斩首的也有可能是胜利方的队长。目前并不清楚到底是哪一方的队长会被斩首。

　　奥尔梅克人开创了一种"历法循环"（Calendar Round），这一复杂的历法以 52 年为基础，其中的两种不同计日方法有部分重叠。一个是宗教体系的神历，这一历法中一年包含 260 天，将之分成 13 个月，每个月 20 天。另一个是太阳历。依照这个历法一年是 365 天，分为 18 个月，每月 20 天，年末的最后五天是额外的、不吉利的。这两种计日体系每 52 年会在某一天重合。抱着这种历史的循环观，奥尔梅克人显然认为历史的本质是重复的，像是王朝和军事侵略等。他们将历史向前追溯，一直推演到公元前 3114 年 8 月 13 日，并形成了 20 进制的计数体系；在这个体系中，他们用一条线代表 5，一个小圆点代表 1，还有一个壳似的字母代表 0。

　　从公元前 400 年开始，随着国家制度的部分崩溃，奥尔梅克文化开始衰落。是什么样的原因导致了这一结局呢？内部起义，外部入侵，还是农业歉收？没人知道这个问题的答案。

　　在奥尔梅克文化消亡之前，一个边远的地方性政权——玛雅，在公元前 600 年左右从奥尔梅克南边的尤卡坦平原崛起（图 9.1），它取得了与奥尔梅克相似的成就。自然环境和气候向玛雅人提出了更为严酷的挑战，比如高温使得地面很难清理，土壤中含有大量的石灰岩沉淀等。刀耕火种的耕作方式无法养活大量的密集人口；为了养活众多的人口，人们必须进行灌溉和建立精耕细作的培高田地农业技术体系。

　　培高田地农业技术体系指的是在多沼泽地区通过填土建立一块块岛屿

图 9.1　玛雅和阿兹特克帝国

似的田地，并在这些田地间留有灌溉的沟渠和水道。整个中美洲文明都利用这种呈漂浮状态的培高田地进行种植。这种劳作需要大量的劳动力。人们乘着船收割成熟的果实，而对于这些没有驮畜的人们来说，船是上天赐予的珍贵礼物。

　　玛雅从未建成一个中央集权式的帝国。它的全盛期从公元 600 年持续到 800 年。在这段时间里，玛雅一共拥有 60 个左右的小城邦，这些城邦有着共同的文化传统和思想意识。在这些城邦中至少居住着 300 万到 500 万人，比玛雅衰败六个世纪后、西班牙人到达美洲时平原人口的两倍还多。玛雅人的主食是玉米、大豆、南瓜、番茄和辣椒。虽然他们建造了精良的储水和输水系统，但还是难以抵御干旱的侵扰。玛雅的首领通过自我牺牲或放血等方式与祖先和神明进行对话，他们放血时用仙人掌刺划破皮肤。已知曾有两位女性统治过玛雅王国。

在西半球，只有玛雅人创造出一套复杂的文字体系来表示口头语言；在这个体系中，有些元素是表意的，有些则是象形的，还有一些是代表音节的语音元素。然而，他们并不是按照语音来记述一切的，很显然这是因为表意文字更具影响力和政治宗教意味。玛雅人将涂抹了石膏粉的树皮纸折成百叶窗状的书籍。西班牙入侵者对玛雅文明的破坏非常彻底，公元900 年以前的玛雅书籍无一幸存，900 年之后的书也只找到了 4 本。玛雅人还将他们的文字刻于石碑、城墙和葬器之上；直到 20 世纪 80 年代专家才破译了玛雅文字。

伴随着普遍的饥荒和由此导致的大半人口丧生，玛雅的国家组织结构在几代人的时间里迅速崩溃，它衰亡的时间大约是公元 900 年。衰亡的原因还不明确，但是近来的研究已经显示出了一些相关因素。祭祀场所的一些雕刻还未完工就遭废弃，可见衰亡速度之快。相关人员发现了一些短期的防御工事，可看出当时战争大量增加。统治阶层和祭司消失，很显然他们是被平民推翻的。人们重新回到了刀耕火种式的农业生活，没有省级的地方行政单位，只有村落。889 年是一个 52 年循环中的最后一年，只有三个祭祀场所举行了相关的纪念活动。看起来，造成玛雅低地的国家组织结构在公元 900 年之后被抛弃的主要原因有两个，一是政治局面的混乱，二是从 750 年开始的长期严重干旱导致的粮食歉收。观赏性的庙宇在热带丛林再现，它们留下的只有浓得散不开的神秘感。

另一个墨西哥文明比玛雅文明起步稍晚，它在特奥蒂瓦坎城兴起。特奥蒂瓦坎城位于现在的墨西哥城以东 30 英里（约合 48 千米——译者注）处。大约在公元前 200 年到公元 750 年的 8 个多世纪里，特奥蒂瓦坎城的首领一直统治着墨西哥高原和中南部的盆地。它的全盛期出现在头一个千年的中期。那时特奥蒂瓦坎城约有 8 平方英里（1 平方英里约合 2.6 平方千米——译者注），共有 10 万—20 万的人口。黑曜石，也称火山玻璃，是这座城市的财富基础。

特奥蒂瓦坎文化保留了奥尔梅克文化的许多特点，比如历法和雕刻文字系统等。此外，特奥蒂瓦坎众神的性格也与奥尔梅克的一脉相承，只是名称不同。众神中最著名的是剥皮神（Flayed one）、太阳神、月亮神、雨神（Tlaloc）和羽蛇神（Quetzalcoatl）。美洲豹代表土地的肥沃，蛇象征着海洋的富饶。来自北方沙漠的一批人在 8 世纪成功地侵入了特奥蒂瓦坎城；城中的居民四散而逃，散居在周边一些小村落中。

玛雅文明在特奥蒂瓦坎文化衰落之后的一个世纪也衰亡了。这两个文明的终结表明，这一时期中部墨西哥经历了一定程度的环境危机，而这种危机使农业产量大幅下降。在从危机中恢复的过程中，托尔特克人作为一支有组织的力量出现，他们建造了图拉城。托尔特克人的统治只延续了200 年，但是却产生了持久的影响。他们引进了冶金术（铜制工具和铜制装饰品），使用弓箭打猎，过着一种军事化的严苛生活，这种生活方式包括了十分普遍的人祭现象，他们以人祭的形式来安抚神明。根据传说的记载，他们的最高祭司托皮尔金·奎兹尔科亚特尔宣称自己是他们的文化与文明之神羽蛇神在人间的化身，但是他被黑暗与战争之神的追随者驱逐，乘船出海，走时发誓有一天他终将返回故地。在旱灾之后，北方沙漠的觅食者入侵，托尔特克文化于 12 世纪早期衰亡。

托尔特克人文化被一个偏僻的部落继承和发扬，这个部落就是墨西加人。根据传说，墨西加人飘荡了 200 年之久，一直屈从于别的部落。大约在1325 年，之后被称为阿兹特克人的墨西加人在特斯科科湖中央的一个岛上定居，特斯科科湖是一系列低湖中的一个，这些低湖位于海拔 7000 英尺（2100 米）的墨西哥中央高地，覆盖了 620 平方英里（约合 1600 平方千米——译者注）的高原面积；中央高地被群山环抱，并将雨水排入低湖中。中央高地的黑曜石储量非常丰富。这里降雨集中，雨量多变化且难以预测。在这种环境下，阿兹特克人在他们的特诺奇蒂特兰城和周边地区大量聚居，这是西班牙征服美洲之前美洲出现过最密集的人群分布，在这些地区大约生活着 200 万到 300 万人。

这里的湖深只有 3—7 英尺（0.9—2.1 米），所以更像是一片沼泽。在湖中，阿兹特克人在高台之上培土造田，他们能够在这种名为"奇南帕"（Chinampas）的土地上进行排水和种植活动。居住在岛上的家庭用大量的水浇灌土地，这些水是由在环岛运河中划行的独木舟溅洒的。阿兹特克人在谷地底部和山坡上建造了复杂精致的梯田和灌溉体系；早期高海拔的地方还能出产森林产品和野生动物，但是到了阿兹特克人生活的时代，基本上已经没有什么野生动物了，只有家养的火鸡和狗。玉米是他们的主要粮食作物，其他的作物还有大豆、南瓜、番茄、辣椒、苋和龙舌兰，而龙舌兰经过发酵可以酿成龙舌兰酒。

在他们的泽岛上，阿兹特克人修建了特诺奇蒂特兰城，如今这座城已深埋在现代的墨西哥城下。特诺奇蒂特兰城面积约为 5 到 6 平方英里（13—15 平方千米）；城中心坐落着一座 500 平方码（48 平方米）的广场，这座广场有围墙，可容纳 8600 人围成一圈在里面跳舞。它的姊妹城特拉特洛科拥有阿兹特克时代最大的市场，可与罗马和君士坦丁堡的市场相媲美。由于这里既没有装有轮子的运输工具，也没有能够载物的牲畜，重量较轻的货物占据交易的主体，比如金银珠宝、羽毛、可可豆和动物毛皮。

在阿兹特克人开始定居生活的 100 年后，即 1428 年，阿兹特克人打败了他们的领主城（阿兹卡波特萨尔科），并与两个相邻的城市组成联盟，开始了它的帝国之路。到 1519 年，已有 38 个省附属于阿兹特克帝国，它们每年向该城进贡 7000 吨玉米、4000 吨大豆、4000 吨苋、200 万棉质大氅和大量的可可豆，此外还有战服、盾牌、羽毛头饰和琥珀；所有这些都存放在中央仓库，并由税官进行分配。可可豆在中美洲部落中充当通用货币。

粮食供应链的脆弱性刺激阿兹特克统治者进行更多的征伐，以便获得更多的贡物。由于蝗灾和洪灾导致粮食大量减产，阿兹特克在 15 世纪 50 年代早期遭受了严重的饥荒。父母卖掉孩子来交换粮食，人们自卖为奴以求生存。统治者蒙特祖玛·伊尔维卡米纳（Moctezuma Ilhuicamina，1440—1468 年在位）将推行对外战争作为国家的主要政策，以此形成提供稳定食物供给的途径。

阿兹特克民族在 1325 年开始形成，从这时起它就一直是一个血缘部落型的社会。在他们建成了特诺奇蒂特兰城后，他们迅速完成了自身文明的转变，形成阶级高度分化的城市文明；在这种社会里，平民（农民、工匠、渔民等)、农奴、奴隶和俘虏供养着一小部分的贵族和祭司。贵族实行多配偶制，其他人实行一夫一妻制。服饰是等级和身份的象征。只有贵族才能穿戴从热带低地交换来的棉质衣料；其余人穿的衣服由龙舌兰和其他一些植物的纤维纺织而成。披肩是最能表明身份的着装；披肩的长度、质地和装饰将精确地传达一个人的家庭地位和等级。军事将领所穿的外衣上覆盖着大量精美的羽毛，而他们头饰的颜色和样式则代表了野狼、美洲豹和死神。

每个阿兹特克人都隶属于一个"卡尔普伊"（Calpulli，大氏族、家族），按照父系血统来说，这个大家族中的所有成员都拥有一个共同的祖先。邻里关系是以"卡尔普伊"为基础的，它通常包含数千个成员；每一个"卡尔普伊"都向朝廷缴纳贡物，培养兵士，它们拥有自己的庙宇和学校，而且土地为所有成员所公有。家庭和"卡尔普伊"之间的紧密联系为每一个成员提供了一种生活体系和框架；从出生到离世，他都生活在这个体系的框架中。

阿兹特克人的纪年从公元978年开始，他们将之称为第五个太阳；他们认为之前神明已经四次摧毁世界，而他们生活的世界将是最后一个被神摧毁的，这个世界的毁灭将发生在某个52年的轮回之后。（阿兹特克人使用由奥尔梅克人、玛雅和托尔特克人创制并发展的双历法。）他们相信，只有人祭才能抚慰神明，并推迟世界末日的到来；他们的主神每天都需要食用人心。大规模的人祭成为阿兹特克文化的一大特征，而人祭与奥尔梅克人为神明放血的举动一脉相承。然而，阿兹特克人认为自己负有阻止宇宙终点到来的使命，因此将人祭活动从有限行为转变成他们思想体系中的核心因素。

在这样做的过程中，阿兹特克人对战神维齐洛波奇特利（Huitzilo-pochtli，意为"左边的蜂鸟"）的崇拜逐渐超越了农业和艺术之神羽蛇神。慧兹罗波希特里早期只是数百个受崇拜的神明中的一个小神，但是阿兹特克人，或是之前的托尔特克人将他提升为太阳神，而阿兹特克人认为自己是太阳神的选民。每天早上破晓时分，寺庙都会杀死并焚烧年轻的女子，以此敬献战神。

凡是十二岁到十五岁的阿兹特克孩童都要参加"歌屋"（Song of House）。歌屋是一个附属于寺庙的机构，提供唱歌、跳舞和音乐等课程。除此之外，男孩子还接受军事训练。贵族和平民子弟参加不同的军事训练学校；贵族子弟在头后留一束长发，直到他们在战场上抓获第一个俘虏后才能剪掉这缕头发。因为俘获的敌人会成为献给太阳神的牺牲品，所以阿兹特克的勇士们更愿意捕获俘虏，而不是杀死敌人。他们的武器有标枪，镶有黑曜石边的木质棍棒，皮革覆盖、羽毛装饰的柳条盾牌。年度战争一般在秋收后爆发。战争是增加粮食供奉和为太阳神提供人血和人心的有效途径。

人祭仪式一般在日出或日落时分举行。祭司在人祭祭品的身体上绘制红白相间的条纹，将他们的嘴唇染红，在嘴的周围画上黑色圆圈，并沿他们的头往下画一道白。祭司们护送这些牺牲品登上金字塔的台阶，从背后将祭祀用的石块刺入牺牲品的身体；在控制住牺牲品四肢的同时，由领衔的祭司用刀尖（玉髓或黑曜石）划开他们的胸膛。然后，这位祭司将手伸进胸膛，取出仍在跳动的心脏，把它举高后抛入一个特定的碗中。捕获这些牺牲品的人在金字塔下等候祭司们将死去的牺牲品扔给他们；等这些尸体从金字塔的台阶坠落后，他们很可能将尸体带回家食用。

有多少人成为了祭祀品？目前还没有得到一个可靠的相关数据。据西班牙殖民者科特斯估计，一个寺庙每年需要五十个人祭贡品；以此推断，在阿兹特克的领土上每年将约有两万人成为人祭贡品。然而，在西班牙人看来，人祭是一种极大的罪恶，并对此深恶痛绝，因此他们有可能夸大了数字。

阿兹特克人认为，战死沙场的勇士和生产过程中丧命的女性在死后会过上最为荣耀的生活。他们认为战死的勇士先是追随太阳四年，然后返回地球成为蜂鸟。因为生产而丧生的女性在追随太阳四年后，返回地球成为女神。其余的人死后将在冥界度过四年，而冥界是祖先的居住地。由于个人的财富状况和对生活法则遵守的程度不一，冥界的生活对一些人来说是安逸的，对另一部分人则意味着苦痛和折磨。

阿兹特克人创造出一种文字形式，即用浮雕或者图画来代表事物本身，用象形字（也叫象形图）表示言语或思想，例如一捆芦苇代表 52 年的轮回，而一个卷轴加上鲜花则代表诗歌或者乐曲。创设阿兹特克文字的目的在于做记录和为演讲者提词；它传达的并不是人类的口头言语，而是一些总体的概念和思想。阿兹特克人浸泡无花果树的树皮，将其晒干制成长条的纸，然后将字形符号印在这些纸上，装订成手风琴式的书册。文字书写于纸的两面，颜色多为红、黄、蓝、绿，色调鲜亮。字符的大小、各种颜色和装饰的细节向人们传达了复杂的讯息。一些语音符号被用来指代人物和地点。16 世纪来到这里的西班牙教士烧掉了数百册、甚至是上千册的阿兹特克书籍，而这些书籍都是无价之宝。

我们是如何得知这些关于阿兹特克人生活的事情的呢？两本西班牙入侵者的著述为我们提供了一些线索。这两本著述都采用第一人称的口吻，它们的作者都是 1519 年 11 月来到美洲的西班牙人。第一本书收录了赫尔南·科特斯在 1519 年到 1526 年间写给西班牙皇帝的五封信；另一本书是贝尔纳尔·迪亚斯·德尔·卡斯蒂略（Bernal Diaz del Castillo）在五十年之后写成的。除此之外，一个天主教牧师，巴托洛梅·德拉斯·卡萨斯（Bartilome de las Cases）在 1542 年出版了一本书，书中描述阿兹特克文明的毁灭，并以此抗议西班牙侵略的野蛮残忍。然而，最重要的文献资料仍然是博纳迪诺·迪·萨哈冈（Bernardino de Sahagun）教士编写的一本十二卷的著作。萨哈冈在 1529 年来到墨西哥，他学会了纳瓦特尔语，采访到很多阿兹特克的老人们。在为期数载的采访过程中，这些老人提供了大量的隐秘资料，因为他们需要借助这些资料来追忆阿兹特克的历史和文化，而萨哈冈则对这些谈话内容做了记录。他在 1547 年到 1569 年间编写此书，但是书的大部分内容直到 19 世纪才得以出版，因为欧洲的教会认为这些内容和材料太过冒犯，有辱宗教尊严。我们目前对阿兹特克文明的了解也得益于很多其他学者和考古学家进行的研究工作，比如 1978 年之后专业人员发掘了墨西哥城下掩埋的大神殿遗址。

南美洲的城市中心

西南美洲的自然环境在世界范围内都堪称奇特，它的地貌呈紧凑的垂直状态分布。在过去的 4000 万年里，位于太平洋底部的纳斯卡板块一直向东移向南美板块的下方；于是，临近海岸坐落着高耸的山脉，而海岸一侧的大洋板块则形成了深沟。两座平行的山脉俯视着安第斯山；它们如此迅速地在海岸带崛起，以至于洲际分界线离其西面的利马海岸线只有 60 英里（100 千米）。这条狭长的垂直带里浓缩了多种地形地貌，包括一片常年无降水的海岸沙漠、西半球的最高峰和密集的热带丛林。不同的生态带之间距离很短，只有不到一小时的路程。人类想要在这种环境中成功地生存必须深谙多种地形知识和每种地形中的生命形式。

养活城市人口需要足够多可贮存的剩余粮食，而南美的热带地区难以做到这一点。于是，城市只分布在西部海岸一带（现在的秘鲁）和安第斯山附近。由于这些社会没有书写的传统，甚至连一种雕刻记忆的系统也没有，我们对这些南美社会的了解比阿兹特克还要少。

我们对这些南美社会知之甚少，仅有的一些了解主要是来自西班牙侵略者的记录、印加土著后代的著述和考古发掘等。大量的考古发掘始于 20 世纪 70 年代，在此之前已经发生过大量的掠夺活动。两部描述印加历史的宏篇巨著诞生于 17 世纪早期，它们的作者都是西班牙和印加混血儿，其中一位还是西班牙侵略者和印加公主的私生子。

至公元前 4550 年，居住在安第斯山谷地的人们已经种植了马铃薯和昆诺阿苋。人们驯化了两种动物——美洲驼和羊驼；它们既是驮畜，又能食用，为人类提供蛋白质。美洲驼每次能够负荷大约 70 磅（32 千克）的重物，而一个人可以管理由 10 到 30 只美洲驼组成的驼群。早些时候，沿海地区的人与山里的人几乎没有什么联系，他们主要以鱼肉为生。到了公元前 3000 年，他们已经能够纺棉，而大约在公元前 1800 到前 1500 年间，他们制造了陶器。在公元前 3000 年左右，一种原始形态的玉米从中美洲传入安第斯山和沿海地区。

在沿海地区和高原地带逐渐发展起来一些小城镇，它们创造出别具一格、活力十足的当地文化。大约在公元 400 年，两个小城繁荣起来，它们是的的喀喀湖附近的蒂瓦纳库和瓦里（"Tiwanaku"和"Wari"这两个都是盖丘亚语）。不知是出于什么原因，它们在公元 1000 年左右走向衰落；那时，人们显然是离开了这两座城市，重新返回村庄。

蒂瓦纳库和瓦里衰败之后，秘鲁南部几个族群都希望通过战争和联姻来扩张它们的势力，印加只是其中之一。在 1400 年前后的某一个时间，印加开始以地区霸主的姿态崛起。经过几十年的发展，约 10 万的印加人统治了 700 万到 1200 万的人口。印加人取得的惊人业绩是如此辉煌，怕是只有亚历山大大帝的功业才可与其相提并论。在他们扩张的几十年中，印加人重修了他们的库斯科城。这座城坐落在一座高山的谷底间，是印加帝国的宗教中心。

1438 年印加击退了周边地区发起的进攻，这场保卫战的组织领导者是国王的小儿子；胜利之后，这位王子将自己改名为帕查库提（Pachacuti），这个词在盖丘亚语中意为地球的撼动者或世界的改变者。帕查库提与他的父兄们断绝了关系，踏上了印加的帝国之路。他的继任者是他最喜爱的儿子，托帕·印加。经过他们父子两代人 40 年的经营，帝国有了极大的发展，统治范围从北向南横跨 2500 英里（约 4000 千米），从西向东纵深几百英里，从沿海地区一直延伸到丛林地带。（图 9.2）

一个帝国一定拥有某种运输货物的体系。印加人建造的公路网堪称世界一流，是公共工程中的集大成者。公路由山区出产的石材铺设，绵延 1.5 万多英里（约 2.5 万千米）。在公路上行进的有帝国的使者和军队，还有运输货物的美洲驼商队。

国家并不收取贡物，它的岁入主要依靠臣民提供的劳役取得。这些服劳役的民众耕种政府的田地，照料政府的牲畜，为政府织布、修路、盖桥和建城。印加没有私有土地；每一个氏族公社（aylla）拥有一片土地，该公社的成员共同耕种公社土地，但同时每个公社每年需要向国家供给一定

加勒比海

奥里诺科河

大西洋

基多

通贝斯

内格罗河

亚马逊河

卡哈马卡

马德拉河

安第斯山脉

利马 库斯科

的的喀喀湖

太平洋

安第斯山脉

····· 印加的公路网

▨ 1532年的印加帝国

图 9.2 1532 年的印加帝国

数量的劳动力。国家政府掌握着大量的财富，并会像人们期望的那样，慷慨地为它的工人们提供食物、饮品（玉米酒）和音乐，同时向官员、军队和新纳入帝国统治的人民发放布匹等礼物。社会存在严重的阶级意识，虽然那里并没有货币和私有制。

印加农民种植了多种粮食作物，包括棉花、马铃薯和昆诺阿苋等。他们改进了从中美洲引进的原始玉米，并用其酿酒。印加人食用的肉类来自驯化的美洲驼和羊驼，还有野生的骆马。他们种植古柯，但是只有统治阶级才被允许吸食古柯叶来获取少量可卡因。

印加的纺织技术十分精良。由于衣物在印加人心目中占有非常重要的地位，它会被当作祭品烧掉。每个州和省份的人们都佩戴当地的徽章和符号，这样一来大家就能够识别出他的身份。从束腰外衣上能够看出地位的差别；而头饰则表明不同的种族和阶级。婚礼和葬礼要用特殊的布匹；外交和行政礼仪的档次也取决于所选用的织物。纺织一件披风要花费500多个小时的苦工；政府供养着一批特殊的未婚妇女（印加语中称她们是"mamakuna"），她们全部的工作时间都用来纺线和织布，为国家和政府供应布匹。她们使用的纤维主要来自于美洲驼、羊驼、骆马的毛和自然棉，这些自然棉共有五种颜色，从白色到深咖啡色不等。她们也使用其他一些特定植物的纤维来增加布匹的韧性和强度，并用一些羽毛、金饰和其他金属来装扮她们的布匹。

印加的法律限定只有国王和贵族才能拥有奢侈品和贵重金属，而矿产和金属制造业都掌握在国王和贵族手中。锡和青铜最为常见。由于大多数的金银物品都被西班牙侵略者夺走并熔炼掉，我们无法得知金银在印加文化中的地位和作用。

在几大农业文明中，只有印加文明是没有文字的。印加使用另外的方式来记录和传递信息。最为世人所知的是结绳（quipu）。除此以外，还有漆棍、版画和绣在布上的图案。

结绳的传统可以追溯到印加建国前1000年左右的时间。因为西班牙人破坏了他们找到的所有结绳，所以目前只有400个结绳存世。一个结绳中有一条主要的粗绳，这条粗绳一般是棉质的，但也有的是羊毛制的；一系列打了结的带子绑在这条粗绳上。不同的绳结代表不同的数字，印加人实行的是十进制计数体系。这些绳结也被染成上百种颜色。

目前还未能完全解释结绳的完整意义。每一个结绳都伴有一段口头的描述；印加帝国中有专业的结绳记录保管员，他们的工作就是记住每一个结绳对应的口述内容。这些结绳被用来记录统计报告中的数据、畜群的数目、纳税义务和仓库的货物数量。人们通常认为，结绳在记录家谱和记忆诗歌时也发挥了一定的作用。一般的民众用结绳来记录公社的牲畜数量，这种做法延续至今。

　　印加人相信万物有灵；他们认为住所和自然物都拥有灵魂，因而是神圣的。印加社会没有高级祭司，没有太多大型奢华的宗教场所。印加人供奉的神很多，其中三位神缠绕在一起，最受人们崇信：它们是造物神、太阳神和电神。官方宗教以太阳神为主。太阳神的最高祭司常常是统治者的一个近亲。月亮（Mama-Ouilla，意为月亮妈妈）被认为是太阳神的妻子，金子是太阳的汗滴，而银子是月亮的眼泪。

　　在一些特别庄重而盛大的场合，比如新君即位、皇帝驾崩、地震发生、瘟疫流行和日月食出现等，印加实行部分的人祭。有些时候将战俘充当牺牲，但是更多的时候则是选取容貌姣好的十岁男女孩童来作祭祀品。每一个城镇需要向库斯科城派送一到两对孩童。祭祀典礼在中央广场举行，这些孩子在祭祀过程中被勒死或割喉。目前尚不了解这样做的理论依据，但是编年史家认为，这么做的目的是为了将人类最美好的部分送去陪伴神明和故去的君王。

　　很显然，印加人相信死后灵魂不灭，他们居住在土地上，需要喝一种由玉米和别的谷物发酵酿制的酒（Chichi）。在一位统治者逝世后，印加人在助手的帮助下，将他的尸体制成干尸；他们会一直保存他的干尸，就像他的灵魂会一直存在一样。皇室的干尸存放在皇家特定的屋子里；他们吃饭、喝水、排便，并进行互相间的拜访，参加特定人员出席的会议。干尸的制作办法是将内部脏器（主要的肌肉和大脑的一部分）去除，并在挖空的地方填充灰和煤，使尸体尽快干透；同时，将关节缚住，用芦杆将脊柱立直，在身体里填满羽毛、草、壳和土。

　　印加马丘比丘（Machu Picchu，意为老山，古山）遗址是世界一大考古奇迹。西班牙征服者并没有发现这一遗址。它位于秘鲁乌鲁班巴河下游，在库斯科城的西北方向 45 英里（75 千米）处。1911 年海勒姆·宾厄姆（Hiram Bingham）在当地农民的引导下来到这里；随后，1912 年这一遗址的发掘吸引了全世界的目光。在耶鲁大学和"国家地理协会"（National Geographic Society）的资助下，宾厄姆负责在马丘比丘的考古工作，并分别于 1913 年和 1930 年发表了关于这一遗址的著述。马丘比丘坐落在丛林中高耸的悬崖上，那里有复杂精细的梯田，而且在一个中央广场周围分布着典雅的建筑。这些建筑由大量的天然石构建。马丘比丘不像是一个宗教祭祀活动地点，它应该是印加帝国开国皇帝帕查库提的皇家度假胜地。由帕查库提开创的帝国在大洋彼岸的人们到来之前，只存在了不到一百年的时光。

美洲的其他地区

当农业文明开始在墨西哥和安第斯山区发展起来时，南北美洲其他地区的人们仍然过着半定居的生活，他们或狩猎种田，或逐水草而居、渔猎采集。很多地区的环境仅限于发展精耕细作的集约农业，这些地区的人们靠有限的农业加上打猎为生，因此这些地区的人口数量总保持相对固定。

中等规模的宗教城市仅存在于一些地区，需要特别提到的是北美肥沃的河滩洼地。这些城市最早出现在如今的路易斯安娜地区，时间约为公元前1000年。之后，从公元前500年开始，沿着密苏里河岸形成了一条城市带。生活在俄亥俄河流域的人们创造了灿烂的文明，称为"霍普韦尔文化"（以该文明第一件人工制品的发掘地命名）。这里的人们种植种子作物，还建造了大型的土木工程。他们的城镇等级森严，往往由一个首领统治，人口最多时可达数千人。他们种植用来酿酒的玉米，通过河流网与其他地区进行贸易交换，以取得他们需要的商品，例如当今的怀俄明州所在地出产的黑曜岩、苏必利尔湖的铜、北卡罗莱纳的云母和落基山的灰熊牙等。因为遭受到来自北方的配有弓箭的侵入者的攻击，大约在公元400到500年间，霍普韦尔遗址被废弃；这些侵入者很有可能是和因纽特人一起在三四个世纪前来到北美大陆的。

密西西比文化继承了霍普韦尔文化，它的持续时间是从公元700到1500年。密西西比河沿岸的人们种植玉米和从中美洲引进的南瓜。他们建造了一座名为卡何其亚的城市，城中建有高级的住宅和寺庙。这座城位于现在的伊利诺斯州的东圣路易斯附近，俄亥俄河与密西西比河在这里交汇。

现在这里是北美最大的筑堤所在地，该筑堤大约有 100 英尺（约合 30.48
米——译者注）高。卡何其亚的人口在 1200 年达到顶峰，约有 3 万人；然
而，50 年后这座城市遭到废弃，原因至今不明。考古人员在这一地区发现
了一处头领墓地，从中找到了 50 多具年轻女子和侍从的尸体。

　　大约在公元前 300 年，一批移民来到了如今美国西南边的沙漠地带。
他们原先生活的地方位于沙漠的南边，他们的迁移为这一地区带来了农业
灌溉技术；这有利于人口的增加，定居的乡村生活出现了。生活在索尔特
河和希拉河流域的霍霍坎人深受墨西哥人的影响，包括他们的球场亦是如
此。从这再往北就是"四角地区"，即亚利桑那、新墨西哥、科罗拉多和
犹他四州邻接的地方。阿纳桑奇人从 450 年开始在大村落里生活，他们种
植玉米、豆子和南瓜；在公元 900 年之后，他们建造了大型的住宅和宗教
中心。在 12 世纪，也许是由于长期干旱，稍大的一些城镇被废弃，人们重
新返回位于河谷之上、难以到达的洞穴中。这表明，人口压力导致了越来
越多的战争，而战争掠夺的对象则是有限的可耕地。

　　在美洲各处散居着无数小规模的人群。生活在这些群体中的人们从事
打猎、耕种或采集等生产活动，他们创造出属于自己的炫目文化和艺术，
并通过水上交通和人力运输等途径与别处进行贸易。平原的猎牛者、阿拉
斯加的因纽特人、加勒比海地区的泰诺人和亚马逊河流域的人们都过着上
述的小群体生活。他们都将自身与所在的地域和环境融为一体，创造出人
类社会神奇的多样性和美丽。这些处在半定居状态的社会显然不具备形成
帝国的条件：食物产量不足以积累大量的剩余；尽管公社是由一个领袖领
导的，但是实行的是共识政治；头领并不能向他的人民索要贡物或劳役。
虽然形成了一些氏族间联盟，例如易洛魁五部落联盟；但是，这些部落联
盟更像是互不侵犯协定，并不提供政策或军事行动等形式的联合。

　　然而，在很多地方，当地的主食已经能够使人们过上健康、有营养的
生活。在北美，人们制造出一种"速食食品"——干肉饼，这种食物提供
了完整的营养。人们将干熏肉（牛肉或野牛肉）捣碎，加上动物油脂和浆果，
最后将它们压成条状。当清教徒来到美洲后，发现自己的身高比招待他们

的当地人低很多。

欧亚非背景下的美洲

在与欧亚非完全隔绝的状态下，美洲提供了人类社会独立发展的场所。在对比新旧大陆社会发展状况的过程中，我们发现了两地一些十分明显的相似点。我们尝试着得出这样的结论，即人类历史在相互隔绝的两个半球沿着相似的道路向前发展，尽管两边的人们鲜有联系。

无论是生活在世界的哪个半球，人们都选择了农业作为新的生活方式；不同的是，他们进入农业社会的时间先后有别。进入农业社会后，人们首先需要的是神职人员，也就是祭司；然后是武士，他们的存在是为了社会的兴旺与繁荣。神职人员帮助人们获知耕种的时间，并告知他们为来年的耕作预留足够的种子。神职人员通过观察天象来确定耕种的时间，通过宗教节日、斋戒和祭祀活动来分配全年的粮食消费。祭司集团掌握着人们作为礼物敬献给神明的那部分食物，他们能够用这些粮食来举办更多的宗教仪式，也可以在饥荒之年用它们来赈济灾民。由神职人员担任领袖的农业社会常常能够更好地应对灾害；因此，神职人员赢得了权力。

然而，粮食剩余很快导致抢劫、盗窃等社会治安案件的发生，因此需要出现职业武士。权力逐渐转移到那些能够组织武装力量和支付保护费用的领导人手中。随着剩余粮食的增加，贵族阶层产生了。军事贵族与祭司集团走向联合，而祭司集团与普罗大众联系更为紧密。这几乎是所有人类社会共同的发展模式。

通过了解 15 世纪美洲中央集权帝国的诞生，我们能够看到这种模式在美洲文明中的演变和发展。与欧亚非相比，美洲的农业文明起步较晚，这主要是因为美洲没有能够提供剩余粮食的动植物品种，即没有山羊、绵羊、牛、马、小麦、大麦、燕麦和橄榄等物种。在农业文明的发展进程中，新旧大陆都曾经历过城镇向帝国的转变；不同的是，美洲的农业文明距今仅有五六百年的历史，而欧亚非发生这一转变的时间要比美洲早三四千年，相关证据更为匮乏。因此，对美洲农业文明进行研究，能够使我们更加了解在相应的发展阶段，欧亚非的社会历史状况。

欧亚非三大洲之间早已建立起一个相互联系和知识共享的网络，它的历史可以追溯到几千年前，那时人类已经驯养了大型驮畜，还将马驯化成快捷的交通工具。这些联系交织成一张联络网。人员、商品、思想、最佳的实践方法和疾病等都在这张网中流动、传播，非常便捷。这种交流不仅增加了财富，缩减了文化差异，还促成了更为强大的等级社会的形成。美洲也出现了类似的交流网，但是这个网络中的交流不像欧亚非之间的联系那样密集和精细。正如关注"联系网"的世界历史学家 J.R. 麦克尼尔和威廉·H. 麦克尼尔所写的那样：

> 然而，世界各地形成的联系网并不是一样的。旧世界（欧亚非）的联系网最大、最密集。它连接了地球上最令人叹服的几个社会，这些社会在军事和运输技术的发展、中央集权式政治管理体制的构建和对抗疾病的侵袭等方面取得了突出成就。也许，这些地区并不是世上最适宜人类生活的地方（如果以儿童死亡率和社会平等程度作为标准的话，这些地方绝不是），但是它们的成就最令人惊叹。

在 15 世纪晚期，大约有 4000 万—6500 万的人口（对这一时期美洲人口总量的估算数字从 500 万到 1 亿不等，但是大家似乎趋于选择中间数据）居住在美洲大陆。由于玉米的种植，加上豆类和南瓜等作物，人口才能达到这样的密度。除此之外，与欧亚非的动物和人群缺乏近距离接触则避免了疾病的大范围爆发和传播。

当时大部分的美洲人（约有 2500 万）生活在中美洲。15 世纪末，那里处于阿兹特克人的统治之下，阿兹特克人来自特诺奇蒂特兰。这个帝国始建于 1428 年，它的统治只维持了三代人左右的时间。还有 1200 万—1500 万的人生活在安第斯山地区，这儿是印加帝国的统治区，而这个帝国的存在时间不超过一百年。当欧洲人到达美洲时，这两种文明还处在幼年时期，内部并不稳定。这两种美洲文明都建立在城市生活早期传统的基础上；每当面临剩余粮食减少的局面时，它们的范围就会收缩。其余的美洲人（指的是那些居住在北美洲、除安第斯山外的南美洲、加勒比海地区和除阿兹特克以外的中美洲等地的人们）仍然生活在国家的管辖范围之外，而国家具有官僚政治体制和法律制度。各地的人类都创造出新的思想、艺术、故事、哲学、宗教和统治方式等，而这些都是人类宝贵的精神财富。

美洲的故事就先讲到 15 世纪末吧。在下一章中，我们将重新回到欧亚非，讲述它们在公元 1000 年到 1490 年间发生的故事。在接下来的章节中，我们将述说美洲人与葡西两国航海家的"致命邂逅"。这些航海家遨游在时间的海洋中，通过环球航行将地球连为一体。

未能解答的问题

1. 人们第一次到达美洲是什么时候？

这个问题最让美国考古学家费心，他们一直致力于搞清楚人类最早到达美洲的时间范围。自从浅海海底在 7.5 万—1.2 万年前暴露出来以后，西伯利亚的猎人们就有可能在这一时期的任何一个时间点穿过海岸，到达美洲。然而，考古学家认为西伯利亚的东北部在三四万年前还没有人迹；更早的时候，冻原地带的生存条件过于艰苦，人类无法适应那里的挑战并生存下来。如此一来，考古学家就将人类从西伯利亚来到美洲的时间推算为 3 万—1.2 万年前。

1950 年，利用放射性碳的衰变来测定考古发掘物的年代已经成为可能，这为解答美洲定居问题带来了福音。然而，在 1950 年之后的很多年间，这一问题的答案仍不甚明了。几乎没有哪个考古遗址的历史超过一万年，而且很难建立可信的数据。在阿根廷、智利、委内瑞拉和麦道克夫特，考古人员发现了一些历史超过 1.15 万年的遗址，在这些遗址中发掘的证据最具说服力。麦道克夫特是十字小溪（Cross Creek）附近的一处石室，位于宾夕法尼亚州西北部的俄亥俄河流域。经测定，麦道克夫特最为古老的底层具有1.96万年的历史，尽管有些人认为这一数据并不可信。随着新证据不断出现，这样的争论将持续不休。假如人类未能在公元前9500年之前到达美洲，很显然到那时为止美洲的环境还不适于人类的繁衍。

2. 在阿兹特克人中存在多少食人现象？

很多考古学家认为，食人是阿兹特克人的一种宗教仪式。然而，在一个问题上他们未能达成共识，即对阿兹特克人来说，吃人肉仅仅是一种象征性的举动，还是日常饮食的一部分呢？迈克尔·哈纳（Michael Harner）是一位来自纽约新学院大学社会研究所的学者。他提出，在没有充足肉类供给的情况下，吃人肉能够为人们提供蛋白质。考古学家威廉·阿伦斯（William Ahrens）认为，阿兹特克人根本不吃人肉，食人一说纯粹是欧洲侵略者和传教士对阿兹特克的污蔑之词，他们这样记载的部分原因是为他们的杀戮行为正名。一名早期传教士狄亚哥·迪杜兰（Diego Duran）曾说过，他看到有人将一只被砍下的大腿带走，而且这条腿很有可能会被那些俘获敌人的阿兹特克人吃掉。只有考古发现被啃食的骨头才能为食人之说提供证据。目前为止，还未发掘到任何一处阿兹特克人的住所，而这是食人事件最可能发生的地方。随着人口的增长，战争和人祭活动也逐渐增多。以上做法基于这样一种理论：如此能够延长这个世界的存在时间，尽管它注定为神明所摧毁，注定走向毁灭。或许，首领们将人祭当作一种政治策略，一种控制人口增长的手段，或者抑制反叛活动的方法。很明显，这是全体民众为拖延"第五个太阳"到来所做出的努力。这些都是说得通的解释。

3. 什么是"纳斯卡绘画"？

秘鲁的纳斯卡绘画是南美洲最具神秘色彩的事物之一。沙漠表面的这些印记呈现的是以直线和几何图形绘制的巨型动物画卷。其中一些具有2000多年的历史，而它们能够保存下来主要得益于降雨稀少，气候干燥。人们通过去除覆盖土壤表面的浅层，即沙漠岩漆来绘制这些图案。这层深色的表土包含了锰和铁的氧化物，有氧微生物经过上千年的沉淀形成了这些金属元素；人们之所以将它们清除，是为了露出浅色的土壤里层。最大的那些图案长达数千千米；一只猴子宽约328英尺（100米），而一只鸟的长度则超过了984英尺（300米）。

没人知晓这些图案对于他们的绘制者具有怎样的意义。几何图案可能表明水流，或与祈雨的宗教仪式有关。蜘蛛、鸟和草木也许是生育的象征。别的解释还包括了灌溉系统、大型天文历法和宇宙飞船的降落带等。

第 10 章　欧亚非的一体化

（公元 1000—1500 年）

纵观公元 1000 年时的整个世界，在现代民族国家统治的区域内，只有不到 15% 的地区进入了农耕文明。尽管大多数历史著作都将关注的焦点放在了农耕文明上，但此时野蛮人（城市精英们这样称呼）却占据着世界上的绝大多数领土。野蛮人包括觅食者、牧民、园艺工作者和小规模经营的农户，他们居住在亚马逊流域、北美洲、西非、中非、欧亚大陆中部草原、东南亚以及美拉尼西亚，构建了一个经济文化多元发展的世界。

本章将首先介绍蒙古人，一个生活在亚州中部高原或草原部分地区的游牧民族；他们活动区域的地理位置相当于现在的蒙古国。从公元 1210 到 1350 年，这个来自城市帝国边缘的民族成功地建立了自己的帝国，统治着除印度之外，从朝鲜到匈牙利的整个亚洲。蒙古人没有进入农业文明或城市文明，却建立了人类历史上最大的国土相连的帝国，并且延续了约 200 年之久。（图 10.1）

为更好地理解蒙古帝国的疆域，我们可用 100 万平方千米这一计量单位为标准来比较不同国家和帝国的领土大小。中国汉王朝的领土面积约为 600 万平方千米，而罗马帝国为 400 多万平方千米。7 到 8 世纪的早期伊斯兰帝国的领土为 1000 万平方千米，印加帝国约为 200 万平方千米。而蒙古的可汗们却统治着 2500 多万平方千米的领土。

图 10.1　1260 年的蒙古帝国

蒙古的兴起和扩张

在欧洲人眼中，蒙古人的形象通常如此：一大群骑马的野蛮人，迅速侵入定居的城市文明地区，对当地居民进行残酷的屠杀和掠夺。欧洲人以多种名字称呼他们，像是鞑靼人（Tartar）、蒙兀儿人（Mughal）、莫卧尔人（Moghul）、莫阿儿人（Moal）和蒙古人（Mongol）等。他们的不雅名声延续了几个世纪之久。到 19 世纪，欧洲医生在解释为何优越的白种人母亲会生出弱智儿童时，还称这些病人的面部特征表明他们一些人的祖先肯定被蒙古武士强奸过（由此出现了"蒙古症"这一术语）。

然而，欧洲历史学家的观点很快就发生了变化，因为新的证据显示，蒙古人尤其是他们的首领成吉思汗是极富有远见的。蒙古人所建立的庞大帝国包含许多极具现代意义的思想和观念，如宗教宽容、外交豁免权、自由贸易和国际通行的纸币等。

记载蒙古人生活和历史的一手史料很少。游牧民通常也不会将大量东西深埋地下供后人挖掘出土，因此关于蒙古历史也没有考古证据的支持。

甚至到现在尚未发现成吉思汗的陵墓。成吉思汗出生于现在蒙古国和西伯利亚的边界附近，他的臣民们费尽心思以确保成吉思汗死后长眠于他出生时的那片原始荒野，不受任何侵扰。

现存的一手史料仅有一部，即《蒙古秘史》。此书的作者不详，大概写于 1228 年成吉思汗刚刚去世时，或 1240 年他去世 12 年之后。作者使用的文字是突厥文字中的畏兀儿文，这种文字被成吉思汗选定为蒙古帝国的通用文字，因为蒙古人之前是一个没有文字只靠口语交流的民族。14 世纪时，这部秘史被翻译成了汉文，使用汉语字母的音值来代表蒙古人的发音，而且只有这个版本得以传世。20 世纪 80 年代，它的英文版本开始出现。但直到 20 世纪 90 年代早期，蒙古学者才对这部著作进行了翻译和注释，通过将其同描述的地点进行核对匹配，使其更加易于理解。

人们围绕着放牧各种牲畜来组织和安排亚洲草原上的生活，这里的牲畜主要有供人食用的绵羊和山羊，以及用作运输工具的马、牛和骆驼。（至少在公元 3 世纪，甚至可能早在公元前 5 世纪，马就已在黑海草原地区被驯养。）人们已经掌握了杂交动物的正确方法，当这些动物失去了繁殖后代的重要意义时，人们就会食用它们。草原上的人口数量完全取决于放牧牲畜的数量。供养一个家庭至少需要 50—60 头牲畜，每人 15—20 头。因此，一个残酷的事实是，牲畜的损失就意味着人口的减少。

蒙古人的生活依赖于五种牲畜，分别是奶牛／牦牛、马、山羊、绵羊和骆驼。通过这些牲畜，蒙古人可以得到食物（肉和奶），衣服（毛、皮、革），以及住所（在圆形支架上挂上毛毡，俄国人和英国人称之为蒙古包，蒙古人称之为圆顶帐篷）。然而，蒙古人需要以铁为原料制造缰绳、马镫、马车和武器，他们还渴望通过贸易获得木材、棉花、丝绸、蔬菜和谷物等。

在一千多年的时间里，草原游牧民族同定居民族多有联系。如果无法从定居的农业民族中得到少量必需品，比如用来制造马镫和缰绳的铁器，游牧民族的生活就无法维持下去。游牧民族由此面临两种选择——贸易或掠夺，抑或根据形势兼用这两种手段。蒙古帝国的崛起将这种对抗了上千年的局面推向了顶峰。

成吉思汗的个人经历不愧是人类历史上的一段传奇。他小时候受尽折磨，童年生活非常悲惨，然而就是这样一个目不识丁的人，长大后统一了蒙古各部，他征服的领土超过了历史上其他任何人的两倍多（不管从面积、国家还是人口数量来衡量），在这些地区强制推行和平，并且推行文字，实施宗教自由政策。成吉思汗活了将近七十年，他去世时皇室和睦，军队忠诚。

成吉思汗小时候被称为铁木真（Temüjin），是一个较小部落首领的儿子。他的父亲在铁木真大约九岁时被杀害，留下了两个妻子（铁木真的母亲诃额仑是他父亲的第二个妻子）和七个孩子。铁木真所在的部落以没有男人能打猎供养他们为由将其驱逐。后来，孤儿寡母在森林的边缘过起了近乎野人的生活，他们捕捉小动物和鱼，同时采集浆果，勉强维持生计，最终凭借自己的力量存活了下来。

铁木真和他的兄弟们成长的环境非常残酷，充斥着绑架、谋杀和部落冲突，而且没有接受过任何正规的学校教育。

有人从铁木真手中将其新娘蒲尔帖（Bortei）劫持后，铁木真奋起反抗将妻子救回，并带她离开森林进入了高地平原。铁木真在那里开始组建自己的军队，以此征服了其他蒙古部落，结束了相互间无休止的仇杀争斗。他将年轻的武士吸引到自己的麾下，并进行部落结盟，通过二十多年的努力，逐渐打败了所有对手。为了将蒙古人联合起来，铁木真压制自己亲族的势力，处决了世袭的贵族和所有敌对部落的首领，废除了旧的部落，同时对每个成员的归属作出新的安排，并下令将国内法力最强的萨满巫师处死。

1206 年，铁木真约四十四岁时，被尊称为所有突厥－蒙古部落的最高可汗，得尊号成吉思汗。他没有使用任何部落的名称命名他的臣民，而将他们称之为"毡帐百姓"。作为蒙古人的最高可汗，成吉思汗统治的领土相当于现代西欧面积的两倍，拥有 100 万人口和 1500 万—2000 万头牲畜。

蒙古人崇信地球的古老神灵，最主要的是长生天或蓝天（腾格里，Tengri）。据说就是腾格里的长生天赋予了成吉思汗征服世界的思想。位列长生天之下的是一系列的神灵，这些神灵通过萨满巫师同蒙古人建立联系。随着蒙古帝国的不断扩张，帝国首领们对其他宗教予以尊重，乐于比较他们遇到的各种宗教，在他们的家族中实行宗教宽容政策。

成吉思汗在组建军队时，按照蒙古人的文化传统采用了十进制的编队方法，每营十个人，像兄弟一样住在一起。六十岁以下的男性都有服兵役的义务。一个大的战斗单元由一万人构成，而士兵个人只熟悉他所属的由一千人组成的阵营，从而消除了建立部落忠诚的任何可能。个人能力是选拔军队将领的唯一标准，并不计较他的出身和地位。每个士兵都配有很多额外的马匹，一个人多出五匹马都不是什么新鲜事。士兵们伴着水吃奶酪，或者食用在马鞍下预先备好的生肉，由于长时间的挤压，这些生肉在马鞍下变得又嫩又软；这样一来，他们可以连续骑十天马而不用生火做饭。通过这种方式，他们能够以极快的速度走完上千千米的行程。士兵的酬劳最初是以战利品来支付，后来变为俸禄或各种产品。为鼓舞士气，那些遇难士兵的家属也可分得一份战利品。到成吉思汗去世时，他已经拥有了一支12.9 万人的军队。在成吉思汗几十年的戎马生涯里，没有哪个将军背叛过他，这很可能是一个独一无二的记录！

统一蒙古诸部落后，成吉思汗将目光转向了中国北部。当时，中国北方正处于满洲部落的一支女真人的统治之下，女真人早在 100 年前就占领了中国最大的城市开封。成吉思汗随后用 15 年的时间征服了中国西部的党项人（同藏族人密切相关），战胜了中亚的维吾尔人和契丹人，控制了丝绸之路，并将花剌子模（里海和咸海南部）到巴基斯坦中部这些炎热地带的民众纳入他的统治之下。成吉思汗鼓励人们记录或口述蒙古骑兵的凶悍恐怖，以此促使其他城市屈服。与其他征服者不同，成吉思汗会将敌方贵族全部杀掉，以防将来发生反对他的战争。倘若有城市胆敢对他的征服进行抵抗，在攻取该城后他会将其彻底摧毁，不留一个活口。

1227 年，成吉思汗去世后，蒙古人举行集会，选举成吉思汗的第三个儿子窝阔台（Ogodei）为继承人。统治集团决定从三个方向发动进攻：向西进攻欧洲，向东南进军中国，向西南挺进中东以增加流向新都哈拉和林（Karakorum）的贡物商队的数量。成吉思汗的孙子拔都（Batu）带领军队进入欧洲，征服了基辅和莫斯科，并在 1241 年逼近维也纳。然而，此时传来了窝阔台去世的消息，而窝阔台在成吉思汗的四个儿子中是最后一个去世的。于是拔都折回远方的家中，协助处理成吉思汗诸孙担任接班人的相关事宜。他这一去就是十年，从而将欧洲从进一步遭受蒙古铁骑蹂躏的噩运中拯救出来。

当蒙古统治者在战场上厮杀之时，帝国通常交由他们的妻子来管理。(游牧民族的妇女经常参与战争和管理事务。) 窝阔台常常喝得酩酊大醉，此时行政权就落入了其妻脱列格那（Toregene，又译朵列格捏，谥号昭慈皇后——译者注）手中。在窝阔台去世后，脱列格那摄政长达十年之久。王位继承之争变得越来越血腥和激烈。成吉思汗的一个孙子征服了阿拔斯王朝，并杀掉了他们的精神领袖——巴格达的哈里发。1260 年，埃及苏丹率领一支奴隶军队在加利利海附近（今天的以色列）打败了蒙古人。自此蒙古帝国停下了扩张的脚步，帝国的领土达到了它的极限。

蒙古帝国在 1265 年之后开始走向分裂。成吉思汗的孙子忽必烈（Kublai）在 1265 年当选为蒙古帝国大汗，但家族中的一些成员拒绝承认。于是帝国最终分化成四个部分，每个部分各由一个蒙古首领统治，但相互之间保持联系。遥远的印度并没有被蒙古统治者征服，但最终还是在 14 世纪末开始落入了蒙古人之手。

在蒙古帝国统治时期，商业贸易和思想文化的交流异常活跃，通过被统称为丝绸之路的各条线路将中国、穆斯林世界和欧洲连接在一起。蒙古人建立了一套邮驿通信系统，每隔 25—30 英里（1 英里约合 1.6 千米——译者注）就设一个驿站，驿站中备有马匹和饲料，供获得授权的旅客使用。旅行者须持有刻着蒙古文的金银制印章作为凭证，可以将这种牌符看成是现代护照的雏形。有的城市昌盛繁荣，而有的却不堪沉重的贡赋而逐渐衰落。在欧亚非出现了一个半全球化的体系，这个独特的商贸交通网将中国、东南亚、印度次大陆、伊斯兰世界、中亚、撒哈拉以南非洲部分地区、地中海和欧洲联系在了一起。

浩浩荡荡的商队满载从各地征收的贡物，涌入蒙古帝国首都哈拉和林及其周边地区。骆驼和牛车运载了大批的丝绸，这些丝绸有多种用途，但主要用来包装其他物品，比如作为礼服、地毯、枕头和毛毯的镶边，还能做出各种色彩缤纷的织物，许多颜色在蒙古语中都找不到相应的词汇来表述。除丝绸之外，草原人民喜爱的商品还有很多，比如漆木家具、瓷碗、青铜刀具、铁壶、雕花马鞍、香料、化妆品、珠宝、酒、蜂蜜、红茶、熏香、药品和春药等。

在成吉思汗征服了中国北部的女真族后，贡赋大增。于是，他同意在靠近哈拉和林的阿夫拉加河（Avarga River）附近修建宫殿进行储藏。（蒙古人通常只使用毛毡帐篷。）1229 年，在就任蒙古大汗后，窝阔台开启宝库以示庆贺，每个人都得到了一件崭新的真丝长袍；因为数量太多，以至所有朝臣每天都能够穿着同一颜色的不同长袍。

中国西部的一个江西人王礼（1314—1389），曾对蒙古帝国内便利通畅的商贸活动进行过这样的描述：

> 至忽必烈治下，四海之内，皆为一家，文明远播，畅通无阻。追名逐利之人，南来北往，熙熙攘攘，千里之遥犹若近邻，万里行程似远足耳……四海之内皆兄弟，兄弟之情愈深沉。

然而，这种自由通畅的贸易内部却暗潮汹涌，隐藏着不为人知的因素，并最终导致这一局面的终结。问题最初于 1331 年显露出来。这一年，一种神秘疾病导致河北省 90% 的人突然丧生，该省位于中国北部，是忽必烈的建都之所。在短短的一年时间里，这种疾病严重打击了居于避暑营地的蒙古皇室，避暑营地靠近戈壁沙漠（Gobi Desert），位于现在北京市西北部。据传在 20 年间，约有 1/3 到 1/2 的中国人在这场疾病中丧生。中国的人口从 1200 年的 1.24 亿锐减到了 1400 年的 7000 万。

这一疾病以惊人的速度从中国向外扩散。沿着丝绸之路，它于 1338 年越过天山山脉，到达吉尔吉斯斯坦；1347 年它出现在黑海地区。1348 年，经由船舶它被带到了热那亚，并给埃及、欧洲和土耳其的城市带来深重的

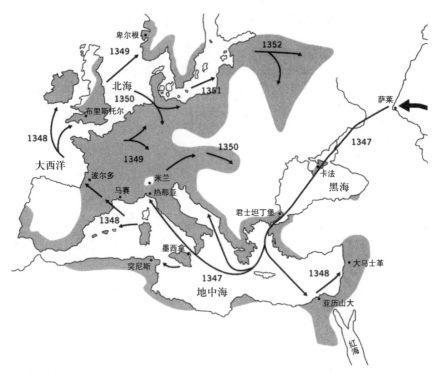

图 10.2 黑死病的扩散

（来源：Charles Officer and Jake Page,1993,*Tales of the Earth:Paroxysms Perturbations of the Blue Planet*,New York:Oxford University Press,128.）

灾难。至 1350 年，它已穿过北大西洋，来到冰岛和格陵兰岛。在 1300 年到 1400 年间，至少有 25% 的欧洲人死于这种瘟疫。（图 10.2）。

这场可怕的疾病是什么呢？它就是众所周知的黑死病（Black Death），因患者的症状为皮下出血，血凝固后变黑而得名。黑死病患者的淋巴结会出现高尔夫球般大小的肿块，然后破裂，其医学术语为淋巴腺鼠疫，源自希腊语"腹股沟淋巴结炎"（buboes）。几乎所有的患者都会经历数天极度痛苦的煎熬，然后死去。有时症状出现在肺部而非淋巴结，患者会不停地喷吐血沫，通过咳嗽和打喷嚏将病菌传染给周围的人。

没人知道是什么引发了这场灾难，但人们发觉到，它很可能是沿着贸易路线进行传播的。在欧洲，基督徒们将之归咎于犹太人，因为犹太人主要从事经商活动，并且同黑死病一样，他们最初也是来自东方。教皇克莱门特六世（Clement VI）在 1348 年颁布诏书，命令基督徒停止焚烧犹太人，当时犹太人竭力逃往波兰，他们在那里受到了欢迎。

黑死病的蔓延意味着蒙古帝国的终结。此时，商业贸易已逐渐萎缩，而它是维系帝国存在的命脉。由于人员往来、货物运输和信息流通的间断，支撑帝国的复杂体系骤然瓦解。分布各地的蒙古统治家族之间失去了联系，他们不得不孤军奋战。蒙古人在俄罗斯建立的政权为金帐汗国（Golden Horde），该名称源自蒙古语，意为"大汗的营帐"。此时，金帐汗国分裂为四个小汗国，在之后的四个世纪中权势日衰。蒙古人在波斯建立了伊尔汗国（Il-Khanate），该国亡于 1335 年。而在中国，蒙古人建立的政权被推翻，由 1368 年建立的明朝所取代。蒙古人的统治只在蒙古地区和中亚的莫卧尔帝国两地得以延续。至 14 世纪末，"跛子帖木儿"（Timur the Lame）征服了从印度到地中海的蒙古领土，他的后人建立了印度的莫卧尔王朝（Moghuls of India）。布哈拉的埃米尔阿利姆可汗（Alim Khan）是最后一个拥有统治权的成吉思汗后裔；他在 1920 年爆发的苏联革命中被废黜，此前其一直统治着乌兹别克斯坦。

一直到 1894 年，科学家们才弄清楚了黑死病爆发的真正原因以及它的传播途径。引发这场瘟疫的病菌源自戈壁沙漠，寄生在跳蚤上，而跳蚤则附着在啮齿类动物身上。这种细菌很可能是通过运送食物的货船上的老鼠扩散开的，随后它们出现在人口密集的城市和船只上，并且很容易在这些地方进行传播。而且，由于老鼠长期与人类近距离相处，没有人会怀疑它们会是疾疫的病源。直至现在，世界上还有一些啮齿类动物是携带鼠疫杆菌病毒跳蚤的宿主，只是抗生素的使用抑制了其大规模爆发的可能。

中国的元朝和明朝

正如我们所知道的那样，成吉思汗在 1206 年统一蒙古诸部落后，紧接着进行了第一轮的扩张；在这一进程中，他征服了北部中国的部分地区。

此后，他的继承者不断对中原进行蚕食。最终，在1260年成吉思汗的孙子忽必烈推翻了宋朝在南部中国的统治，成功地统一了中国。忽必烈可汗建立了元朝（Yuan），他的统治一直延续到了1294年，而元朝在中国的统治于1368年结束。

毫无疑问，许多汉族人十分痛恨蒙古人的野蛮行为。（在他们看来，蒙古人喝血、吃生肉、住帐篷，还穿兽皮。）然而，为了更有效地推行统治，忽必烈努力使自己适应汉族人的生活方式。他建立了新的都城大都(Dadu)，大都在蒙古语中被称为"甘巴力克"（Khanbalik，意为"可汗之城"），这就是后来的北京城。忽必烈的穆斯林建筑师设计了大都的宫殿，人们称这块地方为紫禁城。在城墙内，忽必烈可汗成为一个生活在微型草原上的蒙古人，他可以睡在帐篷中，还可以骑马打猎。忽必烈还创立了公立学校，承担起普及教育的义务，这比西方国家的政府要早500年。他创办了官方印刷机构，大规模地采用活字雕版印刷术。他还鼓励举办庆典类的戏剧演出，每次演出都持续数周之久。忽必烈废除了科举制度，他将商人提升到仅次于政府官员的地位，而降低了儒生的地位，这一时期儒生在社会上仅高于乞丐，尚不及妓女。在忽必烈的授意下，西藏喇嘛八思巴（Phagspa）创制了一套字母表；它所包含的41个字母能够拼写出世界上的所有语言。在忽必烈的统治下，13、14世纪的中国创造发明了许多远胜于其他地区的技术和工艺，这些先进的技术通过商旅贸易传到了国外，比如绘画、印刷术、罗盘导航仪、火药武器、高温熔炉，或许还有造船技术等。

然而，元朝的农民却承受着难以负担的沉重赋役。到14世纪60年代，在地方性农民起义和蒙古统治集团内部纷争的双重作用下，汉族人重新控制了他们的国家并建立了明朝。同时，他们也保留了蒙古人统治的主要遗产，即统一的中国，此时中国境内只有五分之一的地区是讲汉语的。

明朝的开国皇帝朱元璋将都城迁到远离蒙古领土的南京，并表现出了对蒙古以及一切外来事物的厌恶。穆斯林、基督徒和犹太商人被驱逐出境，同时严禁使用蒙古名字，禁止穿着蒙古服饰；此外，佛教信仰也遭到抵制，纸币亦被废除。明朝政府恢复了科举考试制度，选用受过教育的人员担任官职，剥夺了一些商人的权利。只有蒙古语作为外交语言被保留了下来。

朱元璋的继任者朱棣（1402—1424 年在位）将都城迁回了北京，并按照中国的建筑风格对紫禁城进行了重建。15 世纪中期，中国的农业生产量达到顶峰，人口也开始增加。明朝对大运河进行了深挖，以便向北京运送大米。大批军队驻扎在中国北部边疆，以抵抗蒙古骑兵的入侵。

1405—1433 年间，在中央政府的财政支持下，明朝船队七下印度洋，开始了大规模的航海活动，其中六次远征的指挥官是太监郑和。远征舰队造访海外华商，宣扬明皇威名，但消耗的费用颇高。在规模最庞大的那次远航中，郑和率领了 60 艘船只，共计 2.5 万—4 万人，而哥伦布最多一次也就带领 17 艘船，1500 人而已。船队中最大的船有 9 个桅杆，载有 500 人，它的长度至少是后来哥伦布指挥的最大船只的 5 倍。平均算来，这一时期中国的远航活动是每两年一次，造访的国家至少有 30 个，这些都成为中国人高超航海技术的生动写照。

然而，中国人并没有利用其航海优势在非洲好望角继续进行探索，或者穿越太平洋到达未知的大陆。明朝政府决定将资源主要用于国内发展，以及保卫它的草原边疆。明朝停止了在南部的扩张，从安南（Annam，现在的越南）撤出，任由船舰因闲置而变得腐朽，此外还实行海禁，严禁私人参与海外贸易。蒙古的统治曾经给中国带来严重的社会倒退和损害，明朝社会中的统治精英们成功地使中国从这种困难局面中恢复过来；相比采取攻势而言，他们更愿意维持一种稳定的局面。一些学者认为，蒙古人保护下的贸易系统的崩溃造成了中国在经济上的困难；因此，中国只好收缩它的海洋力量，重新夯实其农耕基础，发展国内生产。从 1400 年到 1700 年，同当时的印度一样，中国的人口增加了两倍多。

伊斯兰世界中的蒙古人及其后继者

一些历史学家认为，从公元 1000 年到 1500 年，世界上最富创造性和活力的文明不是中国，而是伊斯兰。伊斯兰国家将发明创造从一个地方传播到了另一个地方。一位公正的观察家曾经在1500年预言，伊斯兰教将很快成为在世界上占据统治地位的宗教信仰。

以上的判断基于三个基本事实。首先，从公元1000年到1500年，伊斯兰世界的领土扩展了近一倍，主要是在印度（帖木儿和其他蒙古人后代皈依了伊斯兰教）、东欧、非洲和东南亚等地。其次，穆斯林中心地带（伊拉克、伊朗和阿塞拜疆）的城市精英文化极盛一时，这种文化以波斯化的突厥和蒙古宫廷文化为基础。最后，伊斯兰世界处于亚欧大陆商贸网络的中心位置，将中国和印度，与非洲、地中海和欧洲联系在了一起。（图10.3）

熠熠生辉的伊斯兰文明产生出壮美的公共建筑泰姬陵（Taj Mahal），精美的插图抄本，以及诸如奥玛·海亚姆（Omar Khayyam，卒于1131年）、鲁米（Rumi，卒于1273年）和哈菲兹（Hafez，卒于1389年）这样非凡的诗人。伊斯兰人在首都大不里士（Tabriz，位于现在伊朗的西北部）附近的马拉盖（Maragha）建造了天文台。通过天文台进行观测，数学家纳

图10.3 伊斯兰中心地带，公元1000年左右

西尔·艾德丁·图西（Nasir al-Din Tusi）提出了地球在公转的同时进行自转的观点，这启发了哥白尼有关地球围绕太阳运转的思想。图西还奠定了研究复杂代数和三角函数的基础。（至公元 7 世纪时，穆斯林已经学会了印度的计数体系，包括对零的使用。他们在自己的领土上广泛使用这套体系，当时西班牙也处在穆斯林的统治之下。一个法国僧侣，即后来的教皇西尔维斯特二世在 967 到 970 年间从西班牙学会了这套计数体系，而他的教皇身份也有利于这套体系在欧洲的推广。）

地理大发现之前最引人注目的农业交流可能就发生在穆斯林世界。阿拉伯人从印度带回了硬粒小麦、水稻、甘蔗、香蕉、酸橙、柠檬、青柠檬、芒果、西瓜、椰子、菠菜、洋蓟、茄子和棉花。除芒果和椰子外，其他作物都传播到了西班牙。

最后，伊斯兰世界出现了农耕区萎缩的情况。1037 年之后，一支来自大草原的突厥游牧民族塞尔柱人（Seljuks）煊赫一时，他们占领了伊朗和东土耳其的穆斯林之地。在 35 年的时间里，塞尔柱人攻破了拜占庭的边境，占领了安纳托利亚（现在的土耳其）的大部分地区。农耕区的这次收缩很可能是气候变化引起的，这时的夏季变得更加炎热干燥，欧洲在 950 年到 1250 年间的气候正是如此。这种气候变化提高了欧洲的粮食产量。然而对于伊斯兰世界来说，它可能太过干热了。

蒙古人在 1258 年洗劫了伊斯兰首都巴格达，这似乎威胁到了伊斯兰文明。然而，由于蒙古人并未带来先进的文明，因此蒙古的可汗们逐渐被波斯宫廷文化所同化，并于 1295 年皈依了伊斯兰教。到 1353 年时，他们的政权在事实上促进了伊斯兰教的推广和扩张。

拉希德丁（Rashid al-Din）是一个皈依了伊斯兰什叶派的波斯犹太人，也是首位世界史学家。在他的劝导下，合赞汗（Ghazan，1271—1304 年在位）皈依了伊斯兰教。作为合赞汗的宰相，拉希德丁游历过许多地方，并同中亚和中国的蒙古官员保持着联系。他还提倡币制改革，这一改革在伊朗、俄罗斯和中国同时实施。此外，正如上文中提到的那样，拉希德丁撰写了第一部世界史著作，其中有关早期欧洲通史的内容是以欧洲僧侣提供的信息为基础创作的。他的著作还选用了一些改编自欧洲和中国的绘画插图，从而将中国水彩画的构图原则和肖像画介绍到了穆斯林世界。

蒙古人的统治在 1353 年终结后，卓越的军事首领帖木儿在波斯建立了不稳定的伊斯兰政权，他的统治从 1369 年延续到 1405 年。同时，与基督教毗邻的游牧民族建立了奥斯曼帝国，该帝国征服了安纳托利亚西北部和巴尔干半岛的大部分地区。当陆路变得不太安全时，伊斯兰商人转而在印度洋上拓展海路航线，并向东南亚马来半岛渗透。

摩洛哥律师穆罕默德·伊本·阿卜杜拉·伊本·白图泰（Muhammad ibn Abdullah Ibn Battuta, 1304—1368）的旅行日志为我们复原了伊斯兰世界的疆域范围。伊本·白图泰出生于摩洛哥丹吉尔（Tangier）的一个法学家庭。在学习了一段时间的法律后，二十一岁的他于 1325 年开始到海外当律师，并游历了麦加以及其他许多重要的城市，他最远到达过中国的南方。24 年后，他返回家乡。之后，他去了马里（Mali），在那里进行了两年的短期旅行。然后，伊本·白图泰回到摩洛哥，仅凭记忆撰写了回忆录——《伊本·白图泰游记》（Rihla）。白图泰的全部行程约为 7.3 万英里（12 万千米），途径现在的 44 个国家。因为所有的伊斯兰教国家都使用一部教法，即"沙里亚法"（the Shar'ia），所以他能够在多个不同的地方担任法官。每到一地，白图泰都能够用阿拉伯语同伊斯兰之家（Dar Islam）的商人、君王和学者进行交谈，他们谈论的主要话题有法学、神学和时事，他的经历证实了乌玛或信仰团体的存在。

从 1250 年开始，非洲东海岸地区居民不断扩展同伊斯兰世界的贸易。在这个过程中，诞生了三十至四十个类似摩加迪休（Mogadishu）和基尔瓦（Kilwa）的城邦国家，这些国家的通用语言为斯瓦希里语（Swahili）。东非的黄金出口贸易在 14、15 世纪大为兴盛，至 15 世纪末，基卢瓦黄金的年出口额达到一吨。大部分的黄金产自大津巴布韦城（Great Zimbabwe），或经由它运输；到 1400 年左右，这项贸易达到鼎盛。

伊斯兰在尼日尔河到非洲西海岸也开展了日益兴盛的贸易活动。正是在这种发展态势下，当地统治者纷纷皈依了伊斯兰教，以此作为与更广阔世界相连接的文化桥梁。通过出口奴隶、黄金和食盐，非洲统治者赚得盆满钵满。马里王国沿着尼日尔河逐渐发展起来，它的统治在 1330 年左右达到鼎盛，当时，马里统治者控制了世界黄金生产量的 2/3。纸张和造纸术也传入非洲，廷巴克图（Timbuktu）成为学术文化中心。当地的统治者竞相用奴隶贸易获得资金，作为国家税收的来源，从而不仅限制了人口的增长，而且阻碍了农业产量的提高。15 世纪时随着商业的衰退，商人们纷纷离开，一些非洲人重新回归其万物有灵的传统信仰。

穆斯林精英的日益富有与奴隶制的不断发展相伴而生。穆斯林在印度的军事征服使得数千人沦为奴隶。在撒哈拉以南的非洲，随着穆斯林传统的影响逐渐加强，当地统治者也开始奴役其他的非洲人，或进行贩卖，或据为己有。虽然没有确切的数据记载，但是根据现代学者的推测，从 1200 到 1500 年，大约有 250 万非洲奴隶被商人从撒哈拉以南的非洲和红海地区贩卖到北非和穆斯林世界的其他地区。至少在 7 世纪时，非洲的奴隶就已经在中国出现；到 12 世纪时，广州一些富裕的家庭中已经出现了黑人奴隶。一些富有的穆斯林男人渴望从已知世界的每个地区为自己纳妾。一个印度贵族据说拥有 2000 个妻妾，她们当中有些来自土耳其或中国。

伊斯兰处于亚欧大陆商路上的核心地区，它连接着中国和欧洲。这样一来，伊斯兰的思想观念和文化实践能够同广泛的地区相互交流。与中国汉族人在重拾政权后排斥蒙古思想不同，伊斯兰统治者力图吸收和收编蒙古人留给他们的遗产。

公元 1000—1500 年的欧洲

公元 1000 年，欧洲是一片尚未开垦的荒蛮之地，人烟稀少，90% 的人口居住在农村。欧洲人被穆斯林和临近的拜占庭人称为"法兰克人"，但他们自称"拉丁人"，因为他们效忠罗马天主教，在宗教仪式中使用拉丁语。相反，东正教支持拜占庭帝国的罗马皇帝，这些皇帝讲希腊语；帝国的疆域包括了希腊、土耳其西部和意大利南部，向南一直延伸到塞尔维亚和保加利亚的边境。

在西欧，贵族骑士的家族依靠十五到三十个农奴家庭的供养，这可能是那里最主要的社会模式。作为他们使用土地和接受保护的回报，这些农奴需以粮食或劳役的形式向贵族上交一多半的劳动成果。农奴使用铧式犁，他们以犁队为单位进行劳动。铧式犁的一个犁壁能够提升和翻转被犁头切割的土壤。

举例来说，一个农奴家庭可经营 30 到 40 英亩的土地，每年平均能够生产 1.02 万磅的粮食。这些粮食中的 3400 磅作为种子保留，2800 磅作为 4 匹马的饲料，2700 磅上交地主，剩下的 1300 磅供农奴和其家庭享用（每人每天仅能摄入大约 1600 卡路里的热量）。因此，农民家庭还需要种植果树、蔬菜，养殖牲畜、鸡和兔子。

随着耕犁技术和工具的改进，农业的产量有所提高，农奴能够拥有一些剩余粮食，并用它们来进行交换。这导致了人口在三个世纪内持续增长；从 1100 到 1145 年，人口增长了两倍多。这一时期，除了一些强大领主建立的狩猎保护区外，许多曾经繁茂的欧洲森林都被人们开垦种地。

11、12 世纪发生在欧洲的一大政治事件是十字军东征，这是针对地中海东部穆斯林发动的一系列的军事行动。面临伊斯兰势力不断向君士坦丁堡渗透的局面，教皇希望对教会进行改革，以维护权威；上层贵族的军事力量需要得到认可；商人则想要发展商业贸易。这些利益集团经常结成十分复杂的联盟，这些联盟也时常破裂。1204 年，欧洲人进行了第四次十字军东征。此次征战中，十字军在巴勒斯坦转向，转而攻击他们宣称要保卫的帝国首都君士坦丁堡，并在拜占庭的领土上建立了拉丁公国。欧洲掀起了新的反犹主义浪潮，大量洗劫得来的珠宝、艺术品和宗教工艺品流向了欧洲的城市。

与亚欧大陆其他地区不同，欧洲的统治者和牧师并没有试图控制银行家和商人。在欧洲，城市自治十分流行，这里的城市没有中央政府治下的和平，而是充满了竞争、对抗和暴力。德国皇帝和罗马教皇都无法如其宣称的那样，建立和巩固普遍的权威。欧洲始终没能实现统一，一直饱受战争的蹂躏和破坏。在英法百年战争（1337—1453）中，法国国王的封臣（即英格兰的国王和众多贵族）与国王进行战斗。英国人逮捕了圣女贞德（Joan of Arc），但法国国王查理七世（Charles VII）取得了最终的胜利，封国君主也将部分权利让渡于更具代表性的国会机构和三级会议。

13 世纪时，欧洲人首次接触了蒙古和中国文化。在 1237 年，一个匈牙利的修道士向东游历，他在途中遇到了入侵的蒙古军队，这支队伍由成吉思汗的孙子拔都率领。这位匈牙利人对蒙古人的身份感到十分困惑：他们是失踪的以色列十部落中的一个呢？还是神圣罗马帝国皇帝腓特烈（Frederick）为表达对匈牙利国王的敬意而设计的一个阴谋呢？ 1246 年 7 月，欧洲派出的首位使节以平均每天骑马走 25 英里（1 英里约合 1.6 千米——译者注）的速度行进了 3000 英里；其间他遭受了近 3 个半月的旅途劳顿，最后终于抵达位于哈拉和林的蒙古宫廷。那时消息较为闭塞，各种信息无法得到频繁和迅捷的传送。

马可·波罗（Marco Polo）是第一个走遍半个地球的欧洲旅行家，他来自威尼斯的一个经商家庭。在 1271—1295 年间，马可·波罗随父亲和叔叔来到中国。这次旅行之所以能够成行，是因为蒙古的一项政策，即允许来自不同地方、具有各种宗教背景的商人来中国旅行和经商。（马可·波罗在忽必烈可汗统治时期到达中国，而伊本·白图泰去中国的时间稍晚于他，大约是在 1345—1346 年间。）当马可·波罗撰写的游记于 1300 年在意大利面世时，当时的许多学者都认为这是虚构出来的作品，部分原因在于马可·波罗是通过口述完成了这本传记，而传记的记录者以虚构冒险故事而闻名。

在黑死病肆虐整个欧洲时，欧洲为蒙古商业系统付出的代价呈现出来。与此同时，欧洲很可能是从蒙古商业系统受益最多的地区。通过与中国通商，欧洲人学到了印刷术、火器和航海设备；1500 年之后，他们使用这些工具获取了世界的统治权。在蒙古人时代之前，欧洲人虽然就对纸略有耳闻，但很少使用，而此时纸张已代替了羊皮纸。通过贸易，欧洲人改进了高炉设备、木工工具、起重设施，还引进了新的农作物，包括胡萝卜、芜菁、欧洲萝卜和荞麦等。商业贸易的发展推动了 1252 年的金币铸造，以及 14 世纪中期意大利复式记账法的发明，这种记账法首次实现了对利润和亏损的精确计算。

从 1315 年到 1322 年，欧洲的气候变得比以前更加寒冷和湿润，从而造成了农作物的减产和大规模的饥荒。黑死病侵袭了这之后的一代人，在 1347—1351 年间传到了热那亚。（图 10.2）1400 年的欧洲人口数量降至 1200 年的水平；直到 1500 年，人口数量才恢复到瘟疫蔓延前。当火药使骑士沦为盔甲中的废物、黑死病搅乱了一切后，农奴开始大批逃亡，从而获得了自由。部分森林资源得到了恢复，在 14 世纪法国和德国还出现了林地管理科学。

14 世纪中期，欧洲人应用从中国人那里学到的火药知识，发明了野战炮兵。15 世纪中期时，欧洲出现了由私人而非政府投资建立的枪炮制造厂；这些地方开采矿藏的水平超过了世界其他地区。到 1480 年，移动式攻城火炮已成为攻取城堡的必备武器；如果将火炮装在船上，还能攻击其他船只和海岸防御工事。

在公元 1000 年到 1500 年间，欧洲人接触到圣经和罗马文化遗产。之后，欧洲文化得到了迅速发展。拉丁基督徒在 11 世纪时从穆斯林手中夺回了托莱多、西班牙和西西里，从拜占庭手中收回了意大利南部。在这一过程中，他们获得了希腊和阿拉伯僧侣手中的手稿。12 世纪，造纸术传到了摩洛哥和西班牙，它早在 900 年时已从巴格达传到埃及。

1200 年之后，欧洲人建立了大学，这一举动也许是对穆斯林神学院的效仿。穆斯林神学院是流行于伊斯兰世界中的学习场所，它为学生提供住房补贴，并支付教师工资。这些新大学的老师通常是来自多明我会（Dominicans）和方济各会（Franciscans）这两个修道院的修士。另外，欧洲人建立大学的行为丰富了学院思想，这些大学被定义为专门进行学术研究和进行高等教育，并有权授予学位的机构，这是一个重要的发明。

1300 年之前，欧洲共有 20 所大学。在 1300—1500 年间，新增了 60 所。拉丁语是这些大学的教学语言。有的大学是由学生联合开设的，而更多的大学则是由教授学者协会来创办。博洛尼亚大学是一所以法学教育为主的学校，蒙彼利埃大学和萨勒诺大学则以医学为主，巴黎大学和牛津大学则长于神学。阿伯拉德（Abelard，1079—1142）和托马斯·阿奎那（Thomas Aquinas，1225—1274）是巴黎的著名学者，他们就曾用逻辑推理的方法来回答神学和哲学问题。

1450 年后出现的三项技术进步彻底改变了印刷术，乃至学术。它们分别是活字印刷术、适于在纸上书写的新型墨水以及改良版木质螺旋压榨机，压榨机的用途是将浸墨的字模压在纸上。约翰内斯·古登堡（Johannes Gutenberg）在 1454 年印刷出他的第一本《圣经》，书籍的精美显示了他多年实验的成功。至 1500 年，欧洲印刷厂能够用超过 12 种的语言印刷古典书籍和当时的政治和宗教小册子，每年的印刷量已达 1000 万—2000 万册。

在欧洲，私人可以购买枪支（武力）和书籍（知识），政府难以控制社会中的钱币兑换活动和不断发展的商业化趋势。这些将拉丁欧洲同亚欧大陆的其他地方区分开来。其他地区的国家政府拥有很强的控制力，更容易推行传统的生活方式和行为。比如在日本，枪支的制造受到严格的限制；1637 年以后，因它同绅士身份不相匹配，处于统治地位的武士阶级决定停止佩戴枪支。

亚欧大陆核心区域之外的边缘地带

同亚洲太平洋沿岸的国家一样，欧洲也处于亚欧大陆商贸中心的边缘地带。这些地区在某些方面的发展呈现出明显的相似性，尤其是在海洋船舶和航海技术的发展方面，而这为整个全球化进程奠定了基础。马来地区（Malay）的水手和商人将商业活动拓展到了更遥远的太平洋岛屿，包括菲律宾地区的摩鹿加群岛、加里曼丹岛和棉兰老岛等。日本试图避开中国的探险活动，发展其自身的独特文化。朝鲜和安南（越南）则更多地处在中国光环的阴影中，但是它们没有被直接纳入帝国官僚体制的统治之下。由此，同西欧一样，某些竞争和创新因素在这些地区成为可能。

此时，非洲正在上演人类最大规模的迁徙活动之一，即黑皮肤的班图人在3或4世纪开始从西非的尼日利亚东部迁出。引发这次迁徙的原因不得而知，可能是为了躲避撒哈拉沙漠的干燥气候，越来越多的人选择了逃离。班图人掌握了炼铁技术，能够制造铁质武器；在同周围依靠狩猎和采集为生的人们互动时，这些为他们提供了优势。我们也不了解这次迁徙的具体过程，不知道它是和平的，还是充满了暴力。最初，班图人迁往苏丹中部；然而在14世纪，他们进入了中非和西非的森林中；最后他们到达非洲东海岸，并从赞比西河南部进入南非，这次漫长的迁徙活动持续了千年之久。

从塞内加尔到乍得湖的非洲草原形成了欧亚非大陆核心贸易区的最南端，马里帝国及其后继者桑海帝国先后统治这一区域；由于他们同阿拉伯人进行贸易，这里的人们生活富足。然而，再往南就是中非和南非了，它们在贸易区中居于边缘地位。因为缺乏驮畜和通航河流，加上致命疾病、周期性旱灾和饥荒的存在，这里城市稀少，长途贸易也少得可怜。生活在这些地方的非洲人继续过着传统的生活，他们祭祀祖先，信奉万物有灵论，崇拜地方首领的权威。（大津巴布韦是一个短暂的例外。）

北极地区（包括西伯利亚北部、阿拉斯加、加拿大北部）依然处于边缘地带，这里的人们靠狩猎、捕鱼、采集等活动为生，延续着他们的传统生活方式。与之前相比，俄罗斯的气候变暖了，通航的河流增多了。以诺夫哥罗德（Novgorod）为中心的俄国在15世纪时开始崛起，他们主要从事毛皮贸易。

到1500年，世界总人口已达四五亿之多。中国和印度分别占总人口的20%，同非洲人口总量相当。除俄罗斯外的欧洲，人口占世界总量的15%左右，而美洲人口不到世界的10%。

从1000年到1500年的这5个世纪中，欧亚非大陆核心区的人们在科技创新、动员社会各方面力量的同时，相互间积极开展贸易活动，及时交流思想，并加强互动；正是这些努力使得这一区域在力量和财富等方面达到了空前的高度。成吉思汗开创的帝国带来了和平；在帝国崩溃之前，这种帝国治下的和平促进了上述交流活动的进行。最后，由于内部纷争和黑死病的毁灭性打击，帝国走向了终结。由于中亚的商路变得不再那么安全，南欧人开始寻求与中国进行贸易的新商路。当最终获得成功时，他们也掀开了世界史的新篇章。

对欧洲人来说，这些应该是老生常谈了。然而，或许更准确地说，世界现代史的新篇章应当始于1000—1500年的这一时期，欧亚非的食物、技术、发明以及社会宗教思想在这一时期都得到了全面的交流。中国、印度和伊斯兰文化在这一交流中发挥了主导作用，而由于处在落后位置，欧洲扮演了一个追赶者的角色。难怪欧洲人会因哥伦布的行为而激动不已。

未能解答的问题

1. 什么是"封建主义"？使用这个术语作为分析世界史的工具有用吗？

近来，世界史学家对这个问题争论颇多。假如将封建主义定义为一种变化的话，这种变化涉及到马匹这类牲畜的使用，骑士精英同其国家和社会的关系，以及农民的生产方式等方面，那么一些学者在亚欧大陆发现了相似的变化，而另外一些学者却没有。即使将"封建主义"这个术语仅限定于描绘900年到1200年间的欧洲，都比这个术语暗含的理想化解释要复杂得多。通过经营庄园，骑士贵族提高了自身的权力和声望，在他们的庄园中，农业产量不断提高，以至有偿劳动开始取代之前为获得土地而进行的无偿劳动。同时，那些依然靠狩猎采集为生、生活在部落农民群体（无国家的地区）中的人们，也逐渐被纳入有限国家权威控制下的核心农耕区域。由于欧洲的封建化进程包含了多种在同一时间发生的不同程度的变化，因此，在使用"封建主义"一词时，务必作出认真审慎的区分和定义。

2. 世界上0.5%的男人都是成吉思汗的后代吗？

基因学家对此的回答是肯定的，他们现在能够追踪可能具有成吉思汗及其男性继承人特征的Y染色体。在牛津大学克里斯·泰勒·斯密斯博士(Dr. Chris Tyler Smith) 的带领下，来自中国、巴基斯坦、乌兹别克斯坦和蒙古等国的基因学家花费 10 年时间，搜集了居住在前蒙古帝国及其周边地区的人体血液，发现了一种 Y 染色体的特征性集聚，这一 Y 染色体在蒙古帝国普遍存在，而在其他地区却很少见，但是巴基斯坦和阿富汗境内的哈扎拉人（Hazara）除外，哈扎拉人曾经是蒙古士兵，他们宣称自己是成吉思汗的后裔。基因学家认为这些染色体来自成吉思汗及其祖先，但他们并不能给予证明，因为成吉思汗的尸体尚未找到。他们还认为，征服战争期间发生的强奸行为只是这种特征性染色体普遍存在的部分原因，更重要的原因是可汗们在其统治的领土上与大量妇女相接触。在曾经属于蒙古帝国的土地上，8% 的现有男性中具有这种特征性染色体，而在今天的蒙古国，这个比例达到了 20%。

3. 为什么中国明朝的统治者在其海上技术遥遥领先之时，选择从世界航海领域退出？

早期的西方史学家倾向于认为，中国从世界贸易行业中的退缩是一个重大的失误，这一失误使其付出了惨重的代价，将唾手可得的世界统治者角色让与了之后将全球连为一体的欧洲。现在，历史学家普遍认为这一撤退是中国政府作出的明智决定，因为中国地大物博，幅员辽阔，没有理由去统治遥远的殖民地。一些人将明朝的航海冒险看作是朱棣的一个消遣计划；在他死后，继任的皇帝们没有兴趣去投资代价高昂的航海事业了。但是，这依然是世界史中众多"如果……，将会怎样"的假设之一：如果是中国的舰队开辟了新大陆，历史将如何演变呢？

最近，英国皇家海军前潜水艇指挥官加文·孟席斯（Gavin Menzies）声称，郑和率领的中国船队当时已经到达了巴哈马群岛和福克兰群岛，并于 1421—1423 年间在澳大利亚、新西兰、波多黎各、墨西哥、加利福尼亚和不列颠哥伦比亚等地建立了殖民地。孟席斯的作品《1421：中国发现美洲》（1421: The year China discoverd America）成为 2003 年美国的畅销书，但是世界史学家认为这纯粹是无稽之谈，称其论断荒谬可笑，证据则纯属捏造。

第 11 章　航海通全球

（公元 1450—1800 年）

　　在 16 世纪，人们通过航海连接起了东西半球。航海探险蔚然成风，有些人开始尝试着穿越被大陆分割的未知海洋。维京人在 1001 年发现了纽芬兰岛；波利尼西亚人可能比哥伦布更早到达了美洲；非洲的马里皇帝曼萨·穆罕默德曾领导了一次远征大西洋的行动；15 世纪时，巴斯克渔民有时会去纽芬兰海岸捕捞鳕鱼；但是众所周知，是葡萄牙和西班牙王室派出的远航船队建立了欧洲、非洲与美洲之间的永久性联系。对于探索新世界而言，葡萄牙人和西班牙人拥有最优越的地理位置，他们也有足够的力量在船队所到之处站稳脚跟。

　　许多历史学家，如卡尔·马克思、大卫·克里斯蒂安等，都认为东西半球的连接应该被看作是人类最重要的历史时刻之一。它证实了世界上还存在三个"蛮荒之地"——美洲、澳大利亚和太平洋诸岛屿。欧洲社会学者（包括马克思）普遍认为"世界贸易和全球市场从 16 世纪开始。从这时起，历史进入了现代资本主义时代"。

哥伦布的炼狱之旅

　　1500 年之前，世界上只有不到 20% 的陆地面积隶属于国家，而国家以法律等手段进行统治。剩余的地方几乎都是酋长国或部落，其中大部分地区还停留在原始农业的状态。不过，仍旧从事渔猎采集的人群只占世界人口（4.61 亿）的百分之一。

不论生活在多元化国家还是土著酋长国，商人们总会把贸易路线规划得井井有条。太平洋岛屿间存在一条贸易线路，每年有数百万人凭借精湛的航海技术（那时候没有指南针，仅仅依靠航海人员对波浪、星座、水流和岛屿等敏锐且细致的观察力）来往于卡罗琳岛的雅浦岛、关岛、帕劳、斐济、萨摩亚和汤加之间。

另一条贸易线路在美洲，它覆盖地区的人口达 4000 万到 6000 万。这条商路一端连接五大湖，另一端则延伸到安第斯山脉。人们利用驿站穿越大陆，用皮艇沿河输送货物，甚至可以送到加勒比岛屿。这条商路沿着安第斯山脉直通墨西哥中部的阿兹特克地区以及南美的印加古国。

第三条贸易路线横穿亚欧大陆和北非，惠及当时世界 3/4 的人口（2.6 亿到 3 亿）。它有两条支线：陆上丝绸之路穿越亚洲中部；海上丝绸之路始于中国、日本和朝鲜半岛，途径马来半岛、摩鹿加群岛和香料群岛等地，深入印度洋、波斯湾和红海，通过莱茵河、多瑙河和波河到达欧洲，或通过骆驼队抵达非洲。

在这条贸易路线上，欧洲人对阿拉伯世界采取攻势，比如数次十字军东征，又比如他们在 1031 年掀起摆脱阿拉伯人统治的葡萄牙和西班牙光复运动（不过西班牙后来仍分为阿拉贡、卡斯提尔、纳瓦拉和格兰纳达四个王国）。1250 年之前，除了南部狭长的格兰纳达，基督徒们几乎光复了西班牙全部土地。

十字军东征期间，欧洲人在叙利亚第一次尝到了糖的滋味。由于欧洲气候过冷（除了西西里岛），不适宜种植糖，欧洲人急不可待想得到一片能够产糖的土地。另外，他们还想在与东方进行的香料贸易中占有更大的份额。

欧洲统治者们还有一个愿望，那就是寻找新的黄金来源地来壮大本国经济，资助自己的探险活动。欧洲的黄金大部分来自西非，大概在今天的加纳、贝宁、多哥和几内亚一带，这些地方被欧洲人称为"黄金海岸"。

一支支驼队从西非出发，走过撒哈拉沙漠，把昂贵的黄金运到摩洛哥的非斯，或是突尼斯和黎巴嫩。阿拉伯商人把持着这一黄金大道。

大西洋沿岸的欧洲人优势在于造船，在这里设计生产的船不仅可以征服大海的每个角落，还携有征服人的大炮。葡萄牙人研制了一种小吨位的两桅快船，个头只及当时欧洲或中国最大船只的四分之一。船上安装的是三角帆而不是欧洲通行的方形帆，因而格外灵活机动，还能够顶风前进，这让葡萄牙人得以驰骋大洋。不久，这种快船发展到了三桅杆，并且可以在三角帆和方形帆之间进行切换操作。

有了船，仅解决了问题的一半，航海知识还亟待补足。航海家们需要整合阿拉伯人的天文、数学知识及历代水手的实践经验，构建一个新的知识体系。最重要的航海仪器是磁罗盘和星盘，前者是中国人最早发明的，后者来自阿拉伯人和希腊人，它能够通过测量太阳或星星的位置确定船只所处的纬度。葡萄牙的亨利三王子（1394—1460），在历史上享有"航海家"之誉。他建立了一座航海学院，研究航海知识，收集航海地图。他的这些举措都源于 1415 年那次失败的军事行动。当时，亨利带领葡萄牙士兵成功地袭击了摩洛哥，但却无法击败阿拉伯人，没能夺取非洲内陆的黄金。他很想弄清楚怎么才能向南绕过非洲海岸再向东走，同时，这也是葡萄牙人共同的愿望。特别是在 1453 年奥斯曼土耳其占领了拜占庭，并改名为伊斯坦布尔之后，陆上丝绸之路严重受阻，货物成本上升，迫使人们寻找通往中国的新海路。

在航海家亨利 1460 年去世之前，葡萄牙的船长们在政府资助下已经到达了远离非洲西海岸的若干岛屿（马德拉群岛、亚述尔群岛和佛得角群岛等），甚至到了塞拉利昂。1487 年，有一支葡萄牙探险船队向西航行，始终未归。1488 年，巴托罗缪·迪亚兹（Bartholomeu Dias）到达非洲最南端。1497 到 1498 年，瓦斯科·达·伽马（Vasco da Gama）率领探险船队绕过非洲到达印度。1500 年，佩德罗·卡布拉尔（Pedro Cabral）带领船队顺风西行，希望借此绕过非洲南端，结果"撞"上了南美洲东岸，后来这块地区归属葡萄牙，被命名为巴西。1510 年，葡萄牙用炮舰打赢了一场海战，开始在印度洋称霸。

与此同时，西班牙正在进行将阿拉伯人赶出格兰纳达的行动。阿拉贡国王费迪南德与卡斯提尔女王伊莎贝拉在 1469 年联姻，十几年后两国合并，下定决心赶走摩尔人（阿拉伯人）。他们还恢复了当年多米尼加牧师为铲除阿拉贡异教徒而设立的宗教审判所。

在 1348 年鼠疫大流行之前，基督徒、犹太人和阿拉伯人在西班牙国内各守其道，相安无事。犹太人和阿拉伯人把持着部分获利最为丰厚的庄园和生意买卖。1481 年，宗教裁判所裁决没收犹太人的财富，用以支持与摩尔人的战争；之后，摩尔人在 1492 年年初战败投降。费迪南德和伊莎贝拉随即在那里建立起基督教的绝对统治，不允许异教徒存在。犹太人要么改变信仰，要么遭遇立即驱逐。10 年后，阿拉伯人将面临同样的抉择。

在历史性的 1492 年，即费迪南德和伊莎贝拉成功驱逐了阿拉伯人之后，他们终于决定资助一位航海家向西寻找中国的计划，这位航海家就是赫赫有名的克里斯托弗·哥伦布（Christopher Columbus）。由于战乱频仍，哥伦布的请愿书在四年间无人问津。对阿拉伯人的"圣战"持续了数个世纪后，终于取得胜利。在这样的氛围中启航带给他严酷的考验。1492 年 8 月 3 日，哥伦布和他的水手们从塞维利亚附近的巴罗斯港出发了。需要指出的是，在 8 月 2 日最后一批被驱逐的犹太人离开之前，当局一直不批准哥伦布的启航要求。这批犹太人流向了葡萄牙、意大利北部和荷兰，还有实行宗教宽容政策的一些北非穆斯林国家。

欧洲的种族主义思想在与摩尔人激战正酣的伊比里亚半岛盛行一时。大多数历史学家发现，在古希腊、罗马甚至早期基督教思想中，都没有类似"种族主义"的概念。由于认为犹太人对耶稣的死负有责任，基督徒对犹太人怀有一种愤恨，这种情绪在十字军东征期间逐渐蔓延成风。在中世纪的欧洲，对黑人的厌恶也只存在于伊比利亚，因为这里仿效阿拉伯人将黑人充作奴隶。（阿拉伯人的奴隶既有黑人也有白人，但是往往是黑奴从事更为卑贱的工作。）基督教一统欧洲之后，白人奴隶逐渐绝迹。

伊比利亚半岛国家在驱逐了阿拉伯人和犹太人以后，紧接着就制定了纯净血统的法律，将混有犹太和摩尔血统的人驱逐出某些政府机构，规定只有纯正的基督徒后裔才有资格成为"征服者"和传教士。这些行为都是为了保持信仰的纯正，然而，它们逐渐演化为日后用生物学术语表达的欧洲种族主义思想。

初次相遇

哥伦布在航行途中随身携带着一本《马可·波罗游记》，他此行的目的地就是中国。他还带了一名会讲阿拉伯语的翻译。因为哥伦布并不知道元朝已于 1268 年被推翻，他以为这时统治中国的仍然是蒙古人，所以他希望这名翻译能帮助他与蒙古大汗进行交流。

哥伦布驶往加勒比海的航行一共有四次。在第一次航行中，他率领 120 个探险队员登上了伊斯帕尼奥拉岛，即现在的海地和多米尼加共和国所在地（图 11.1）。居住在岛上的泰诺人种植玉米、甘薯、红辣椒、丝兰或木薯（一种营养丰富的根茎）、棉花和烟草等。他们积累了少量的黄金，并将这些黄金打造成自己的饰品；他们并不买卖黄金，也没有铁骑。他们性格温和，热爱和平；附近岛屿上的其他族群时常争斗。泰诺人小心翼翼地欢迎哥伦布一行人，并引领哥伦布等人去其他地方探寻黄金。哥伦布将 40 个人留在岛上，这些人在当地奸淫掳掠，造成极其恶劣的影响。忍无可忍后，泰诺人将他们铲除。

在第二次航行中，哥伦布率领了 1200 个男子，并携带着猪牛羊等家畜，意图在加勒比海地区建立永久殖民地。这些人的野蛮行径（诸如奸淫妇女、偷盗黄金饰品和食物等）引发了愤怒的泰诺人与殖民者之间的战争。战争爆发之前，岛上约有 25 万的泰诺人。经过一年的战斗，上万名泰诺人被西班牙殖民者杀害；存活下来的泰诺人只好被迫向殖民者缴纳贡品，包括食物、纺棉、黄金等。该岛的黄金储量并不多；饰品上的黄金是几代人辛苦积攒下来的。然而，殖民当局却规定每个泰诺人必须上交一定数目的黄金；如果交不出，殖民者就会砍下他们的双臂，而这些人会因失血过多死亡。

图 11.1　哥伦布的首次航行

西班牙人带去的牲畜破坏了泰诺人的庄稼，并消耗了大量的食物，这引发了饥荒。之后，哥伦布两次返回该岛，他一直深信这是亚洲海港附近的一个岛屿，并反复寻找黄金和香料来为他的航行正名。哥伦布是一位杰出的航海家，然而即使按照西班牙的标准来衡量，他也是一个无能的行政管理者。1504 年 11 月，颜面尽失的他回到了西班牙，时年 53 岁；18 个月后，他在默默无闻中死去。

　　哥伦布到达西半球两年之后，西班牙和葡萄牙两国请西班牙籍的教皇亚历山大六世当裁判，以一条想象的线将大西洋从中分成两半，以此来分割它们之间的世界；在他们看来，这条线延伸至地球的背面。此线东面的一切归葡萄牙所有，西面归西班牙所有。这就是《托尔德西里亚斯条约》（treaty of Tordesillas），他们希望借此平息两国之间的争端。（图 11.2）由于签订条约时并不了解世界的真实大小，因此条约的制定者无法

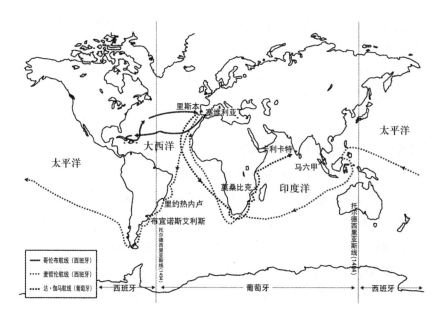

图 11.2　葡西划分的世界范围

确定摩鹿加群岛的归属。该岛位于东印度洋，生产价值不菲的香料。然而，1529 年西班牙承认摩鹿加群岛归葡萄牙所有，在此之前麦哲伦的环球航行已于 1522 年结束，而葡萄牙业已占领了马来半岛的中心城市马六甲。只有菲律宾仍处在西班牙的控制之下。

来到美洲的西班牙人努力征服和统治当地人，他们促使不信教的当地民众皈依基督教，并绞尽脑汁使自己变得富裕。在征服了伊斯帕尼奥拉岛和古巴之后，西班牙人把目光投向了西部，准备攫取更多的财富。赫尔南·科特斯(Hernando Cortez)是一位冷酷无情、野心勃勃的西班牙贵族。1519 年，34 岁的他带着 600 个士兵离开古巴，前往攻打阿兹特克帝国；他在两年前得知了这个帝国的存在。

在没有得到君主授权的情况下，科特斯擅自组织了这次征服行动和之后的殖民活动。他的君主是西班牙国王查理一世，即后来神圣罗马帝国皇帝查理五世。这位西班牙国王是当时欧洲最强大的君主。在之后的 10 年间，他试图统一欧洲，将奥斯曼土耳其的穆斯林赶出欧洲；1529 年，他曾在维也纳打败奥斯曼土耳其帝国。

早在科特斯等人到达阿兹特克帝国若干年前，当地人就已经通过情报获悉在美洲出现了这些白脸蓄须的人。阿兹特克的统治者蒙特祖玛·察科耶特金（Moctezuma Xocoytzin）很可能把这些人的到来看作是农业和艺术之神奎兹尔科亚特尔（即羽蛇神——译者注）的回归，正如传说所预言的那样。1519 年 8 月，科特斯在韦拉克鲁斯登陆之后，蒙特祖玛派人将王权标志递交给他。他戴上这个标志后问使者道："仅此而已吗？"11 月，蒙特祖玛将科特斯迎到了特诺奇蒂特兰城，并在皇宫接待了科特斯和他的士兵。西班牙人洗劫了整个城市，野蛮血腥地抢掠了城中的庙宇和神殿。在科特斯将蒙特祖玛劫为人质后，蒙特祖玛将皇宫宝库里的所有财物都交给了他，之后，西班牙人烧毁了宝库。接踵而来的是全面战争的爆发，蒙特祖玛在战争中死去（但死因不明）。科特斯选择撤退，并从被阿兹特克帝国征服的族群中寻找同盟者。1520 年，特诺奇蒂特兰城遭遇了第一次天花大流行的侵扰。相比之前的战争，这次瘟疫带来了更多的死亡。正在此时，科特斯重返特诺奇蒂特兰城外，发动了为期 93 天的攻城行动。此次行动封锁了城市，断绝了城中的粮食和饮水供应。投降时，城中存活下来的市民只占原来的 1/5 左右。在围城的这段时间里，阿兹特克人杀了 53 名西班牙士兵和他们的 4 匹马来祭祀战神维奇洛波奇特利。

西班牙人用了 10 年的时间将他们的统治拓展到整个墨西哥，他们称墨西哥为"新西班牙"。特诺奇蒂特兰城覆灭一年后，科特斯成为新西班牙的将军和总督，拥有大量的地产，并役使上千名阿兹特克人在他的土地上劳作。在 1547 年去世前，他一直享受着这样的生活。截至 16 世纪 50 年代中期，生活在墨西哥盆地的 130 户西班牙家庭，以一套半封建的强制劳动体制统治着 18 万美洲印第安人，而这显然背离了查理五世的期许。文化的改变也为自然景观带来了永久的变化。大量的森林遭到砍伐，木材被用来取火和在特诺奇蒂特兰城的废墟上建造墨西哥城。相比种地所用的木棍，在耕种时犁更能深入土地，而这导致了土地流失。放养猪牛羊等牲畜蚕食了植被。阿兹特克人的运河系统被废弃。在短短几代人的时间里，墨西哥盆地的很多地方不再适宜大面积地种植粮食，这些地区需要从国外进口粮食。西班牙在墨西哥的统治持续了近 300 年，墨西哥直到 1821 年才赢得了独立。

在西班牙到达印加帝国之前，天花已传播至此。印加帝国位于南美西部，是美洲的又一个大帝国。至 16 世纪 20 年代，无数的印加人死于天花，就连国王怀纳·卡帕克（Huayna Capac）和大部分的王室成员也在 1526 年前后染病去世，不久他钦定的继承人尼南·古又奇（Ninan Cuyuchi）也过世了。此时，印加人还未听说过西班牙人。弗朗西斯科·皮萨罗（Francisco Pizarro）于 1527 年在秘鲁口岸登陆；之前，印加人没有得到任何有关西班牙人的消息。

1502 年，25 岁的皮萨罗怀抱着他的发财梦来到了美洲。他参加过征服伊斯帕尼奥拉岛和穿越巴拿马等行动。后来，他成为巴拿马最富有的地主之一。带着西班牙国王颁发的执照和另一位经济合伙人迭戈·德·阿尔马格罗（Diego de Almagro），皮萨罗将自己的大部分财产投入到太平洋沿岸冒险行动这场赌局之中。在登陆之后，他获知了印加帝国的存在。

皮萨罗大部分的随从都只有二十多岁。在西班牙的封建等级制度下，野心勃勃的男子只能通过与女继承人结婚和取得战功两种方式提升自己的地位。弗朗西斯科·皮萨罗本人就是一个军官的私生子。他的军官父亲多次与"未开化"的摩尔人作战，在战斗中获得了财富和权势，但和科特斯不同，他并不是宗教狂热分子。因此，能够提升男子在生活中的地位，是他们参加战争的一个重要驱动因素。

环抱着堂吉诃德式的幻想，皮萨罗和他的 180 个随从花费了大量的时间寻找黄金；最终，他们在印加帝国和安第斯山脉中发现了黄金。皮萨罗一行人到达厄瓜多尔海港的时候，印加正陷入内战的乱局之中。两个同父异母的兄弟阿塔瓦尔帕（Atahualpa）和瓦斯卡尔（Huascar）为了皇位，彼此争斗。在抓获了瓦斯卡尔之后，阿塔瓦尔帕前往卡哈马卡的一处温泉修养，此时他还未能控制印加帝国的全部领土。卡哈马卡位于现在的利马城以北约 900 千米处。

皮萨罗一行人在卡哈马卡碰到了阿塔瓦尔帕。在杀害了 7000 到 8000 个手无寸铁的印加人之后，他们俘获了阿塔瓦尔帕。皮萨罗向印加人索要赎金。然而，收取了多达 1.342 万磅（约合 6.087 吨——译者注）的黄金物品后，他还是处死了阿塔瓦帕尔，并拥立了一个傀儡做皇帝；在三年时间里，他控制了印加的全部领土。

在阿塔瓦尔帕死后九个月，一本畅销书在塞维利亚出版，它讲述了皮萨罗在美洲成功掘金的故事。受书中故事的激发，大量西班牙殖民者涌入秘鲁。此时，皮萨罗与他的合伙人阿尔马格罗因某些土地的归属问题发生争执。1541 年，阿塔瓦尔帕的支持者杀死了皮萨罗。于是，西班牙政府需要派遣新的官员重建那里的统治秩序。

1545 年西班牙人在波托西（属于玻利维亚）发现了银矿。10 年后，他们在秘鲁发现了水银，而水银有助于金银的开采，因此金银的产量有所增加。安第斯山蕴藏的丰富矿产资源吸引了更多的西班牙人，他们纷纷踏上了征服美洲之路。这里的财富源源不断地流入征服者的欧洲母国，在那里金银被用来铸造货币、装饰教堂和宫殿、偿还欠债和扩大军队的规模等。从 1570 年到 1572 年，土著人被迫从他们传统的居住地迁往临近西班牙人聚居中心的村庄。土著居民的总人口减少了 50%，而在一些海滨乡村这一数字甚至达到了 90%。

为什么人数很少的西班牙殖民者能够如此迅速地征服美洲的帝国呢？为什么在彼此隔绝了 1.5 万年后，两种不同文明首次相遇的结果竟然是一种文明如此迅猛地主宰了另一种文明？由于发生的时间离我们现在很近，这种人类历史中的戏剧场面经常萦绕在我们的心头，引发无穷的思考和想象。

这些问题的答案貌似源于这样的事实，即欧亚非地区社会的发展阶段要优先于美洲，旧大陆的人们已经开始关注文化特性和创造发明，因此相对于美洲土著人，生活在旧大陆的西班牙人具有一定的优势。之所以会造成这样的局面，是因为与美洲地区相比，旧大陆可供人类驯化的动植物品种更为丰富，农业技术更容易在气候条件相似的各个区域间展开横向传播。

粮食剩余促进了复杂社会的较早形成，并且生成一些导致新旧大陆间差异的技术和特性，比如枪支、马匹、刀剑、大炮、舰船、对疾病的免疫力、用来交流的文字、通过中央集权的政治统治来配置资源，还有地图和航海知识等。西班牙人在与欧亚非所有复杂社会交流的过程中受益匪浅，这些复杂社会形成于苏美尔社会转向城市生活之后，经历了各自的兴衰沉浮。

西班牙吸收并因地制宜地应用旧大陆创造的一切文明成果，拥有美洲不具备的有利条件。在美洲，作物品种不易在南北间相互流通；除了安第斯山脉的美洲驼外，别无其他驮畜；而且金属制造技术刚刚起步。相较于北非和欧亚地区而言，美洲复杂社会的发展落后 2000 到 4000 年。

历史学家认为，在葡西两国所具备的诸多优势之中，一个最重要的因素形成了新旧两大陆之间最大的差别，即旧大陆的人民对于来自动物的疾病具有相对免疫力，这些疾病包括了麻疹、天花、流感、白喉和淋巴腺鼠疫，还有来自热带非洲的疟疾和黄热病。美洲土著人并不饲养家畜家禽，与旧大陆隔绝时期也从未接触过这些动物所携带的病毒与细菌，所以无力对抗这些疫病的侵袭，大量死亡。"哥伦布大交换"（Columbian Exchange）带来的天花大流行造成了严重的人口灾难，而这是有史以来最为惨烈的两次人口灾难中的一次。在 1492 年到 1650 年间，至少有半数，甚至可能是 90% 的印第安人死于接连不断的瘟疫流行。欧洲人碰到的印第安人往往是一些遭受了巨大精神创伤的幸存者；因为遇到前所未有的可怕疾病，这些印第安人创造的复杂文明在突然间坍塌。

征服者在美洲的行为并不是没有遭到神学家和西班牙国王的反对。1494 年，教皇划分了西班牙和葡萄牙之间的势力范围。自此以后，学者之间一直争论此举仅是向传播基督教信仰的宗教行为赋予正当性，还是变相允许侵略和征服。

从 1512 年到 1514 年，西班牙的神学家一直谴责伊斯帕尼奥拉岛的殖民者，并声称国王有权去传播基督教信仰，但是无权侵略。捍卫印第安人权利中最著名的是教士巴托洛梅·德拉斯·卡萨斯（Bartolome de Las Casas），他从 1514 年开始为印第安人辩护。1520 年查理五世废除了监护征赋制（将土著人分配给西班牙人为奴），但是他无力推行他的裁决。20年后，国王授权一个委员会制定出有利于土著人的新法律，这引起了秘鲁的内战，结果殖民者取得了胜利。人们也曾经尝试任用土著人来治理地方，但是西班牙殖民者并没有让渡出足够的权力。

全球大交流

西班牙和葡萄牙征服美洲200年以后，现代世界的资本主义经济在欧洲诞生。通过使用奴隶劳动和掠夺美洲大量的土地和矿产资源，尤其是开采在安第斯山脉发现的丰富金银资源，欧洲人积累了丰厚的资本，而这正是资本主义经济产生的前提。金银等大量贵金属从美洲源源不断地运往欧洲，欧洲人利用它们创造出可观的财富，这些财富逐渐使贵族拥有的土地财富黯然失色。这是一个极大的讽刺，因为正是这些土地贵族远航去发掘金银财宝，他们以为此举能够增加自身的财富。

从1500到1650年，至少有180到200吨的金子流向了西班牙。先由人力将这些金子运出矿山，之后骡子驮着它们穿越巴拿马地峡，最后将它们装船运往西班牙。由于西班牙的统治者，也就是神圣罗马帝国的皇帝把很多的金子用来还债，这些金子流遍了整个欧洲，以巴洛克式和洛可可式为代表的奢华装饰风格由此产生。

然而，出人意表的是白银产生了更为重大的影响，因为在日常贸易中银币比金币的作用更大。市民个人能够通过节约银币来积累财富。西班牙人发现了波托西附近的银矿，在此后的50年中，1.6万吨的白银从官方渠道流入欧洲（也是由人力和骡子运输），另外还有5000吨左右的白银通过走私进入欧洲。美洲印第安人被强制进行劳动，挖掘银矿；在最初的几十年间，约有4/5的矿工丧生。从1500到1600年，欧洲金银的供应量增长了8倍，这引发了通货膨胀，也削弱了其他社会的财富。奥斯曼土耳其帝国的银币失去了价值，这很大程度上损害了伊斯兰国家的力量。这种情况也波及非洲，它的金子失去了市场。由于欧洲人渴求它们的商品，印度和中国在对外贸易中获利；从总体上看，大部分的银子流向了中国，或许这些银子的价值大致相当于全球生产总值的 2/3。

在全球贸易兴起的过程中，非洲社会处于劣势地位；世界其他地区只对非洲的一种产品感兴趣，那就是奴隶。葡萄牙水手在 1441 年首次购买西非人，并将他们带到葡萄牙、马德拉群岛和加那利群岛等地去种植甘蔗。撒哈拉以南的非洲人被当作奴隶出口到中东和中国已有上千年的历史；然而，大西洋沿岸的欧洲人将大西洋的港口连接起来以后，奴隶贸易的规模变大了，重要性也增加了。那时，由于他们的金子失去了市场，非洲君主和首领开始贩卖自己的同胞，以换取服饰、铁骑、铜制品、烟草、美酒、枪支和印度洋出产的贝壳等。贝壳是当时西非的主要货币。随着财富的增加，首领们能够拥有更多的女人；这些女人能够为他们生育更多的孩子，而孩子是他们眼中最重要的财富。

欧洲人需要奴隶在美洲的热带地区种植蔗糖和烟草，因为这些商品的利润丰厚。甘蔗原产于印度，哥伦布和他的随从们将甘蔗带到了加勒比海地区。至 1520 年，单是圣托马斯岛一地就有六十座制糖厂。然而，泰诺人和加勒比人濒临灭绝；非洲人又比欧洲人便宜，而且他们对疟疾具有免疫力。疟疾、钩虫和黄热病正是被非洲人带到美洲的。

法国和英国在加勒比海地区与西班牙展开争夺。到 18 世纪末，英法两国都将“糖岛”（Sugar Islands，指的是圣基茨岛——译者注）视为自己主要的贸易财富。荷兰投资者加入了对巴西的争夺；至 17 世纪早期，他们在制糖方面获取的利润率为 56%。1700 年，欧洲人平均每年消费 4 磅糖（大约 2 千克）；而到了 18 世纪早期，这一数字陡增至 18 磅（8 千克），这主要是因为糖能为产业工人提供廉价的能量。

以贩奴为目的的跨洋航海活动始于 1534 年。这些航行的起点是塞内加尔和加纳，终点是巴西。最后，奴隶贸易的范围向南扩展到安哥拉，在 18 世纪又延伸到莫桑比克和非洲东部海岸。通常情况下，欧洲人无需亲自去捕获非洲奴隶；非洲的统治者们和奴隶商人很乐意替他们完成这项工作。在开展大西洋奴隶贸易的 350 年里，估计从非洲运往美洲的奴隶数量在 1200

万到 2500 万之间，其中 85% 左右的人熬过了条件极其糟糕的跨洋航行，而这个航行通常为期六到十周。奴隶中约有 40% 被运到巴西，40% 被载往加勒比海地区，5% 被贩卖到后来的美国所在地，剩余的分散在西班牙美洲的其他地区。至 19 世纪 20 年代，来到美洲的非洲人要比欧洲人多 5 倍。

大西洋奴隶贸易进行了 350 年。在这些年里，阿拉伯的奴隶贩子将大约 210 万的非洲黑奴从东海岸运到阿拉伯和印度的港口。总体算来，贩卖黑奴的活动持续了 12 个世纪，装载的奴隶数量在 1400 万至 1500 万之间。非洲大陆上的奴隶数量或许和从非洲贩卖到其他地区的奴隶一样多。

关于奴隶贸易对非洲文化造成怎样的影响是存在争议的。然而，至少它使很多非洲社会军事化了，促进了军火贸易的提升。从人口流失的角度来看，奴隶制对非洲的影响远低于疾病传播对美洲人造成的影响。

英国政府后来也加入了对美洲殖民地的争夺。它开始是赞助一位热那亚的航海家约翰·卡波特（John Cabot，意大利语为 Giovanni Cabato）的航海探险活动。这位航海家在 1497 年和 1498 年先后到达纽芬兰岛和新英格兰地区。在这些航行之后，大规模的渔业探险活动兴起了。北美附近海域的渔业资源非常丰富，因此这些活动大获其利；为了防止捕获的海产品腐烂，商人们一般将它们腌制后才运往欧洲销售。腌制的鳕鱼养活了海员、士兵和北欧的穷人。在卡波特登陆之后，英国并没能迅速地开展下一步行动。1584 年沃尔特·雷利（Walter Raleigh）爵士试图登上北卡罗莱纳州附近的岛屿，但是未能成功；英国殖民者只在詹姆斯敦和普利茅斯取得成功，他们先后于 1607 年和 1620 年到达两地。英国政府虽然颁发了皇家特许状，但未能提供有力的官僚管理体制来支持殖民活动；与西班牙和法国的殖民者相比，英国的殖民者更多地依靠自己的力量，对政府的依赖较少。

法国在新大陆的殖民活动重点在于掠取动物的毛皮，因为毛皮在中国和欧洲拥有无限的市场潜力。1608 年法国在圣劳伦斯河沿岸建立了一块殖民地，并取名为"新法兰西"，即现在的魁北克。法国的狩猎者们沿"新法兰西"沿圣劳伦斯河而上，到达"五大湖区"（Great Lakes）和哈德逊湾，由此进入大陆的心脏地带去猎捕狐狸、貂、松鼠和雪貂等。独木舟是这些法国人最为便捷的交通工具。法国人用火器、布匹、金属工具和酒向印第安人换取毛皮。耶稣会教士和狩猎者一起来到这些地区。他们怀抱着满腔的宗教热情，希望能够使美洲土著人皈依基督教。与英国殖民地相比，在法国殖民地定居的殖民者较少。法国的皇家政策禁止胡格诺教徒（法国的新教徒）前往美洲，意在使整个新法兰西地区保有天主教信仰。（1517年开始改革；见本章最后一小节的内容。）经过英法及其殖民地之间一系列的战争，法国在 1762 年将路易斯安那让与西班牙，加拿大则转给了英国。

当法国人将处在渔猎采集阶段的北美土著带入农业和城市社会的贸易网中时，俄国人也在西伯利亚的广大地区进行着同样的活动。西伯利亚约占欧亚大陆面积的 1/4。此时，生活在这一地区的人们仍然处于血缘家族的发展阶段，他们的生产活动包括渔猎采集和牧养驯鹿。俄国人从乌克兰招募哥萨克人（Cossacks），在西伯利亚做起了皮货生意；他们用河船上的加农炮打败了当地人；在征服当地人的过程中，他们带去的传染病也发挥了很大的作用。俄国人在 1440 年到达了太平洋沿岸，向当地每一位成年男子强制征税，并用面粉、工具和酒换取毛皮。在 17 世纪的大部分时间里，从西伯利亚获取的毛皮占到了克林姆林宫财政收入的 7% 到 10%。至 18 世纪30 年代，俄国人的贸易据点已经扩展到阿拉斯加，并于 1810 年延伸至加利福尼亚北部。

另一个欧洲国家荷兰也在北美开拓殖民地。它在哈德逊河的河口建立了一个贸易殖民地，命名为新阿姆斯特丹，进一步推进皮货贸易。英国海军在 1664 年以大炮夺取了新阿姆斯特丹，并将其重命名为纽约；至此，荷兰在北美的殖民活动结束。

这一时期在大西洋掀起的贸易狂潮中诞生了一种新的经济制度，而这种制度将重塑整个世界。在 15、16 世纪，西班牙和葡萄牙试图将它们的海外贸易和殖民地置于皇家垄断权的管理之下；然而，这种做法代价高昂，且效率低下。美洲的殖民者更愿意同法国、荷兰和英国的商人进行贸易。来自这些国家的富裕私人投资者找到了降低投资风险并增加收益的办法，即通过银行、股票公司、股票交易市场和持有特许权的贸易公司等运作资本，这些金融机构构成了资本主义体系。股份公司向投资者出售股票，以此来集聚海外探险投资所需的大量资金；而投资者需要买卖股票的途径和场所。1530 年在阿姆斯特丹开办的那家股票市场是 17、18 世纪全球规模最大的股票市场；英国的皇家交易所始建于 1695 年，并于 1773 年发展成股票交易所。

一些国家的政府支持该国公民进行私人海外贸易活动。这些国家实行重商主义政策，鼓励和保护贸易活动，必要的时候还为贸易活动提供武力保护。荷兰是早期实行重商主义的一个典型。荷兰当局于 1602 年向荷兰东印度公司颁发特许证，使该公司对荷兰在印度洋地区的所有贸易拥有合法垄断权。此举激发了投资者购买该公司股票的热情；当该公司取代葡萄牙，控制了通往印度洋的海路后，这些投资者都跟着获利。不仅如此，政府的税收也随之增加。约 20 年后，荷兰政府向荷兰西印度公司颁发特许状，授权其经略该国的大西洋贸易；该公司从葡萄牙手中夺走了巴西的港口和非洲的贩奴港口。从 1652 到 1678 年，凭借强大的海军，英法两国在美洲将荷兰击败。

随着经济机构的发展，银行开始向贷款者收取利息，这种行为被那些反对收取利息或高额利息的人称为"高利贷"。发展资本主义经济的要求引发了一些基督教徒的道德危机意识；如同穆斯林一样，这些基督教徒也认为收取利息的行为是不正确、不道德的，这是农业文明面对资本力量的一种本能反应。《旧约》（Deuteronomy）中写道，人们只能向陌生人收取利息。欧洲的天主教会一再坚持对于贷款的传统限制；1789 年之前，贷款在法国是犯罪行为。加尔文教在 1545 年表明了新教的态度：以合理的、5% 左右的利率收取利息是合法的。

欧洲、非洲、美洲之间的三角贸易包含了两种商品：一种商品是贸易双方都非常熟悉的，而另一种商品对贸易的一方来说是全新的未知事物。比如说，鱼和毛皮是大家都熟悉的商品；而在贸易开启之前，美洲没有糖，欧亚非则未曾种植过烟草。这种新的人种、动植物品种、疾病和技术在新旧大陆之间进行的流通被历史学家称为"哥伦布大交换"。

难以想象"哥伦布大交换"之前的厨房生活。在番茄从美洲引入欧洲之前，意大利人用什么酱拌意大利面呢？同样地，巧克力也来自美洲；在1492 年之前，欧亚非的居民没有吃过巧克力。新近传入欧洲的玉米和马铃薯养活了很多人。木薯，或称木薯根，是热带美洲（原产于巴西）出产的一种高热量的块根粮食作物，它能够在贫瘠的土壤和干旱的条件下大量繁殖，因此成为热带非洲的救命粮。豆类、南瓜、甘薯、花生、辣椒、染料、烟草和药材都从美洲传入了欧亚非，它们都是美洲对旧大陆的馈赠。

传入大西洋口岸的不仅有欧洲的作物，像是小麦、橄榄、葡萄和各式蔬菜等；而且，欧洲人还带去了非洲和亚洲的作物品种，比如大米、香蕉、椰子、面包果、甘蔗、柑橘、甜瓜、无花果、洋葱、萝卜等。西班牙人将马、牛、猪、绵羊、山羊、大老鼠和老鼠等带到了美洲；而美洲实为马的发源地，只是美洲马在最后冰期时灭绝了。非洲黑奴带去了秋葵，黑眼豌豆、山药、小米、高粱和芒果等。

从旧大陆传到美洲的不仅有上述的美好礼物，还有细菌和病毒。在公元纪年之后的几个世纪里，生活在中国和地中海地区的人们饱受疾疫的折磨。然而，之后他们逐渐对这些病毒具有了免疫力。正如之前提到过的那样，美洲的印第安人是初次接触这些细菌和病毒，大约 50% 到 90% 的印第安人死于这些病毒传播形成的瘟疫。烟草是从美洲传到旧大陆的，而且梅毒很有可能发源于美洲，是欧洲海员将它携带至世界其他地区。

世界贸易的扩展最终将澳洲和太平洋岛屿的生态系统与其他地区的物种联系起来，尽管这个过程迟至 18 世纪末才完成。1769 年，英国资助的詹姆斯·库克（James Cook）船长开始绘制新西兰的海岸线。当时约有10 万毛利人生活在新西兰，他们是在公元 1300 年到达此地的波利尼西亚人的后代。约有 75 万的土著人居住在澳大利亚，他们生活在小群体中，经常迁移，以打猎和采集为生。从 1778 年开始，英国将一些囚犯运往澳大利亚，其中大多是小偷；1845 年移民人数超过了土著人。在互通有无的过程中，澳大利亚向别处输出了桉树，而许多新的动植物品种传入了澳大利亚；相比世界其他地区，澳大利亚经历了最为激烈的改变。

主要的大帝国

尽管横跨大西洋和大西洋沿岸的贸易交流开展得如火如荼，但是从贸易量和拥有财富的数量上来看，18 世纪的中国和处于莫卧儿王朝统治之下的印度仍是当时世界上的实力最雄厚的两大帝国。排在中国和印度之后，最具实力的两个政府分别是发源于土耳其的奥斯曼帝国和控制着欧洲 20% 左右的领土与西班牙美洲殖民地的哈布斯堡王朝。

接替明朝统治中国的是清朝。清的统治者是满洲人，他们在 1644 年攻占了北京，并在接下来的 40 年间征服了中国的其他地方；清朝的统治在 1911 年结束。清朝出了两位杰出的皇帝，康熙和乾隆。中国政府对贸易进行严格管制，只允许欧洲人在广州一口进行贸易，而欧洲商人一般是用银子换取他们所需的中国商品。富裕且处于上升阶段的欧洲中产阶级疯狂地消费中国产品，不论是真品还是仿制品，他们尤其钟爱丝绸、瓷器、茶叶和墙纸等商品；18 世纪晚期，英国在中英贸易中承受了巨大的贸易逆差，因此英国政府感到十分忧虑，并试图与中国进行谈判，希望中国改变政策，可惜无功而返。

在明朝的统治下，中国的人口从 1 亿激增至 1800 年的 3.5 亿，占当时世界人口的 1/3。人口压力导致大量森林被砍伐，而森林面积的减少又引发了水土流失和洪涝灾害的发生；由于泥沙淤积严重，18 世纪末的大运河已经不能使用。农民起义在中国的中部和西南部频繁发生。

来自费尔干纳盆地（位于现在的乌兹别克斯坦）、由巴布尔率领的穆斯林突厥人在 1526 年打败德里苏丹国后，印度的莫卧儿帝国兴起。巴布是成吉思汗次子察合台的后代。作为少数民族的穆斯林突厥人统治了印度。这个帝国的范围包括了恒河和印度河之间的整个北印度、克什米尔、旁遮普，并南至孟买，但是不含南部和东部口岸。巴布的孙子阿克巴（1556—1605 年在位）娶了一位拉其普特公主，他们的儿子拥有穆斯林和印度两种血统。皇宫呈现出一种别具特色的风格，以奢华的陈设、数不清的财富和波斯语为标志。印度人口大约在 1 到 1.5 亿之间；从 16 世纪末到 17 世纪早期，印度非常繁荣；虽然没有海军和商船，但是它的港口输出大量棉布。17 世纪，莫卧儿王朝的财政收入是法国的 4 倍。莫卧儿帝国的统治在名义上一直延续到 1857 年，那年英国杀死了莫卧儿的末帝；然而，莫卧儿的实际统治权在 1707 年后就开始丧失，这主要是由于地方性印度势力向莫卧儿的军事权威发出挑战，将印度分化为一个个土邦，而正是国内的分裂形势为外国势力的入侵打开了方便之门；正如之后发生的那样，19 世纪的印度难以抵御英国的侵略。

奥斯曼土耳其帝国是由安纳托利亚西北部的穆斯林突厥人建立的，在 1415 年之后开始发展壮大，于 1453 年占领了君士坦丁堡（后更名为伊斯坦布尔），并在 1550 年时将领土从幼发拉底河流域拓展至欧洲的匈牙利和非洲的撒哈拉沙漠。帝国原有人口约为 2000 万到 2500 万，在 18 世纪人口增至 3000 万。征服了巴尔干半岛的基督教国家之后，奥斯曼土耳其帝国征发乡村中的男童为兵。帝国政府将这些孩子交由土耳其家庭抚养，之后将他们送往伊斯坦布尔的军事学校。经训练后，这些孩子大部分成为士兵，只有小部分天资过人的孩童成长为政府官员。也门位于红海与印度洋的交汇处、阿拉伯半岛的顶端，这里种植咖啡。在传入欧洲之前，咖啡已于 15 世纪风靡伊斯坦布尔（咖啡在 1615 年传入威尼斯，1651 年传至伦敦）。尽管与伊朗交战频繁，奥斯曼帝国的统治一直延续到第一次世界大战爆发。

1600 年的伊朗被称为萨法维王朝，它的疆域西起巴格达，东面与莫卧儿帝国接壤。伊斯迈尔一世是伊朗王朝的缔造者，他坚持认为伊朗应该信奉伊斯兰教的什叶派，以此区别于它的邻国们，因为伊朗所有的邻国都信仰逊尼派伊斯兰。自从 1258 年蒙古人摧毁了巴格达，伊朗文化更多地呈现出印度色彩，而不是阿拉伯色彩，伊朗学者和作家主要使用波斯语写作，而不是阿拉伯语。萨法维王朝的大部分居民从事农牧业生产，无论他们是伊朗人、突厥人（土耳其人）、库尔德人，还是阿拉伯人。他们制造的产品很少出口，能够成为对外贸易商品的只有丝织品和深色毛毯；时至今日，这两种商品仍然为世人所珍视。1722 年由于中央政府失去了地方游牧部族的支持，阿富汗人攻占了它的首都，从而结束了萨法维王朝的统治。

在 1000 到 1500 年间，欧洲的哈布斯堡王朝是世界的第四大帝国。它发源于瑞士，其君主鲁道夫一世在 1273 年成为神圣罗马帝国的皇帝。鲁道夫一世敕封他的儿子为奥地利的统治者，并通过联姻和继承将欧洲的很多地区纳入哈布斯堡王室的统治之下，这些地区包括了荷兰（1477 年纳入）、西班牙（1516 年纳入），还有卢森堡、勃艮第、波希米亚、匈牙利、西西里、那不勒斯和米兰。1519 年西班牙的哈布斯堡国王查理一世（费迪南和伊莎贝拉的孙子）成为神圣罗马帝国的皇帝，像我们之前提到的那样，他也被称为查理五世。

马丁·路德发动宗教改革运动两年后，查理五世继承了皇位。于是，皇帝带领天主教的军队讨伐新教徒，就像当年十字军东征奥斯曼土耳其帝国的穆斯林一样。查理五世治下的民众达 2000 万，约占欧洲人口的 20%。他未能统一欧洲，也没能阻止新教运动的蔓延；他与法国交战四次，使神圣罗马帝国陷入新旧宗教相互攻伐的战争漩涡。查理五世于 1556 年退位，之后开始在一个修道院里隐居；哈布斯堡王室的统治瓦解，只在奥地利一国延续至 1918 年第一次世界大战结束。

尽管西班牙的美洲殖民地向它供应了大量的白银，17 世纪早期它的财政却依然濒临破产。同一时期，处在波旁王朝统治下的法国成为欧洲实力最强的国家。阿姆斯特丹是 17 世纪欧洲的金融中心和最重要的港口。1689 年英国成为法国最强有力的竞争对手。欧洲的政治分裂有利于形成一种异常激烈的竞争环境和内在的科学技术变革机制。

在 1500 到 1750 年间，欧洲的农村生活很可能遭遇了进一步的恶化。这一时期的气候变冷，被称为"小冰期"；随之而来的是疾病、营养不良和死亡等现象的增多。大量的树木被砍伐，由此生产出造船和建屋所需的木材，取暖和煮饭的燃料，还有熔炼矿物的木炭等。森林砍伐对穷人产生了重大影响，他们大批量地涌入城市。1500 年，巴黎是唯一一座人口过 10 万的欧洲北部城市；而到了 1700 年，巴黎和伦敦的人口都达到了 50 万，阿姆斯特丹拥有 20 万人口，此外还有 20 个城市的人口超过 6 万。在城市里，富人占统治地位。他们被法国人称作资产阶级（bourgeoisie）或市民阶级，长时间从事贸易活动。国王支持他们的商业行为，因为政府的财政收入会随着贸易的增加而增多。免税的穷人约占城市人口的 10% 到 20%，他们的生活极其艰困。

宗教、科学和战争

从 1450 到 1800 年，金属活字印刷术（模子可反复使用）将欧洲和它的殖民地与世界其他地区区别开来，这些地区包括了奥斯曼土耳其帝国、莫卧儿王朝和中国的明朝。在 19 世纪以前，这些帝国主要依赖人工抄写书籍。导致这一现象的可能性因素有很多，还有一些原因目前尚未查明。也许是政府害怕难以控制印刷出版，或是担心亵渎神圣的经文，或许表意文字的印刷效果不像字母文字那样好。在一段时间内，穆斯林统治者认为印刷是对古兰经神圣经文的亵渎。朝鲜是唯一的例外，它于 13 世纪发明了金属活字印刷术，而且在 15 世纪早期朝鲜文字中增加了字母表。这些引发了朝鲜境内印刷制品数量的急剧增长，可惜的是这种现象仅局限于朝鲜一国，而且在朝鲜只有少数的贵族识字，只有他们能够阅读。

在欧洲，古登堡印刷术（发明于 1454 年）以极快的速度传播。到了 1500 年，236 个欧洲的城镇拥有类似的印刷厂。1501 年，人们铸造出西里尔字母和希腊字母两种字体的字模。西班牙和英国先后于 1533 年和 1639 年在美洲开办印刷厂。第一份常规报纸在 1605 年出现，第一份日报则诞生于 1702 年。在 1753 的英国，每天有两万份的报纸售出。识字率上升了，商贸交流日益增多，而且越来越多的人参与到知识辩论中，特别是参加激烈的宗教辩论。

印刷术的发明大概是近一半欧洲人成为新教徒的原因。马丁·路德（Marein Luther，1483—1546）本是一名天主教教士和维腾堡大学神学院的教授。他反对教皇利奥十世兜售赎罪券的行为。教皇告诉民众，他们购买赎罪券向上帝做出捐献或是进行朝圣活动，能够使自己免于承受因过去所犯罪行而导致的惩罚，由此获得救赎。1517年，路德用拉丁文写了一篇表达抗议的文章，并将文章钉在了教会的门上；他在文中宣称，信仰基督教是出于个人对于上帝的忠诚，救赎只能通过信仰来达到，拒绝其他任何形式的功德。便宜的小册子传播了路德的思想，贵族和平民都热烈地拥护他的主张；天主教会试图阻止这种思想的蔓延，然而收效甚微。路德并不是要求宗教宽容；他的理想是以新教代替天主教，成为唯一真正的信仰。因新教问题，德意志诸侯国分裂成两个阵营，并爆发战争。最后两派在1555年通过谈判达成停战和约。该和约允许诸侯有权决定自己国家的宗教信仰，所谓"教随国定"。在欧洲的其他地区，各种形式的改革运动迅速发展，比如加尔文教、圣公会和长老会等。

在这一时期，世界很多地方都形成了挑战既有宗教的新势力。中国的王阳明（1472—1529）认为，即使没有长时间地学习儒家思想，普通人也能够达到德善的境界；他的挑战最终导致了儒家正统观念的重建。在印度，古鲁·那纳克（Gure Nanak，1469—1539）创建了锡克教，这个新宗教虽以印度教教义为基础，但是否定了婆罗门种姓作为神职人员的权威，而且它要求所有教众都服从于同一套严格的道德规范，并不像印度教那样，对不同种姓有着不同的道德要求。阿克巴皇帝（1556—1605年在位）鼓励宗教多样性和宗教宽容，但是之后的皇帝都偏爱穆斯林。

世界上很多地方性宗教在这段时间内消失了，日益增加的移民潮、贸易交流和殖民活动等将它们一扫而空。固守地方传统的人们不是被孤立，就是成为穆斯林或基督教传教士发展的入教对象。即便是过着游牧生活的蒙古人，也逐渐抛弃了他们长期遵循的地方传统，即信奉萨满神教，而改宗藏传佛教。1601年一个蒙古人被选定为下一任的达赖喇嘛；接着，佛教寺院就如雨后春笋般遍布整个蒙古地区。

对权威的挑战在欧洲继续发展，从而形成了一种新态度，即不信赖任何权威，所有的思想都应该被实验和理性所检验。这种态度被称为科学，它在欧洲非常盛行，而欧洲的大学则成为实践科学态度的基地。截至1500年，欧洲已经拥有超过百所的大学，这些学校吸收并试图理解涌入欧洲的各种全球信息和知识。从 1559 年开始，教皇禁止一些出版物发行，因为教会认定这些书籍具有颠覆破坏作用；这种做法一直持续到 1966 年。教会反对科学家伽利略（Galileo Galilei），因为伽利略认为地球绕太阳旋转，而不是相反的情况。1616 年后，教会当局将他监禁于意大利的佛罗伦萨，但是他们并没能压制他的思想，他的著述业已在荷兰出版发行。英国人莎士比亚（1564—1616）的戏剧反映了这一时期世界上发生的各种冲突，而这些冲突往往由急剧的变化所引发。

战争是我们所讲的故事里经常存在的威胁，但是在本书里我一般不详细地描述历次战争的经过情形。从 1450 年到 1800 年，重大的新发展改变了战争的性质，这些发展包括了加农炮和野战加农炮所武装的海军以及用来对付他们的大型防御工事，能够在炮火攻击下继续前进而不撤退的常备军，还有对地面部队进行大量的后勤补给等。这些新发展花费甚巨，因此银行系统成为战争的一部分。庞大的帝国将它们 70% 到 90% 的财政收入用来购买军事装备。

并不是所有的帝国在发展新型军事的道路上都处于同一水平线上。只有欧洲和中国建立了海军，而后中国又取消了海军建制。欧洲和奥斯曼土耳其帝国拥有精良的野战加农炮和武装步兵。欧洲发明了密集队形操练的军事训练方法和银行系统（意大利、低地国家和英国），完全不顾基督教经文中有关禁止借贷的表述。穆斯林遵守他们关于禁止借贷的经文，但是他们制定出一种体系，将债务人变成投资的一方。莫卧儿帝国既没有银行体系，也没有海军。在推翻明朝统治的过程中，清的统治者使用了加农炮攻城，这种做法是从耶稣会教士那学来的。非洲只拥有一小部分的新型军事装备，但这也足以永久消灭那些游牧民族建立的政权，因为游牧民族无法大批量地制造枪炮。

从 1750 年到 1800 年，一个在世界范围内进行交流和贸易的体系逐渐形成；在这个体系中，海洋将几块大陆相互连接起来。港口城市和它们的腹地繁荣发展，然而与此同时，内陆地区却逐渐衰落了。那时，横渡大西洋需要花费 1 个月，穿越太平洋则需 3 个月，骑骆驼穿过撒哈拉沙漠最少要 1 个月，而从欧亚大陆的一端走到另一端就要花掉 1 年的时光。海上贸易成为 1450 年到 1800 年这一历史时期的显著标志。

世界人口总量在这一时期内翻番，达到了 9 亿。人口的增长不仅得益于哥伦布发现新大陆之后，新旧大陆的粮食作物品种得到了交换，而且与瘟疫大流行爆发的次数减少联系密切。相比世界其他地区，非洲的人口增长速度要缓慢很多。尽管如此，从总体上看 18 世纪仍是人口增长的转捩点；它是现代人口开始过快增长的标志。然而，80% 到 85% 的世界人口还是农民，以他们的体力作为生产的动力，他们不识字，而且很少碰到陌生人。世界上的奴隶数量在这一时期显著增多，约为 2000 万到 5000 万，占 1800 年世界总人口的 2% 到 5%。

全球经济增长仍然与人口增长保持在大致相等的速度上。从 1450 年到 1800 年，年度经济增长的比率小于 0.25%，因为这一时期的经济总量只增加了 2 到 3 倍。经济的增长更多是源于人口的增加，而不是生产效率的提高，因为人力仍然为大部分的劳动提供动力。在 18 世纪中叶以前，中国和印度依旧是经济的中心，控制着全球商品和贸易总量的 80% 左右；而从 18 世纪中叶开始，随着经济的发展，大西洋沿岸逐渐成长为西太平洋地区的劲敌。在 1492 年之后的几十年里，欧洲经济的增长速率急剧加速，而这种增长则是以廉价的奴隶劳动力和美洲大量土地开发为基础的。

在讲述从 1000 到 1500 年这段世界历史时，我主要关注的是蒙古人；而在叙说从 1500 到 1800 年这段历史时，我将目光聚焦在有"海上蒙古"之称的大西洋地区的欧洲人。这些欧洲人，以残忍野蛮的手段和坚定的信仰，将他们的文化扩展至美洲；在欧洲，他们则为工业化和随之而来的欧洲在世界上的统治地位奠定了基础。

未能解答的问题

1. 奴隶贸易对非洲有何影响？

以麦克尼尔父子为代表的一些历史学家认为奴隶贸易对于整个非洲的人口统计数据影响很小。他们认为，在400年的时间里，共有2500万的黑人被贩卖为奴隶，这些奴隶来自非洲各国，因此在数量上只占人口比重的很小一部分（但是具体的比例不详）。其他的历史学家，比如帕特里克·曼宁（Patrick Manning），则认为撒哈拉以南的非洲从1750年到1850年间几乎没有人口增长，而没有奴隶贩卖的话，人口本该从5000万增至7000万或1亿。曼宁教授认为从1750年到1850年，"由于欧美和东方对于奴隶的需求，或许10%的非洲人口（大致是600万—700万人）沦为奴隶。"

奴隶制对非洲还有别的影响。因为无国籍的人特别容易被抓获，所以奴隶制有利于国家的形成。它使很多社会变得军事化了，枪支的数量增加了，而这些枪支往往是通过奴隶贸易而采购的。它分化了社会，迫使社会和个人在是否从事奴隶贸易中作出选择。甚至时至今日，在非洲的一些地区，人们仍然记得哪些人的祖先是奴隶贩子，哪些人的祖先是奴隶。

2. 欧洲人抗议过对待美洲印第安人的方式吗？

有些欧洲人抗议过，其中的领军人物是巴托洛梅·德拉斯·卡萨斯（约1484—约1566）。此人出生在塞维利亚，是带有犹太人血统的西班牙人，为了避免宗教迫害，他的家庭从犹太教改宗基督教。他的祖父于1492年出生在一个犹太家庭；他的父亲参与了哥伦布的第二次航行。从1502年到1506年，卡萨斯跟随父亲去了加勒比海地区。之后，他返回西班牙接受王命，接着在1509到1515年的这段时间里，他再次来到加勒比海并亲历了西班牙对古巴的征服。卡萨斯在他的几本著述中详细描述了他的同胞如何虐待美洲的土著人。最终，他促成了"1542年新法"这一立法的通过。该法向美洲印第安人提供了一定的保护，它规定奴役美洲印第安人或以其他方式强制他们劳动的行为都是非法的。在16世纪50年代，他著写了《印第安人的历史》（A History of the Indians）一书。然而，卡萨斯并不反对奴役黑人。

3. 为什么资本主义不是产生于中国或是印度，而是产生于欧洲的部分地区呢？

　　这是欧美社会科学家和历史学家十分偏爱的一个话题。他们已经提出过很多可能的解释，包括由于欧洲没有一个统一的政府，各国之间竞争激烈；临海的地理位置；征服美洲大陆而获得大笔意外之财，比如食物、劳动力和金银等；强有力的国家机构；丰富的煤资源；人口密度；印刷业带来的快捷通讯；不同的社会结构和政策；还有大量的偶然因素等。上述的所有因素貌似都发挥了一定的作用。接下来的问题是，在资本主义的发展中英国是如何拔得头筹，独领风骚的呢？下一章的内容或许对这一问题的解答有一定的启发。

第 12 章　工业化进程

（公元 1750—2000 年）

　　一些历史学家用"工业革命"来概括人类社会在这一历史阶段发生的一些转变，包括化石燃料的使用、工厂制和机器制造业的发展等。这些转变最早发生于 1750 年的英国。其余的历史学家，包括我在内，倾向于使用"工业化"一词。"工业化"代表的是一个更为长期又渐进的历史进程。这一进程发端于欧、亚、非三大洲的一体化（见第 10 章），并因全球间联系变得密切而得到加强。英国于 19 世纪中叶完成了工业化；紧随其后，其他一些地区也相继完成了这一进程。然而,至今仍有一些地区正在经历着"工业化"。大多数的历史学家认同人类向化石燃料和机器制造业的转变是人类历史上最为深刻的三或四次转变之一，它的重要性丝毫不亚于人类转向农业或城市。

　　在工业化的发展过程中，出现了两个人类历史上前所未有的现象，即人口和经济的大规模增长。

　　从公元元年到 1700 年，世界人口逐步增长，平均算来为每世纪增加 12% 的人口。但是，这一增长不是一个持续的过程；正如之前提到的那样，当人口数量超过食物的供给水平，或者是人类社会遭受到重大疾病的侵袭时，就会出现人口的下降期。1700 年后，死亡率开始下降，而世界人口增长率在 18 世纪从 30% 上升为 50%，到了 19 世纪这一数据攀升至 80%，在

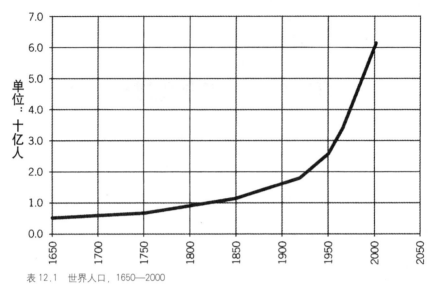

表 12.1　世界人口，1650—2000

（来源：Donella Meadows, Jorgen Randers, and Dennis Meadows, 2004, *Limits to Growth: The 30-Year Update*, White River Junction, VT: Chelsea Green Publishing, 6.）

20 世纪则达到 280%。没有人知道这其中的原因。最具信服力的解释有这么几个：气候变暖，更多的食物供给（在美洲发现的新粮食作物和农业技术的改进），更便捷的交通运输，和致命疾病更为广泛地传播（由此增强了更多人的免疫力）。（表 12.1）

　　更富戏剧性的是，从 17 世纪末开始，在人口增长的情况下，经济发展使英国和荷兰实现了人均收入的增多，尽管同一时期农业的回报率在下降。之前在世界的其他地区也曾出现过人均收入增长（Per capita income growth，指的是人均收入的实际增长）的情形，但是它经常发生逆转；如此一来，农民的实际生活水平仍停留在原有的程度上。然而，在欧洲，从 17 世纪晚期以降，除了战时的某些时候，生活水平没有发生过逆转。尽管相关人员已经提出很多种分析，但是并没有人知道这其中的确切原因。诸多解释中最为世人所熟知的是亚当·斯密（Adam Smith）在《国富论》中所论述的内容：要加快一个社会的经济发展，需要建立和平、低税的社会经济环境和执行保护财富和投资的公正法律。

资产阶级的力量

自大约 5000 年前世界上第一批国家建立以来，最普遍和持久的政治格局是君主制，即由一个人来实行统治，并对他（有时是"她"）的权利做出不同的限制。自城邦出现的时间起，只有为数不多的一些社会建立过民主制。尽管这些社会对公民身份有着严格的限定，但是社会中的每个公民都参与民主事务。然而，这些社会往往都是小规模且短命的。

贸易增长、城市的数量激增后，强有力的商人协会和商人地主大约从 17 世纪开始不满君主向他们征税。在古老传统的基础上存在的大帝国，像是中国的清王朝，印度的莫卧儿王朝，统治着土耳其、中东的奥斯曼帝国，压制了这些紧张情绪，避免了内战的发生。

然而，欧洲小国林立，这些国家相互竞争，充满了活力。英、荷两国的君主未能控制住商人的反抗情绪，资产阶级的领导人将他们的国家带入内战，以此来限制君主的权力。在荷兰，经过 1567–1609 年的长期内战，城市贵族抛弃了哈布斯堡王朝的统治，建立了"荷兰共和国"（the Dutch Republic）。

50 年后，英国也发生了资产阶级革命。这场革命的完成也历时半个世纪。革命的起点是 1642 年内战的爆发。接着，1649 年查理一世被送上断头台。然后，他的儿子查理二世于 1660 年复辟。最后，议会在 1688 年到 1689 年间发动了政变。议会中的有产者发起了这次政治革命；他们做了这样的政治安排：正如《权利法案》中所宣称的那样，君主是这个国家统一的象征，而真正的权力掌握在议会手中。《权利法案》授予议会诸多大权，包括掌握财政，召开定期和经常性的会议，并对君主权力进行严格限制等。这就是历史上赫赫有名的"光荣革命"（Glorious Revolution），它为之后发生的经济和技术变革奠定了基础。领导这场政变的精英约占总人口数的 5%，而他们掌控着 25% 左右的国民收入。他们对公共财政进行集中管理和改革，并为账务处理工作设定了严格的标准。

由于大西洋贸易的日益繁荣，英国以外的一些国家和地区也相继发生了政治革命。生活在英国北美殖民地的居民大多是有产者。他们反对殖民当局向其征收更高数额的税收，因此于 1776 年向英国宣战。对英国来说，跨洋作战的成本太高，加之法国对英属北美殖民地提供了援助，因此殖民地人民最终取得了胜利。此后不久，法国也爆发了 1789 年大革命。在这场革命中，农民加入了三级会议；三级会议的组成人员大多是有产者，他们一道推翻了帝制。之后，法国经历了一段无政府时期。接着，拿破仑建立起他的独裁统治。后来，法国人民迎来了王室的复辟，接踵而来的是更多的革命；直至 1871 年，法国才建立起一个长期存在的共和国。在美洲，法属殖民地圣多明各是糖的重要产地。圣多明各人民发起了反抗宗主国统治的起义。1804 年，他们赢得了自身的独立，并以"海地"命名自己的国家。1826 年，拉丁美洲掀起了西蒙·玻利瓦尔（Simon Bolivar，1783—1830）领导的独立运动。由于种植园主依然忠心于他们最大的主顾——西班牙，古巴和波多黎各这两块殖民地未能独立。除此二者外，大多数西属美洲殖民地都取得了独立和解放。在这些原来的殖民地上，人们建立起若干个独立的国家。1822 年，巴西摆脱了葡萄牙的殖民统治，赢得独立。德国依然处于君主政体的统治之下，它的议会权力有限；这种情况一直持续到德国在第一次世界大战中战败。俄国的君主制在 1917 年被推翻。

在对抗王权、限制王权对他们征收高额税收的过程中，拥有财富的资产阶级提出并发展了代议制政府的概念。两个伟大的英国人清晰地表述了代议制政府的概念，他们是约翰·弥尔顿（John Milton，1608—1674）和约翰·洛克（John Locke，1632—1704）。这二人都拥有稳定的财富。洛克是一个伯爵的顾问，弥尔顿的父亲是一个高利贷商人，他为弥尔顿的未来提供了资金保障。在内战中，弥尔顿撰写了《论出版自由》（Areopagitica）一书。在此书中，他吹响了保卫言论自由的号角，给政府审查制度以无情的挞伐。在国王审查制度结束之后的"书报战争"（pamphlet war）中，弥尔顿为国会有权处死国王辩护。内战结束后，英国进入了共和国时期。弥尔顿成为共和国的拉丁文秘书。共和国时期从 1649 年一直持续到 1660 年。在此期间，国会处于常胜将军奥利弗·克伦威尔（Oliver Cromwell）的控制之下。

若干年后，在《政府论》（*Two Treaties of Government*，1690 年）一书中，约翰·洛克也为国会反对王权的行为作了辩护。在这些文章中，洛克雄辩地指出，人们服从政府管理，并不是因为人类天生就具有服从一个绝对君主统治的倾向，而是因为合法的政府保护臣民的财产权。如果政府无法提供这种保护，有产者有权收回其对政府的授权，重新组建一个新的政府。君主并没有统治的权利，而人民拥有授予的权利。为了进一步阐明他的主张，洛克提出了一套新的思想理论。在这个理论里，他认为并没有什么思想是与生俱来的，包括服从于绝对权威的倾向。相反地，洛克认为新生儿的思想处于一片空白的状态，也可以将这种状态形容成一张白纸，之后他（她）所形成的所有观念和思想都来自于经验和理性。

然而，什么样的人才具备授权政府对国家进行管理的权利呢？在洛克生活的年代，只有一少部分成年男子有权选举议员。当托马斯·杰斐逊（Thomas Jefferson，1743—1826）运用洛克的思想，在《独立宣言》中为英属北美殖民地反抗宗主国统治的行为正名时，他用自己的权利观"追求幸福"代替了洛克所说的"财产权"，如此一来，在他脑海中合法投票人的基础被显著扩大了。詹姆士·麦迪逊（James Madison）在此问题上与杰斐逊看法一致。他认为，财产权的一层含义是指土地、金钱和商品等；从更为广义大的概念上来说，它指的是自由思想和观念，以及按照个人意愿自由地发挥个人的才能；可以归结为这样一句话，"既然一个人对他的财产拥有无可辩驳的权利，同样地，他对自己的权利也拥有理所当然的所有权"。怀抱着这些思想，有产者挑战王权并将查理一世推上了断头台；这些行为的实施者可能从未料想到自己的行为会演变到如此激进和深入的地步。

美国宪法中并没有关于选举要求的条款。"选举委员会"（Electoral College）投票选出总统，州议会选举参议员，而由各个州制定自己选举众议员的标准要求。在 1800 年，只有宾夕法尼亚州对选举权未作出任何财产限定。

虽然奴隶没有投票权，但是为了赋予蓄奴州更大的权力，在决定议员数量时每个奴隶被算作 3/5 个人。迟至 1920 年，妇女才获得选举权。

当欧洲和美国都流行政治平等的观念时，这些地区的人们提出了种族观念，即以外貌特征将人们分成不同的种类。欧洲人发出这样的疑问：如果所有人是生而平等的，那为什么有些人看上去那么落后呢？在 1735 年，瑞典的博物学家卡尔·林奈乌斯（Carl Linnaeus）曾经尝试对人类进行种族划分。但是，"身体人类学之父"——约翰·布鲁门巴哈（Johnn Blumenbach）以头骨的测量结果为基础创立的种族分类学说才最具权威。布鲁门巴哈是德国哥廷根一所大学的教授。在《论人的天生变异》（On the Natural Varieties of Humankind，1775 年）一书中，布鲁门巴哈将人类分为五个种族。在此书 1795 年的版本中，他将这些种族分别命名为高加索人种、蒙古人种、埃塞俄比亚人种、亚美利加人种和马来亚人。布鲁门巴哈并不认为，与其他人种相比，非洲人在形态上更接近于类人猿；然而，他认为高加索人种是历史上出现的第一个人种，其余的人种都是从高加索人种里分化演变而来。

工业革命

如今，向工业化转变被视为一种全球现象。它并不是欧洲社会的创造，而是各种力量在全球联络网中相互发生作用的结果，即欧亚非人民与美洲人民互动的结果。地球的两个半球连接起来后，创新的速度、生产水平和集体认知都获得了极其迅速的提升。得益于其自身优越的地理位置，欧洲的大西洋沿岸成为首个世界体系的第一批中心。除了战略性地理位置外，欧洲人的优越性还来自于他们新生的社会制度，这一制度充满活力且乐于变革。

值得一提的是，工业化进程最先开始于英国，一个位于西北欧、气候潮湿的小岛国。英国丰富的煤储量是英国先期进入工业化的一个主要原因。由于大面积采伐森林，英伦三岛的林木资源一度面临枯竭，而树木是木炭的原料，因此用来炼铁的木炭数量骤减，煤的产量亦趋下滑。以原煤来炼铁是行不通的，因为原煤中掺有杂质，用它炼出的铁易碎。1709 年，什罗普郡的达比家族（Darby family）发现应该首先将煤转换成焦炭，然后用焦炭来炼铁，如此便能取得成功。

　　然而，由于煤通常都深埋于地下，且斜竖井里充满了水，因此煤的开采变得十分不易。如此一来，开采煤需要用到一些抽水机。18 世纪 70 年代，一个苏格兰人詹姆士·瓦特（James Watt）改进了蒸汽机的设计。19 世纪的英国拥有将近 2000 台蒸汽机；虽然这些蒸汽机中只有 5% 是有效的，但是在采煤时，每一台蒸汽机的功力大约相当于 200 个人同时从煤井中向外抽水。（因此，从 1780 年到 1830 年，煤产量几乎增长了 5 倍。）为了改进蒸汽机，英国人用尽了他们制造武器和钟表的各种技术。1830 年以后，以蒸汽为动力的机器价格大幅下降。

　　18 世纪以前，对英国以外的国家和社会来讲，蒸汽机是稀罕物。这些社会引进并发展了蒸汽机。中国人的系统有所不同，他们将这种蒸汽机用作风箱，它的工作原理是机轮推动活塞运动，与瓦特所设计的正好相反。中国人也用煤炼铁；他们在 1080 年的产铁量比不包括俄罗斯在内的整个欧洲 1700 年的产铁量还要多。然而，中国的煤资源主要分布在北方，正是这里遭受了蒙古入侵、内战、洪灾和瘟疫的反复侵扰。北方人口大多向南迁移；当铁的生产得到恢复时，木炭已经代替煤作燃料。

　　在 18 世纪，印度是世界上最大的棉布出口国。1721 年，为了从本土生产中获得更多的收益，英国富有的商人通过国会禁止了对印度棉布的进口。他们从美洲殖民地购得由奴隶种植的棉花，将这些原材料运往英国的乡村地区。此时，英国乡村地区的工匠家庭仍使用手工工具（纺纱机和家庭织布机等）生产棉布。之后，这些商人将收购这些棉布。这些纺纱工和织布工一般在家里工作，但也有以小组形式集体工作的，这有点儿原始工厂的味道了。

　　1764 年，伦敦某协会设立了 "最佳纺纱改进奖" 的奖项；它的获奖人是詹姆士·哈格里夫斯（James Hargreaves）。他发明了 "珍妮纺纱机"。珍妮纺纱机是木质结构，它由一系列纺轮连接，可以同时纺织 8 股线；当使用水力时，可以同时纺织 100 股线。英国人在 19 世纪早期发明了一种以蒸汽为动力的织布机。轧棉机的发明则出现在美国的佐治亚州，它增加了棉布的产量。在 19 世纪 60 年代，印度的棉纺织产业已经不再是英国同行的对手。

在英国的工业化进程中出现了很多与之相伴的变化，而正是这些同步的变化保证了这一进程的发生和发展。如同描述的那样，发明创造是必要的。美洲殖民地供给原材料和市场。运河和公路构建了一个基本的交通体系；晚些时候，蒸汽船和铁路的出现加快了交通运输的速度。为资本积累提供支持的金融体系于 17 世纪时期和 18 世纪早期形成并发展，人们对高利贷的态度发生了转变。最后，由于粮食产量的增加，农村出现了富余人口，而这为工业的发展提供了自由劳动力。

英国粮食产量的猛增源于英国农民的一系列努力。他们对绵羊进行精心喂养，使它们的平均重量翻番；他们不再任意地播撒种子，而是将其一行行整齐地种植；他们使用马拉的钻机；他们还创造出作物的四年轮作制（芜菁、大麦、苜蓿和小麦），如此一来土地就不用休耕了。在冬天，他们以芜菁作为牛的饲料。这样人们不但不必在秋天宰杀所有的牛，而且全年都有牛奶喝，有牛油吃。这些改变要求出现更为高效的大农业。富有的农民要求圈占之前的公有地，而这些公有地本是穷人放养牲畜的地方。圈地运动（enclosure movement）在 18 世纪末、19 世纪初达到了顶峰。在此次运动中，贫苦农民不是沦为雇农，就是离开农田、流入城市。虽然粮食总量有所增加，但是同一时期的人口也增多了。至 19 世纪中叶，英国需要在国际市场上用工业品交易食品。英国小麦出口的最后一次顺差发生在 1792 年。

对于英国的穷人来说，上述的这些转变即使不是灾难性的，也至少是十分艰困的。因为动力织机的使用，成千上万的手工织布工被迫流落街头。从 1760 到 1815 年间，工资不升反降。历史学家目前并未就下列两个问题取得一致见解：一，穷苦人民的生活条件是否比之前更糟糕？二，如果第一个问题的答案是肯定的话，比之前还要恶劣多少？有些人评论道，两代人为奠定英国的工业基础作出牺牲；但是更多的人同意这样的说法：当英国的工业化在 1850 年以后发展成熟时，所有的英国人都分享到英国在世界舞台上获得的成功。与此同时，英国在 1815 到 1914 年间出现大规模的移民潮，2000 万的英国人离开了母岛。1900 年，英国的人口为 4100 万；然而，如果大量人口没有移居国外的话，这一数字应该是 7000 万。

在工业化的进程中，烟草制品、可可粉、茶和咖啡成为现代生活的一部分，这并非巧合。1565 年，英国首次种植来自美洲的烟草；咖啡于 1651 年出现在伦敦，而巧克力和茶分别于 1657 年和 1660 年来到伦敦。人们可以快速准备和消费这些商品，它们都令人上瘾；此外，它们能够形成能量的短期爆发，而这些特点十分适合那些长期离家工作的日子。往饮料中加糖能够补充穷人饭食中缺乏的蛋白质，而消耗蛋白质可以产生能量。种植热带糖作物的土地每英亩产出的热量相当于 4 英亩的土豆或者 9 到 12 英亩的小麦。从 1815 年到 1900 年，英国的糖进口量增加了 11 倍。平均算来，英国人从糖中摄取的卡路里占到他们每日热量的 15% 到 25%。

因为它迫使工作场所与家庭相分离，工业化极大地冲击了妇女和儿童的生活。他们成为流动的劳动力，并作为男人劳动力的一种必要的补充进入劳动力市场。他们做一些男人不愿意做的工作，这些工作往往在社会上没有什么地位，对技能培训的要求比较低。不平等的地位正是在这个过程中产生的。然而，一些孩子可以不用从事生产活动，而将求学作为自己的首要任务；一些城市中的家庭妇女和从事服务业的女性（包括家政业）的生活处境往往要比从事农业劳动的男子好很多。

为什么工业化的进程首先在英国启动呢？对此，历史学家给出了多种不同的解答。最为简短的答案是一系列特殊因素的综合，包括了临海的地理位置，森林的过度采伐，丰富的煤储量，光荣革命的社会和政治后果，在美洲殖民地获得的土地和财富以及在此基础上发展起来的商业和农业，便利的交通，工业设备与技术的发明和应用，人口的增长，印刷术的使用，加上自由和鼓励创新的机制等。

1815 年之后，欧洲其他地区和美国开始了工业化的进程。比利时和瑞士较早开始了工业化；它们拥有丰富的煤储量。德国鲁尔区富含煤资源，它的工业产量在 19 世纪 80 年代超过了英国。法国煤资源贫乏，故未能成为工业化的领军人物，而且在 1848 年后，法国需要进口煤。美国在工厂管理方面处于领先地位，并首次在武器制造业中使用标准化零件；到 19 世纪 90 年代，它的工业发展超越了德国，成为世界第一。在 1900 年之前，只有两个非西方社会开始了工业化的进程，即俄国和日本。俄国的工业化始于 19 世纪 60 年代，至 1910 年它已成为世界第 4 或第 5 大重工业经济体，到 1950 年其工业化发展成熟。日本的工业化也是从 19 世纪 60 年代起步的，到 1914 年已经发展成一流的军事和工业强国。看来，20 世纪的大国都是从 19 世纪就成功地开展了工业化，诸如英国、德国、俄国、美国和日本等。

由于煤的使用，劳动力缺乏的状况有所改善；如此一来，奴隶制和强制劳动逐渐失去了吸引力和经济意义。正是在奴隶制和农奴制发展到顶点之时，世界范围内的多数地方以极快的速度废除了这两种古老的制度。

奴隶制和农奴制的极盛出现在 19 世纪前半期。美国南部棉花种植园中的奴隶在 1860 年的统计数量是 1800 年的 5 倍。奴隶制在加勒比海地区和巴西得以扩展，更多的奴隶被用来生产蔗糖。在南亚，种植园的奴隶生产糖和辣椒；在俄国，数百万的农奴在种植小麦；在埃及，由奴隶（农奴）组成的军队来种植棉花；在北非，这一时期奴隶制扩大，主要使用奴隶种植棕榈树，进而加工出一种工业润滑油。

英格兰的贵格会教徒和法国的启蒙哲学家在 18 世纪末掀起了废除奴隶制的风潮。印刷业的发展和旅游活动的开展传播了他们的废奴思想。英国于 1807 年废止贩卖奴隶；之后，从 1808 到 1830 年法国也逐渐废除了这种罪恶的贸易。19 世纪 20 年代，智利和墨西哥废除了奴隶制；英国在 1833 年也作出一样的决定。别的大西洋国家紧随其后废除了奴隶制：美国是在 1865 年，西班牙是 1886 年，而巴西则是在 1888 年。1861 年俄国解放了私有农奴，但是他们至少需要耕作 9 年才能拥有属于自己的公社份地；1866 年政府农奴也获得了自由。迫于欧洲的压力，奥斯曼土耳其帝国禁止奴隶贸易，可并未废除奴隶制，因为其宗教教义某种程度上是认可奴隶制的。非洲的奴隶贸易在 1914 年终止，而奴隶制在这一地区的废除则迟至

20 世纪 30 年代。从总体上看，奴隶制和农奴制的废除在人类解放进程中具有历史性的意义；单就俄国而言，就有 5000 万农奴获得了自由。化石燃料的使用有助于我们理解这样一个问题：假使奴隶制未能被完全消除，为什么官方会选择废止它？

有关交通和电信的发明继续改变着世界贸易的面貌。1801 年，美国和苏格兰生产出早期的蒸汽船；1860 年，他们生产的航船雏形在公海上试行。1650 年，从荷兰到爪哇需航行一年；同样的航程在 1850 年只需花费三个月，而在 1920 年更是只需三个礼拜。世界的航运业在 1850 年到 1910 年间增长了 4 倍。

1830 年，英国修建了世界上第一条公共铁路。然而，在 1845 年，美国铁轨的总长度已是英国的两倍；至 1914 年，美国的铁轨长度占全世界铁轨的一半。1844 年，首封电报由巴尔的摩发往华盛顿。1866 年，铺设了横跨大西洋的海底电缆。1870 年，修建了一条连接英国和印度的电缆，它将两地传输消息的时间由八个月缩至五个钟头。在 1860 年，使用摩尔斯密码电报一分钟能够发送 10 个词；60 年后，一分钟能传送 400 个词。全球的电气化肇始于 1890 年前后。

19 世纪末，出现了另一项足以改变世界的事物，即石油的使用。和煤一样，石油是形成于数千万年前、深埋于地下的化石燃料。石油被用作内燃机的燃料。1850 年，苏格兰人詹姆士·扬发现了提炼原油的办法，而宾夕法尼亚州的埃德温·德雷克在 1859 年验证了可以从深层岩石中钻取石油。从 19 世纪 80 年代起，德国人开始研制使用石油的机器。世界的石油产量从 1800 年的 0 增长为 1900 年的 2000 万吨，1990 年则增长至 30 亿吨，此时占世界人口 4% 的美国消耗了世界石油产量的 25%。石油将成为 20 世纪的故事中一个重要的组成部分，甚至是最重要的那一部分。

帝国主义和世界大战，1850—1945

1870 年，欧洲掌握着世界贸易的 70%。至 1914 年，欧洲占领或者说

是控制着世界土地面积的 80%。1800 年，中国在世界生产总值中占有 33%
的份额；而到了 1900 年，这一比例已下降为 6%。相似地，印度在世界生
产总值中的比重也从 1800 年的 25% 缩减为 1900 年的 2%。此时非洲已被
欧洲列强瓜分殆尽。

种族主义思想泛滥以致登峰造极，多项以种族主义为基础制定的政策
出台，是这一时期欧洲和美国历史的一项显著特征。种族主义存在于"当
一个族群在伦理上或者历史上占有统治地位时，他们以其他族群与自身存
在天生且无法改变的差别为由，排除或试图消灭其他族群。然而，与此同时，
他们声称自己笃信人类平等"。如果种族主义不只存在于欧美社会的话，
那么至少看起来它主要是从欧美社会中衍生来的；它的理论逻辑在 20 世纪
的三个社会中得到了推演和贯彻执行。它们分别是美国南部歧视黑奴（19
世纪 90 年代—20 世纪 50 年代），欧洲在南非所建的殖民地歧视非洲人（20
世纪 10 年代—20 世纪 80 年代），希特勒统治下的德国歧视犹太人（1933—
1945 年）。

直至 19 世纪中叶，很多欧洲人和美国人都认为他们在世界上取得的统
治地位证明了他们在生物学意义上具有先天的优势，而并不认为这种地位
的获取得益于自身在文化、科技和地理位置等方面所形成的优势。法国、
英国、德国、葡萄牙、比利时和美国正是利用这套种族主义的思想体系为
各自争先开辟新殖民地的行径进行辩护。

1914 年之前的几十年间，工业强国的军事力量加强了他们瓜分剩余世
界、拓建新殖民地的实力。19 世纪 40 年代之后，世界各地在武器装备和
通讯体系等方面出现了重大的不平衡；19 世纪末，由于来复枪和机械化枪
炮的出现，加之药物控制疾病的能力增强，这种不平衡进一步加剧了。工
业化国家能够以廉价的军事行动为代价，快速地占有殖民地，而事实上他
们也确实这么做了。

英国拥有的殖民地最多；至 1914 年，它的领地已遍布全球，是世界历
史上面积最为广大的帝国（从国土相连接的角度来看，蒙古是最大的帝国）。
早在 1710 年，莫卧尔帝国就已失去了统治力；1750 年到 1860 年间，印度

逐步沦为英国的殖民地。它成为英帝国最为富庶和重要的殖民地。此外，英国还控制了加拿大、澳大利亚、新西兰、南非、埃及和非洲的其他地方。19 世纪末，英国控治着约 60% 的非洲人口。

在 19 世纪的最后几十年里，相较之前的历史时期，非洲的社会秩序更加牢固地植根于奴隶制。奴隶制为工业化国家开辟了道路，而这些工业强国瓜分了除利比里亚和埃塞俄比亚之外的全部非洲领土。（图 12.1）中部非洲与外部世界在此之前几乎没有什么联系。在 1880 到 1920 年间，中部非洲的人口数量下降了 25% 左右。由于医疗进步，非洲在 20 世纪后半期经历了世界历史上最为迅猛的人口增长。

中国从未沦为殖民地；清王朝苟延残喘，将其统治勉强维持到 1911 至 1912 年。然而，这里的情形恐怕比成为殖民地更糟糕。英美两国向中国走私印度出产的鸦片；这导致了历史上最大的国内战争——太平天国运动的爆发。太平天国运动从 1850 年持续到 1864 年；其间，丧生的中国人多达 2000 万到 3000 万。

1898 年，美国与西班牙之间爆发了一场战争，美国取得了胜利并占领了波多黎各和菲律宾。俄国扩展到了高加索地区。日本不但从中国攫取了台湾和属国朝鲜，还取得了在中国东北的特权；不仅如此，它还从俄国手中抢占到半个库页岛。

19 世纪后半期的气候变化加剧了帝国主义国家的野心。从 1876 年开始，一年三次的雨季减少为三到六年只有一段时间降水，这种情况一直持续到 1879 年。缺雨导致了热带国家和中国北部的干旱，而干旱不仅带来 3000 万至 5000 万的人口死亡，也造成了这些地区的工业化程度偏低。非洲在 20 世纪依然是旱灾易发区。

然而，欧洲人努力构建的世界体系存续时间并不长。这一体系在 20 世纪走向崩溃。欧洲列强在这一时期相互征伐；而此时，日本和俄国这两个非欧大国已经崛起，并同欧美争夺世界的土地和资源。

欧洲帝国主义的终结始于第一次世界大战。在激进民族主义思潮的推动下，作为后起之秀的德国与其他欧洲强国就殖民地问题展开了激烈的争

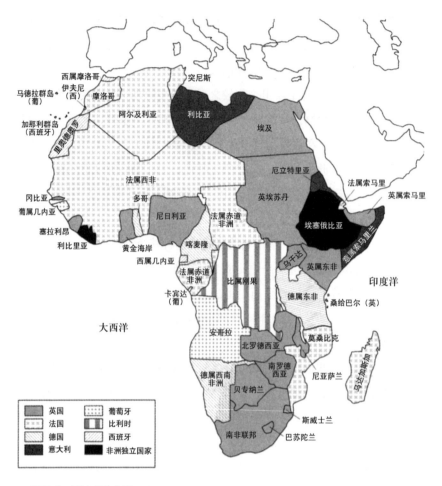

图 12.2　1914 年的非洲

夺，这导致了 1914 年第一次世界大战的爆发。这场战争于 1918 年结束。
战争在两个军事联盟之间展开。德国、奥匈帝国和奥斯曼土耳其帝国结成
了一个同盟，另一个联盟的成员有英国、法国、俄国、塞尔维亚和美国。
美国是在战争末期加入英法俄阵营的；正是由于美国的加入，这一集团才
以微弱的优势战胜了德奥同盟。战后达成的和平协定使德国的面积有轻微
程度地减少，并以其引发战争为由对德国强加了极为苛刻的赔偿条款。
1920 年，一战的胜利者成立了一个国际机构——国际联盟（League of

Nations，简称"国联"）。国联的总部设在日内瓦。它成立的目的在于控制、解决和避免未来可能发生的国际争端。在它的托管体制下，德国在非洲的殖民地被若干个战胜国瓜分。奥斯曼土耳其帝国的部分领土被划归给战胜国，其中巴勒斯坦划给了英国。土耳其在 1919 年到 1923 年间爆发了革命，奥斯曼帝国在其剩余土地上的统治随之土崩瓦解。一个世俗性质的土耳其政权在革命完成后诞生，这一政权废除了伊斯兰教的哈里发，使穆斯林世界不再有一个政教合一的领袖或者政治中心。沙俄的帝制也被 1917 年爆发的革命推翻。意大利的政府在 1919 年到 1927 年间逐渐走向崩溃，这为贝尼托·墨索里尼（Benito Mussolini，1883—1945）的独裁统治创造了条件。第一次世界大战之后，各国军队纷纷复员。这时一场流行性感冒开始在世界范围内蔓延。最终，4000 万人在此次疾病流行中丧生，而这一数字比一战造成的死亡人数还要多。由于妇女在战争中发挥了非常重要的作用，一些民主国家开始授予妇女选举权。

这一可怕的战争结束后，世界上的一些国家从国际贸易中收缩力量，并试图在经济方面达到一定程度的自给自足。随着美国股票市场在 1929 年的崩盘，与世界性贷款相关的银行相继破产倒闭，从而引发了全球性的经济大萧条。为了应对这一局面，各国政府纷纷提高关税，力图最大可能地减少进口，而这些措施使得局势变得更为糟糕。1932 年世界经济萎缩了 20%，而世界贸易减少了 25%。

由于两次世界大战只相隔了 20 年，很多历史学家将第二次世界大战视为一战的延续。民族主义思想的泛滥，加上意大利的墨索里尼、德国的阿道夫·希特勒和日本的军国主义分子等好战者的野心，促使这些国家的政府走上疯狂的对外侵略之路，而这些侵略行为再次引燃了战争的火焰。英国、法国、苏联和美国再次结盟，战胜了"轴心集团"（德日意）。这场战争的欧洲战场在 1945 年 5 月结束，在日本结束于 1945 年 9 月。约 6000 万人死于这场战争，占当时（1940 年）世界人口的 3%。在德国及其占领区，希特勒和他的追随者对犹太人实行种族灭绝政策，共有 600 万犹太人死于德国法西斯分子制造的大规模屠杀。苏联是战争中伤亡人数最多的国家，约有 2500 万士兵和平民丧生。为了使日本尽早投降，美国的飞行员奉命在日本的广岛和长崎两个城市投放了一种新式武器——产生于核能的原子弹，这造成了 10 万多人的死亡。

20 世纪的战争和革命所带来的杀戮对人类的道德观念造成了深远的影响。1914 年以前，很多人认为工业化世界是如此进步，不会再陷入旧式的征伐杀戮。尽管战争的惨状给人类带来了极度的恐惧，但它造成的人口损失对总人口数影响甚微。20 世纪所有的战争、种族灭绝的大屠杀、人为导致的饥荒和国家恐怖运动等共造成大约 1.8 到 1.9 亿人死亡，而这只占该世纪人口死亡总数的 4%。

美国领导下的世界，1945—2000

第二次世界大战结束时，世界上的工业强国都极大地削弱了彼此的生产能力，而美国是个例外。美国成为世界和平进程的领袖和全球经济的霸主。在战后很短的一段时间内，美国在核武器方面居于垄断地位，并且拥有半数的世界工业产量。鉴于一战后对德制裁导致恶果的历史经验，也出于对苏联和共产主义扩张的忧虑，战后美国决意支持和保障欧洲经济的复兴，同时监管日本的重建。在之后的半个世纪里，世界工业产量迅速增加。

20 世纪在能源方面取得的一项重大突破是将石油用作能源。由于汽车和飞机都不能靠燃煤而运行，石油的使用彻底改变了交通运输的面貌。美国是最早将经济基础建立在使用石油之上的国家。1912 年，亨利·福特创造出第一条生产汽车的流水装配线。为了使工人愿意在生产线旁从事单调乏味的工作，福特将工人的报酬翻番；如此一来，工人两个月的工资就买得起一台福特 T 型号汽车。20 世纪 20 年代，汽车、电话和收音机等在美国的普及程度已经相当高。

在美国的领导下，世界在 1950 年到 2000 年的这段时间内重新变得全球化了。45 个国家在 1944 年共同签字成立了"国际货币基金组织"（International Monetary Fund）和世界银行（World Bank），这为经济全球化奠定了基础。二战的战胜国极度渴望能够避免下一次毁灭性战争的爆发，出于此目的他们成立了联合国（United Nations）。联合国更加高效地承担了国联遗留下来的责任，它的总部设在纽约。在埃莉诺·罗斯福的领导下，1948 年联合国大会发表了《世界人权宣言》（Universal Declaration of Human Rights），这是针对所有人类普遍权利作出的第一次明确阐述，在人类历史上具有里程碑式的意义。两年后，"联合国教科文组织"（United Nations Educational, Scientific and Cultural Organization，全称"联合国教育、科学及文化组织"，缩写为"UNESCO"）发布了世界范围内重量级科学家们联合签署的一项声明，这项声明承认种族观念没有任何的科学依据。

然而，对于经济霸权的争夺并没有随着第二次世界大战的结束而告终。苏联成为美国最为强劲的对手。苏联与美国一道卷入了一场以经济和政治竞赛为内容的冷战。苏联在 1949 年制造出原子弹，同一年共产党在中国大陆取得了胜利，这些都进一步加剧了冷战的氛围。

苏联和西方工业化国家之间的不信任感可以追溯到 1917 年。是时，俄国的君主制被推翻；之后，俄国经历了短暂的欧洲模式的资产阶级政府统治时期。最后，俄国人在布尔什维克党的领导下发动了共产主义革命。苏联（由 15 个加盟共和国组成）的领导人执行工农业生产国有化的政策，并且向公民提供住房、医疗和教育。这些领导人信仰卡尔·马克思的思想理论，认为资本主义的民主政体注定走向瓦解和崩溃，并在剧烈的阶级斗争后进入共产主义社会。（"资本主义"一词的使用在 20 世纪才变得普遍，主要是将它与"社会主义"和"共产主义"作区分。）

在西方民主社会中，许多人都在寻求有效途径，以期消除劳工和资本家之间所存在的不平等。在这种情况下，马克思主义在西方有了许多的追随者。然而，苏联的共产主义体制没能为经济、军事和农业等方面的竞争提供长久的支持力。在 20 世纪 70 年代末，它的粮食产量已不足以养活本国的民众；20 世纪 80 年代，因石油价格大幅下跌，它的财政收入严重缩水。苏共的领导人希望通过改革来获得和资本主义世界一样巨大的物质利益。

1991 年，各个共和国要求脱离苏联而独立，苏联领导人戈尔巴乔夫同意了他们的要求。至此，苏联和平解体。

20 世纪的世界大战不仅为欧洲的扩张画下了句点，而且促使之前的欧洲大帝国纷纷走向瓦解。第一次世界大战后，奥匈帝国分化为四个新国家，它们分别是匈牙利、波兰、捷克斯洛伐克和奥地利。与此同时，爱尔兰也脱离英国而赢得独立。在第二次世界大战的进行过程中和结束后，世界上大多数的殖民地实现了自我解放；20 世纪 90 年代独立国家的数目是 60 年前的 3 倍左右。

20 世纪 50 年代，欧洲国家在昔日宿敌法德两国的领导下成立了"欧洲经济共同体"（European Economic Community，简称"欧共体"），意在实现欧洲国家的相互扶助，同时防止美苏成为欧洲事务的主宰。经过长达几十年的发展，"欧共体"逐步演化为成立于 20 世纪 90 年代的欧洲半统一体——"欧洲联盟"（European Union，简称"欧盟"）。欧盟成员国有着统一的货币和共同的经济、农业和移民政策。

第二次世界大战后，在巴勒斯坦出现了一个严峻的问题。在第一次世界大战中，为了换取犹太人和阿拉伯人的支持，法英两国的外交家向两者都作出了巴勒斯坦领土归其所有的保证。一战结束后，国联将巴勒斯坦划为英国的托管地之一。第二次世界大战前，英国政府允许一些犹太移民迁居到巴勒斯坦；二战后，大量的犹太人向这一地区移民。在建立犹太国的鼓动下，加上美国的支持，英国政府勉强同意以色列于 1947 年建国。1948 年联合国决议通过了这一建国方案。一些巴勒斯坦人被杀后，大量的巴勒斯坦人开始逃亡；邻近的阿拉伯国家屡次兴兵攻打以色列，却一再失败。从 1948 年到 2005 年，一共爆发了四次中东战争。考虑到阿拉伯世界和伊朗在为美国及其盟国供给石油方面占有重要地位，美国选择支持阿拉伯国家中那些不得人心的代理人统治，同时向以色列提供大量的军事和财力支持。虽然以色列从不承认其秘密发展核武器，但是正如国际社会普遍了解的那样，事实上它已经这么做了。如此一来，中东危局的未来变得更加扑朔迷离，难以揣测了。

20 世纪后半期，科学取得了惊人的成就和进步。第二次世界大战中发明的抗生素在这一时期成为最常见的救命药。科学家继续研发其他挽救生命的药物；截至 1987 年，日本是世界上人均寿命最长的国家，它的人均寿命达到了 78 岁。1957 年，俄国人发射了第一颗人造地球卫星，它成功进入了环球的预定轨道。1969 年，美国的宇航员成功登月；1977 年，美国发射了"旅行者一号"（Voyager I）探测器，它穿越了太阳系的外围，遨游太空。20 世纪 50 年代，美国科学家解开了 DNA 分子中的基因密码，展示了遗传基因发生突变的过程，由此进一步验证了达尔文的进化论。20 世纪 60 年代，宇宙学家发现了证明其大爆炸理论的具体证据，而大爆炸理论认为宇宙起源于一个单点的瞬间爆炸。20 世纪 40 年代，化学家从石油残渣中提取并制造出塑料。1960 到 1980 年间，由于科学家培育出多个新的小麦、大米和谷物品种，粮食产量增长了 2 到 4 倍。

宗教并没有随着科学的力量增长和声望提高而变得势衰。尽管世俗性的观点在欧美有所增加，但是基督教和伊斯兰教都在殖民时代得到了一定的扩展。因此，至 20 世纪末上述两个宗教的追随者遍布世界各地。这时，世界上出现了一种新型宗教，它们的特点是强调所有宗教在根本上是统一的，所有的教义都存在相同点，比如印度的罗摩克里希那运动和它狂热的教徒维韦卡南达（1863—1902），还有源于伊斯兰什叶教派的巴哈伊信仰；这些宗教在宣扬它们的宗教理念时喜欢使用英语。在一片恐惧和忧虑的气氛中，各种世界性宗教的原教旨主义派别在 20 世纪末重新流行起来。据估计，2002 年世界上存在一万种不同的宗教，其中有一百五十个教派的信众超过百万。如果用一个十人小组来大致代表世界宗教的话，其中将有三个基督教徒，两个穆斯林，两个不信教或无神论者，一个印度教徒，一个佛教徒，另一个则代表了所有信仰其他宗教的人。

20 世纪后半期世界经济增长了 6 倍，这种增长速度令人惊叹，堪称奇迹。对于亲身经历了这一增长的人们来说，它或许平淡无奇，再正常不过。然而，这样的经济增长在历史上前所未有，正如我们之前提到的那样，它是在全球范围内进行的，依靠科学和技术进步，伴随着人口的快速增长和资源的不断开发和利用。世界人口从1950年的25亿猛增到2000年的61亿。石油产量在1950年到1973年间翻了六番。20世纪90年代，世界公民的平均耗能相当于20个"能源单位"，但是这一数字掩盖了能源分配上的不平等问题。美国公民平均掌握着多于75个的"能源单位"，而供孟加拉国的公民支配的"能源单位"平均起来不足一个。然而，从1950年到1975年间，富裕地区与贫穷地区之间的不平等有所减弱；与此同时，各个工业化社会之间存在的差距也缩小了。在先前所有的城市社会中，富人和穷人之间都存在着隔阂。这种富裕与贫穷之间存在的古老鸿沟在这25年间真是变窄了。

然而，从20世纪70年代起，最富裕地区与最贫困地区、最富裕人口与最贫困人口之间的差距开始扩大。20世纪80年代以后，世界人口中最富裕的那10%变得更加富有，而最为贫穷的那10%则更加贫困潦倒。至2000年，如果将人口总量近乎全球人口一半的六个国家的平均收入与最富裕国家的收入同时列入一个图表的话，前者的比例低到难以标示出。1985年，独立民主国家的人口占世界总人口的1/6，而这些国家的民众却拥有世界财富的5/6。2000年，世界总人口中最为富裕的那20%掌握着80%的世界总产值。（表12.2）

至20世纪末，世界上的很多财富不再由国家政府组织或管理；这些财富属于跨国公司。这些公司在一些方面超出了国家管辖的范围，并且比世界上很多的国家还要富裕。没有人知道这样的发展态势会对今后的世界产生怎样的影响。

联网的个人电脑也在这一情形中诞生。像印刷术的发明一样，它的出现具有重大的意义。在第二次世界大战中，人们首次使用了电驱动计算机，它的功能是破译密码。到了20世纪90年代，联网的个人电脑在全球范围内普及。2000年，全球的个人电脑达到了数亿台，共有16亿张网页供用户浏览，其中英文网页的比例是78%。电脑的应用至少在短时期内加大了人们对教育的重视程度，而减弱了国家政府的统治力；它不仅加强了跨国公司、学术团体、恶势力和恐怖分子之间的交流，也增加了"黑客"攻击

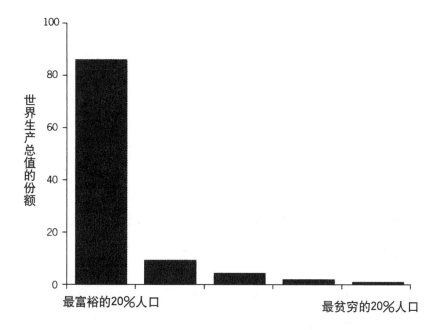

表 12.2　全球差异

（来源：Donella Meadows,Jorgen Randers,and Dennis Meadows,2004,*Limits to Growth:The 30-Year Update*,White River Junction,VT:Chelsea Green Publishing,43.）

互联网，从而给整个系统造成巨大破坏的风险系数。

　　世界上还有 10 亿多的民众过着"前电气化"的生活。然而，从咖啡馆的电视机中，从广播里，他们已经清楚地认识到，自己的生活缺失了一些别人都拥有的东西。发达快捷的通讯使得生活在落后地区的民众了解到自身的弱势，而这种人与人之间、地区与地区之间存在的发展不平等现象易于产生一种紧张敌对情绪，很难预言这种情绪能够产生怎样的后果。

　　将所有这些以最简单的方式呈现，亲爱的读者你会发现基本事实是：在 20 世纪人口数量增加了近 4 倍,世界经济增长了 14 倍,人均收入翻了 4 番,而能源消耗加大了 16 倍。这种规模的扩张是太阳底下出现的新情况，是地球历史上前所未有的全新事物。

未能解答的问题

1. "资本" (capital) 和 "资本主义" (capitalism) 的含义各是什么？

"资本"和"资本主义"是两个意味深长的词。对于这两个词的含义，目前还存在很大的争议。我尽可能地避免使用它们，也只能列举出它们之间一些细微的差别。

"资本"最开始指钱财。然而 1770 年前后，在法国经济学家罗伯特·雅克·杜尔哥 (Robert Jacques Turgot) 的理论中，它开始具有"控制劳动力"这一层意思。19 世纪，卡尔·马克思用"资本家" (capitalist) 一词代指那些掌握生产工具的人。如今，固定资本指的是铁路、桥梁、运河、船舶、工具和机器一类的资产，而可变或流动资本则指的原材料、资金、工资和劳动力等。

"资本主义"在 20 世纪才开始普遍使用，它是"社会主义"和"共产主义"的对立面。一位著名的资本主义史学家费尔南·布罗代尔 (Fernand Braudel) 认为，资本主义不仅是一种经济体制或自由市场，而且是一种由占统治地位的文化阶级所支撑的社会秩序，这种支撑如政府政策为资本主义经济提供支持一样重要。在布罗代尔看来，长期的资本主义包括了城镇和贸易的兴起、劳动力市场的出现、人口密度的增大、货币的使用、产量的增加和国际市场的形成等。

我将资本主义、社会主义和共产主义视为不同的工业化发展类型。资本主义的工业化以私人资本为动力，而共产主义的工业化由国家政府的力量推动，社会主义的工业化道路则是二者的混合。

2. 工业化是一件好事吗？

历史著述经常充斥着这样一种假定，即工业化是每个人发展的目标，正如阿兰·史密斯 (Allen K. Smith) 所说的，"向现代化进军"。

对于那些生活在工业化地区的民众来讲，工业化似乎是一种不可抗拒的潮流。随之而来的是财富、健康、教育、旅游、刺激、玩乐以及各种各样的挑战。尽管为数很少，还是有一些个人和团体在他们能够选择的情形下，拒绝了这些工业化的福利。

然而，工业化的完成是以对殖民地的掠夺为前提的。对于业已完成工业化的国家来说，维持目前的生活水平是一个难题。而对于正处在工业化进程中的国家来说，可供其完成工业化目标的资源则是日渐短缺。工业化的国家会逐步收缩其发展的规模还是将寻找到新的替代资源呢？或许，非工业化国家能够更好地应对 21 世纪的挑战。

3. 新教文化是最初形成工业化的一个关键因素吗？

1904 年，社会学家马克斯·韦伯（Max Weber）在一本极具影响力的著作《新教伦理和资本主义精神》（*The Protestant Ethic and the spirit of Capitalism*）中指出，新教徒的价值观和信仰（譬如吃苦耐劳、节俭和理性等）使他们成为最合格的资本家。举例来说，加尔文教徒信奉发财致富是其为上帝选民的一个证据，而正是在这种观念的激励下，他们更为努力地工作。很多新教徒认为财富不应用来过奢侈炫富的生活，而应该为公共利益服务。韦伯的观点基于一项社会调查。这项调查在德国的一个地区展开，它的结果显示相比天主教徒，新教徒更加富裕，更为积极地参与经济活动。貌似这一观点与事实相符，即资本主义最先在新教国家和地区（像英国和荷兰）兴起和繁荣发展起来，而天主教会总是维护传统社会的重要力量。

自其出版的世纪起，韦伯的经典著作就一直是学术界争论的话题。这一争论不仅旷日持久，而且全面彻底，因此获得了"学术界百年战争"的封号。20 世纪末，韦伯的理论似乎为新的发展形势所驳斥和否定。日本和俄国具有与新教不同的宗教信仰，然而他们很早就发展为工业化程度很高的现代社会；20 世纪中叶以后，一些亚洲"虎"（韩国、新加坡和台湾等）也逐渐做到了这一点。但是，有一些国家的工业化进程相当缓慢，甚至停滞不前。到底是什么因素导致了这样的结果？地理位置、社会结构，还是思想文化？这些因素又在多大程度上影响了这种结果的产生？关于这些问题，理论工作者一直争论不休。或许，韦伯找到了努力工作的最初动机；而工业化自身所取得的成果或许会推动后来更多的地区向工业化转变，这一点还未在欧洲的第一批"试验品"中显示出来。

第13章　现在与未来

通常来讲，历史学家并不描述当下正在发生的事情；他们将这一任务留给社会学家、政治学家和政治家。然而，我并不将自己局限在一般历史学家所作的工作范围之内。分析现在，并依据分析结果为未来制订发展计划是人类的一项能力和责任。正因如此，请大家和我一起进入下面的讨论。

一些国际指标

2000 年全球共有 61 亿人。据估计，地球上生活过的人口数量约在 500 亿到 1000 亿之间。也就是说，如今的人口数量约为地球历史中出现过的全部人口数量的 6% 到 12%。运用多种计量方法得知，与早先的人类相比，目前生活在地球上的人已经取得了长足的进步。

1900 年，全球人均寿命在 30 岁左右徘徊；而罗马帝国公民的人均寿命为 22 岁，这两者之间的差别并不大。2000 年，全球人均寿命达到了 67 岁。不仅如此，在寿命增长的同时，人们更多地享受到健康的快乐，而不是遭受病痛的折磨。

在 20 世纪后半叶，食品价格显著下降；2000 年食品的平均价格比 1957 年价格的 1/3 还要低。（表 13.1）之所以会这样，主要是因为粮食

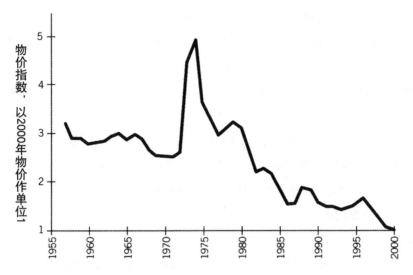

表 13.1　食品价格，1957—2000

（来源：Bjorn Lomborg，2001，*The Skeptical Environmentalist：Measuring the Real State of the World*，London and New York：Cambridge University Press，62.Includes material originally published in the International Monetary Fund，International Statistics Yearbook，2000.）

产量大大增加，灌溉系统和大坝的修建，肥料和农药的使用，加上农民管理技术的提高，另外对环境造成的损害并没有计入成本。撒哈拉以南的非洲并没有享受到廉价卡路里的增长。从 1960 年到 1997 年，它每日的卡路里只增加了 150，而这一时期亚洲人均每天增长了 800 卡路里。相比亚洲，在撒哈拉以南的非洲，每公顷土地的施肥量是非常少的；灌溉系统只覆盖了撒哈拉以南的非洲耕地面积的 5%，而亚洲的耕地灌溉率为 37%，虽然它的土地侵蚀更为严重。撒哈拉以南的非洲农民有潜力产出更多的粮食，但是这种潜力的发挥被诸多因素阻碍，例如严重的族群冲突、长期干旱、政治腐败、基础设施不足、受教育程度低和固定的田地价格等。

　　与之前的各历史时期相比，生活在 20 世纪的人们普遍更为健康。19 世纪以前，全球人均产量（Global production per capita），即全球人均国内生产总值，仍然保持在 400 美元左右；在 19 世纪，这项指标的统计数据翻番，达到了 800 美元；而到了 2000 年，这一数据超过了 6000 美元。

虽然，上述的平均结果是将世界上最富有的那些人也包含在内后得出的，但是贫困人口的比例确实也有所下降，尤其是那些生活在南亚和东亚的人们。据估计，1950 年世界贫困人口的比例约为 50%。2000 年世界银行的数据显示，第三世界中的贫困人口比例从 1987 年的 28.3% 下降为 1998 年的 24%。从 1950 年起，约有 34 亿人摆脱了极度贫困的生活状态。

与 20 世纪初期相比，人们在该世纪末接受到更多的正规教育。发展中国家人均接受学校教育的年限从 1960 年的 2.2 年增长为 1990 年的 4.2 年；与此同时，西方发达世界的该项指标从 1960 年的 7 年增加到 1990 年的 9.5 年。20 世纪的印度在教育方面成果显著：它的初中入学率从 1900 年的 3% 到 4% 之间上升为 1998 年的 50%，而人口的识字率则从 1900 年的 20% 提高到 2001 年的 65%。联合国科教文组织（UNESCO）的数据显示，从出生之日开始计算，整个发展中世界的青年文盲率从 1910 年的 75% 降低为 2000 年的 17%。（表 13.2）在 2000 年，发展中世界全部人口（即包括了

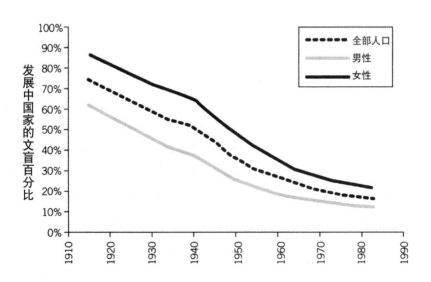

表 13.2　发展中国家的文盲率（依据出生年份），1915—1982

（来源：Bjorn Lomborg, 2001, *The Skeptical Environmentalist: Measuring the Real State of the World*, London and New York: Cambridge University Press, 81. Includes material originally published in the Compendium of Statistics on Illiteracy–1990 Edition, Paris: UNESCO, Office of Statistics.）

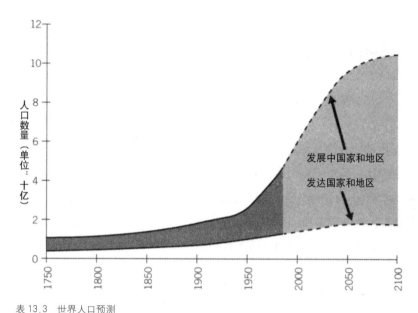

表 13.3　世界人口预测

（来源：Paul Kennedy，1991，*Preparing for Twenty-First Century*，New York：Ballantine，23. Includes material originally published in The Economist，January 20，1990，19.）

各个年龄段的人口）的平均文盲率约为 30%。

　　人口年度增长速率在 1964 年达到了历史最高峰，比 2.17% 还稍高一些；之后这一速率有所下降，到 2000 年下降为 1.26%。人口以如此快的速度增长，使得人口在 50 或 55 年内就可以翻一番。1960 年，各国开始生产和使用避孕药，而中国政府在 1979 年颁布了一项法律，规定一个家庭只能生育一个孩子。（这是对我国计划生育国策的误读。我国的计划生育不能被简单地表述为"一个孩子的政策"，针对城乡民族之间的差别，它提出了不同的限额，并不是全国各地各民族的每个家庭都只能生育一个孩子——译者注）由于生育控制和妇女教育程度的提高，发展中国家每个家庭平均拥有的孩子数量从 1950 年的 6.16 个减少到 2000 年的 3.1 个。根据 2000 年的联合国统计，以中等的生育率来计算，可预计世界人口在 2025 年将达到 80 亿，至 2050 年将达到 93 亿，而到了 2200 年它将稳定在 110 亿左右。须说明的一点是，这些增加的人口大部分将出生在不发达地区。（表 13.3）

地球实验

在几个世纪里，人类运用其才智，使得人口数量、人均寿命和收入都大幅增加。然而，与此同时，人们并没有意识到他们正在拿这个供养自身的星球进行一项实验，且结果难料。1972 年，一个名为"罗马俱乐部"（Club of Rome）的团体发出了一份题为"增长的极限"（*The Limits of Growth*）的警告。这个团体的成员包括来自十个国家的科学家、教育家、实业家、经济学家和公务员。20 世纪末，很多有识之士对这样的现实深表忧虑：地球资源是有限的，而人口的快速增长使人类在这个星球的未来生存面临困境。

举例来看，人口数量在上世纪从 16 亿增加到 61 亿。即使人类立即将家庭规模限至在人口可更新的范围内（这一预期是不现实的），人口也会持续增长到至少 80 亿或 90 亿，在此之后人口数量才可能稳定。大多数的人口增长会出现在那些还未完成工业化的国家，而这些国家很难养活这些新增的人口。这种情形将一个亟待解答的问题摆在了我们面前：地球的承载能力会在何时达到极限，还是已经达到极限了？

人类进行的这项实验以自己的星球为对象，纳入了很多因素，这些因素在地球的生存机制中相互关联。为了使叙述显得简单明白，我将它们分为如下几类：空气，森林、土壤、水和辐射。

空　气

至 2000 年为止，一半的世界人口生活在城市中；英国在 1850 年就超过了这个比例，而中国在 2005 年到 2010 年间也将达到这个比重。日本东京是世界上最大的城市，它的人口多达 3400 万；在农业社会萌发时，全世界的人口也就这么多。

1988 年"世界卫生组织"（World Health Organization）对城市的空气质量进行检测，据这项粗略估计显示，全球 18 亿城市居民中有 10 亿呼吸着过量的二氧化硫、煤烟和浮尘等有害气体，对人体健康极为不利。对于一些很早就完成了工业化的国家而言，它们的城市有充足的财力，大力净化城市空气，比如伦敦和匹兹堡；然而，有些大城市（人口超过 100 万）是在 20 世纪末由于过快增长而形成的，它们无力实施自己制定的法规，通常将经济发展摆在自身建设的优先位置。属于此类情形的城市有：墨西哥城（人口 1800 万）、加尔各答（1500 万）、上海（1300 万）、北京（1100 万）、卡拉奇（1500 万）、开罗（1200 万）和首尔（1000 万）等。这些城市的空气污染相当严重，足以导致每年上百万人因呼吸系统疾病而丧生。洛杉矶也存在此类问题。在 20 世纪 90 年代，洛杉矶的烟雾仍为一项常见的健康危害，而它是美国城市空气污染问题最为严重的大城市。

　　人类还向大气中添加了氯氟碳化合物，简称 CFCs。最早的 CFC 是氟利昂，它替代了原先用来冷藏的易燃和有毒气体，并使得空气调节成为可能。然而，氟利昂的制造者并没有考虑到这种气体到达高层大气会导致怎样的后果。这后果就是紫外线辐射分解了大气中的分子，由此释放出一种破坏臭氧薄层的介质，而臭氧层可以保护地球上的生命免受紫外线（UV）辐射的伤害。1974 年，科学家提出了这一发生过程在理论上的可能性；1985 年的观测验证了这一过程确实在南极洲发生了。1988 年以后，世界范围内 CFCs 的使用减少了 80%；1987 年，有关国家迅速行动起来，签订了《蒙特利尔议定书》（Montreal Protocol），禁用了 CFCs。这么做是因为 UV 辐射的增多会带来毁灭性的后果。UV 辐射的增加不仅能导致浮游生物的死亡，而浮游生物是海洋食物链的基础；而且还影响光合作用的发生。不仅如此，它还可能导致人类患上白内障、皮肤癌等疾病，并对人体免疫系统产生抑制作用。尽管如此，已经释放出的 CFCs 在 21 世纪的前十或二十年内仍将继续对臭氧层进行破坏，而臭氧层的修复还需要另外几十年。没人知道这将对免疫反应和人体健康产生怎样的长期影响。

　　"温室气体"是人类向大气中添加的又一项破坏性气体。"温室气体"主要指的是二氧化碳和甲烷。甲烷是植物腐败后散发出的一种气体，它也是天然气的组成部分。我们的气候由大气的构成比例所控制，而这些温室气体阻止了地球表面对于太阳射线的反射，使地球变暖。

　　1800 年前，二氧化碳含量在每百万的大气中占 270 到 290 的份额。大气中的部分二氧化碳来自于人类的活动，像是化石燃料（煤、石油和天然气）的燃烧和森林的砍伐。1800 年后，二氧化碳的含量显著增长；到了 1995 年，每百万大气中它的含量占到了 360。化石燃料的消耗在导致这种增加方面发挥了 3/4 的作用，剩下的 1/4 是森林砍伐造成的。1990 年，美国的二氧化碳排放量占工业国家排放量的 36%，而它的温室气体排放量在 1990 年至 2002 年间增长了 13.1%。甲烷含量从 1800 年的每 10 亿大气分子中含有 700 增长为现在的 1720 左右；甲烷的主要来源有家畜（它们的消化道释放甲烷）、垃圾腐烂、采煤和化石燃料的使用。西伯利亚的冻土也释放出大量的甲烷气体。（表 13.4）

　　地球在 20 世纪适度变暖；地表的平均温度上升了 0.3 到 0.6 摄氏度，与此同时，海洋的温度升高了更多。温度升高最多的地区位于 40 纬度以北，即费城、马德里和北京等城市以北。20 世纪末，大多数科学家都认同这样

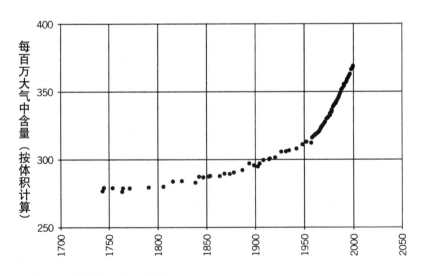

表 13.4　二氧化碳在大气中的浓度

（来源：Donella Meadows, Jorgen Randers, and Dennis Meadows, 2004, *Limits to Growth: The 30-Year Update*, White River Junction, VT: Chelsea Green Publishing, 7.）

一种观点：气候正在变化，并且人类活动部分导致了此项变化的发生。他们预计在 21 世纪温度仍将上升，世界各地都将经历从 2 到 10 华氏度（约 1 到 5 摄氏度）不等的升温。目前还不知晓气温上升将导致怎样严重的后果，但这些后果中肯定包括了更多的旱涝灾害，海平面的上升，热带疾病传播范围的扩大，物种灭绝的速度加快，以及北大西洋上墨西哥湾流的减慢等。2006 年，世界著名的科学家们普遍认为，在下个十年里，人类必须大量减少他们的碳消耗量，如若不然，我们将面临难以避免的气候变化及其引发的大范围不良后果。

森 林

对森林造成主要影响的行为是将其用作燃料。至 18 世纪末，由于过度砍伐，英国面临着森林面积大幅减少的严峻局面；它的森林覆盖率在 5% 到 10% 之间，而它的人均森林供给比人口密集的中国和印度还要少。英国和西欧的森林覆盖率在 1800 到 1850 年间处于稳定状态，这主要得益于以下几个因素：森林保护区和从美洲引进了新作物，森林管理技术的改进，还有煤的使用。

据估计，自 1 万年前起，全球森林面积减少的比率约为 15% 到 50% 不等。目前，非洲和亚洲季风区的森林覆盖面积是 1 万年前的 1/3。这一比例在俄罗斯是 2/3，在美洲为 3/4。20 世纪减少的森林面积占全部森林减少面积的一半，而 1960 年以后热带地区减少的森林面积则占到 20 世纪的一半。目前地球上仅存三个大面积的森林区，它们分别是横贯亚欧大陆北部、从瑞典到萨哈林岛（库页岛）的森林带，穿越北美洲、从阿拉斯加到拉布拉多的森林带，和位于南美洲的亚马逊河和奥里诺科河流域的森林带。以目前的森林转换率来计算，在今后的五十年里现存的森林面积中将有 1/4 不再为森林覆盖，转而用作他途。

土 壤

地球的表面由一个表土层覆盖，而它的形成则经历了数百年以至上千年的时间。在森林被砍伐后，表层土壤极易被侵蚀。在 20 世纪，世界耕地面积几乎扩展了一倍，这些新近的耕地很多是在雨林地区的森林遭砍伐后形成的，因此，这些地区的土壤侵蚀情况非常严重。平均来看，非洲的土壤侵蚀比欧洲严重 8 到 9 倍；而 20 世纪 60 年代以后，只有非洲的粮食产量下滑了。在世界的其他地方，土壤的侵蚀和流失现象往往被粮食产量的增加所掩盖，而使用化肥来补充土壤中的氮和磷，以此增加粮食产量的做法，进一步加剧了土地的侵蚀状况。

大批量生产化肥这一现象在近代历史上的出现，是我们所讲的故事中十分重要的一件大事。人们通过从空气中提取氮，用合成法合成氨生产工业化肥。理论化学家弗里茨·哈伯（Frits Haber）1909 年在波兰的西里西亚提出了这一制造办法。工业化学家卡尔·博施（Karl Bosch）研究出大量生产化肥的方法，这种方法被称作"哈伯－博施法"。然而，这种办法依赖大量石油的燃烧。于是，粮食产量的突飞猛进。虽然粮食产量的增加养活了新增的 20 亿人口，但也付出了极大的代价：对石油的依赖以及由于人造化肥的使用对水土产生污染。化肥的使用数量从 1940 年的 400 万吨上升为 1990 年的近 1.5 亿吨。化肥的使用，加上新的作物品种的研发，人均粮食产量在 1960 年到 1980 年间持续增长；然而，自此以后，它开始轻微下滑。

因为粮食产量有赖于化肥的使用，而化肥依赖石油的燃烧，所以食品的价格反映了石油的价格。在现有的消耗速率下，目前已探明的石油储量还能供人类使用 40 年左右。美国在 2005 年消耗掉当年全球石油产量的 1/4。由于中国和印度等大国的工业化进程，对石油的需求急速上升。没有人知道石油产量将于何时达到顶峰，但毫无疑问，在此之后需求将促使物价上涨。

水

每个社会的健康和财富都依赖于洁净水的充足供应。20 世纪末，人们对于水的需求量大大超过了前代。在 20 世纪 20 年代，世界上富裕的城市就已经能够向它们的市民提供安全清洁的饮用水，但是在全球范围内城市供水系统发展得并不平衡，或者说，亚非拉的人民并享受不到和发达地区一样的待遇。在殖民地的城市中，往往只有欧洲占领区拥有自来水过滤系统和污水处理系统，其余地方却没有，上海、坎帕拉和阿尔及尔就是这种情况。1980年，半数的世界城市人口所在的城市没有任何的废水处理系统，还有很多的城市居民的生活中没有排污装置。

在20世纪，人们将大量有毒的生化废料排入位于工业区的诸多河流和内海。1990年，印度的恒河携带的杂物不仅包括沿河7000万人的生活垃圾，还有每年放入恒河、重达数吨的人体火化遗骨和大约6万具动物尸体，外加工业废料和化肥中的磷。政府在清理方面所作的努力鲜有成效。另一方面，第二次世界大战以后，德国对莱茵河的清理工作成效显著，使得大马哈鱼重现莱茵河。1975年以后，除阿尔巴尼亚以外，地中海沿岸的所有国家在联合国家环境规划署（United Nations Environmental Programme，简称UNEP）的召集下，开展了"地中海行动计划"（Mediterranean Action Plan，简称MAP），目的在于控制它们向海中排放垃圾的行为。20年后，地中海的污染程度比之前严重了，但是如果没有MAP计划，污染形势将更加严峻。

由于海洋广袤无垠，貌似它可以免除污染的不良影响，然而，实际的情况并非如此。1992年，塑料制品占到了海岸垃圾的60%，有关这些塑料垃圾充斥海底，并随着水体运动，逐渐渗入海洋和海洋生物的分子结构的报道不绝于耳。大型鱼类中的汞含量超标，它们已经不再是人类可以安全食用的食品。鱼之前常是穷人的食物，现在它成为富人的专利。比如，金枪鱼的数量在1970到1990年间减少了94%，20世纪90年代它在东京的售价就达到了每磅100美元。在很长时间内，鳕鱼曾是欧洲的主要食物；但是，2002年它在斯德哥尔摩的售价为每磅80美元。2002年，1/3的食用鱼是在海岸湿地养殖的，然而由于养殖户将大量的残食和抗生素投入水中，这一生产活动极大地破坏了湿地，容易造成病毒的传播，也使人工栽培的物种有可能侵入野生区域。

随着用水量和铺路面积的增加，世界上很多地区的地下水位下降。在加利福尼亚的中央谷（Central Vally），地下水的消耗速度为平均每年 1 立方千米。美国中西部用地下水进行灌溉，每年的用水量为 12 立方千米。在北非和中东，人们从沙漠的蓄水层中抽水，但是蓄水层没有新的补给源。在印度的农业省份，地下水位每年下降半米。中国北方的黄河已日渐枯竭，过度抽取井水是导致其枯竭的原因之一。综上所述，我们可以得出一个恰如其分的推论：水的污染和枯竭很可能会给人类在 21 世纪的活动带来诸多限制和麻烦。

辐 射

美国科学家在第二次世界大战中制造出一个地球历史上从未有过的污染问题，即铀或钚原子核裂变后产生的辐射。第二次世界大战结束时，美国是唯一拥有原子弹的国家；四年后，苏联也造出了原子弹。到了 2005 年，共有七个国家承认拥有核武器（它们分别是美国、英国、法国、俄国、中国、印度和巴基斯坦）；还有两个国家（以色列和南非）虽然口头上没有承认，但它们事实上拥有核武器。从表面上看，南非拆除了它的核武器装置。至 2004 年，数十个国家有能力制造武器级别的核燃料，因为一般用来发电的铀或钚的燃料棒也可以提供制造原子弹所需的足量铀或钚。

目前在历史上只发生过一起针对人类的原子弹投放，这就是为了提早结束第二次世界大战，美国于 1945 年向日本投放了两颗原子弹。当时他们并不知道这将带来怎样的辐射后果，而日本人民则成为这场核试验的"豚鼠"。由于核暴露，辐射导致大量即发的疾病和死亡。而对于那些在核爆炸后保全了性命的人来说，核辐射还能引发很多长期的后果，包括白血病和其他癌症；此外，它还增加了基因突变的概率。

1945 年以来，美国制造了数以万计的核武器，并且在一些无人区试爆了其中的 1000 多个。美国主要的炸弹厂是位于华盛顿州中南部、哥伦比亚河沿岸的"汉福德核工厂"（Hanford Engineering Works），在二战中摧毁长崎的那枚核弹就是这家工厂制造的。在 1945 年之后的半个世纪里，汉福德向哥伦比亚河中排放了数十亿加仑（液量单位，等于 4 夸脱，美加仑约合 3.79 升，英加仑约合 4.55 升——译者注）的核废料；不仅如此，由于泄露，一些核废料污染了地下水。1949 年研究人员在汉福德进行了一次核爆炸实验，它释放的辐射量是当时理论上认为可以承受的 80 到 100 倍。直到 1986 年，当地的民众才获悉这些核试验。在美国，对 50 年来制造的部分武器进行清理预计将费时 75 年，耗资 1000 亿到 10000 亿美元，这将是人类历史上规模最大的环境工程；而且，对这些污染进行完全彻底的清理无异于痴人说梦，是没有任何可能性的。

苏联在数年间建立起一套大型的综合核武器体系。苏联的核试验大部分是在哈萨克斯坦和北极圈内的新地岛上进行的。他们将大部分的核废料倾入以北冰洋为主的大海中。"马雅克工厂"（Mayak Complex）位于西伯利亚西部、鄂毕河的上游。曾经，它是苏联对已用核燃料进行再处理的中心；而今，它成为地球上核辐射最为严重的地区。这片土地上积聚了大量的钚，其含量比汉福德还多出 50 倍，而汉福德的钚含量为 26 吨。埋在卡拉恰伊湖（Lake Karachay）底的核废液在 1967 年的一次干旱中暴露出来。这些废液的辐射量相当于在广岛爆炸的那颗核弹的 3000 倍；它们随着风撒入尘土，而遭受到这些辐射的民众有 50 万之众。这些民众在辐射来临之前对此一无所知，毫无准备。目前核辐射依然存在于当地的空气、土壤和水中。

苏联、英国和美国率先进行了利用核能发电的尝试。1998 年为止，全球共有 437 座核电站处于运作状态，它们分布在 29 个国家；但是，没有一座核电站具有经济意义，因为它们的存在都依赖于巨额的财政援助。在 1999 年，生成一千瓦时的核电耗资 11 到 13 美分，而通过燃烧化石燃料产生同样的电量只需花费 6.23 美分。使用过的燃料棒仍具放射性，而目前尚未发现一个可以储藏这些燃料棒的安全之所。

以往的经验已经证实，关闭核电站是一项花费甚巨的工程。截至目前，1986 年发生在乌克兰切尔诺贝利的核事故是核灾难中最为严重的一次。这次事故由人为失误导致，电器设备起火和核爆炸几乎摧毁了一个反应堆。

这次事故释放的核辐射量比二战中在日本爆炸的原子弹要高出数百倍。75万士兵投入到事故清理中，他们都暴露在致癌的辐射中；约有13.5万的民众被迫无限期地迁离自己的家园。此次事故对乌克兰、白俄罗斯和俄罗斯等国造成严重影响。事故还导致了严峻的食品污染；直到2003年，在莫斯科市场上出售的黑莓仍被检测为含辐射性的。生活在北半球的每个人都或多或少地受到来自切尔诺贝利的核辐射影响；部分核坠落物的致命性危害将持续2.4万年。

21世纪初，人们对于新技术的期望集中在发现一种聚变方法，使两个氢原子能够熔合成一个氦原子，这样就能够利用这一过程中产生的多余能量。含有核辐射物或核污染物的海水将被用作燃料。尽管已经投入了200亿的巨资，目前还未能获得产生核聚变能量所需的高温，能够生成的温度只相当于这一高温的1/10。

人类施加给地球环境的综合作用加速了现有物种的灭绝。物种的快速灭绝在之前的历史中也发生过。地质记录反映出至少发生过5次大规模的物种灭绝，其中规模最大、数量最多的一次发生在2.5亿到6500万年前。现存的生物种类只占在地球上生活过的物种数量的1%到10%。很多科学家认为人类正在制造第六次物种大灭绝。

从20世纪60年代至今，各国达成了数以千计的有关环境问题的国际协议；这些协议产生了重大的影响。从政治和技术上最容易处理的问题得到了一定的改善，这包括工业废水、二氧化硫的排放，含铅气体和污水处理等。然而，别的问题却有所加剧，有毒的农田径流和机动车尾气中的氮化物增加了。

20世纪80年代，一些经济上落后的国家，特别是巴西、肯尼亚和印度，建立了环境规划项目。在旺加里·马塔伊（Wangari Maathai，生于1940年）的领导下，肯尼亚开展了"绿带运动"（Green Belt movement），在20年间植树超过3000万株。2004年，设在挪威的诺贝尔委员会将该年度诺贝尔和平奖授予马伊塔，以此来认同这样一种观念，即只有拥有足够的资源，和平才可能存在。

1992 年，联合国在巴西的里约热内卢召开了一次主题为"环境与发展"的大会。在这次大会上，各国达成了一项国际协定，该协定第一次明确提出了"可持续发展"的观念，但是此次会议并没有取得什么实质性进展。美国坚持认为它的生活方式是不能讨论的；巴西坚决主张开发它的亚马逊热带雨林；中国和印度也不愿放弃它们各自的工业化目标。作为此次会议的后续，国际社会在 2002 年于约翰内斯堡召开会议；这次国际会议取得的进展更是少得可怜；因与会各国之间的利益竞争，会议进程几乎瘫痪。因为诸如污染、森林砍伐和气候变化这样的环境问题是逐步显现的，对各国的民众和领导人来讲，并不像经济欠发达或军备不足等问题一样，它并不构成立即的威胁。处于全球贫富悬殊的大环境下，富国的人民看似并不相信穷国民众的绝望感会对他们自身的安全构成威胁。

对未来的短期设想

我们人类正陷于一个严重的困境中，但是究竟这个困境有多可怕？没有人知道这个问题的答案。也许，现在已经太晚，来不及阻止一场会对人口和城市生活带来大不幸的灾难。也许我们还有可能防止这场灾难的发生，想要做到这一点，我们只有在接下来的 20 年间采取果敢坚决的行动，舍此之外别无他法。另外，还存在这么一种可能性，即经济的发展，加上新发现和新技术，能够使我们利用现有的政策，逐步改变并建成一个可持续发展的全球社会。

德内拉·梅多斯 (Donella Meadows)、乔根·兰德斯 (Jorgen Randers) 和丹尼斯·梅多斯 (Dennis Meadows) 三位系统分析家在 1972 年发表了《增长的极限》(The limits to Growth)。现在他们仍然在电脑上进行数据模拟，一次改变一个变量，然后看这一变化对其他变量会产生怎样的作用。他们在 30 年中不断地更新数据和进行分析，最终发表了第二份报告——《增长的极限：30 年更新》(The limits to Growth：The 30-year Update)，而这份报告所依据的信息从 1972 年开始，截止到 2002 年。他们之前设想过，如果继续推行现有政策会发生怎样的结果；他们发现，人口和食物产量在过去的 30 年间发生的变化与他们之前预计的结果非常接近，只是人口增长的数量比他们预期的略少。三位分析家得出结论：他们所称的"人类足迹"（human footprint）在 20 世纪 80 年代时已经超过了地球的承载能力。他们列举的实例包括：在 20 世纪 80 年代中期，粮食产量已达至顶峰，而在渔业方面有所增长基本上是无望的事情；人类因自然灾害而付出的代价与日俱增；由淡水和化石燃料的分配引发的争端时有发生；美国和其他一些国家仍然排放温室气体；很多地区出现了经济倒退（包括 54 个国家，而这些国家的人口占全球人口的 12%）。

在美国，很多人对《增长的极限》中所作的分析持有不同意见，甚至是否定的态度。这些主流声音宣称，只有进一度的发展才能解决我们的问题；自由市场及其带来的科技创新和进步会战胜人类所面临的挑战。

例如，来自马里兰大学的工商管理教授朱利安·西蒙（Julian Simon）就认为，地球的长期趋势是人类生活得到改善，而 20 世纪是这一趋势的开端。西蒙（逝于 1998 年）在华盛顿的卡托研究所（Cato Institute）担任助理学者。卡托研究所是一个公共政策研究基金会，致力于推进自由、和平和有限政府。西蒙逝世以后，卡托研究所出版了西蒙和史蒂芬·莫尔的合著——《一直在变好：过去 100 年的 100 种大趋势》（*It's Getting Better All the Time：100 Greatest Trends of the Past 100 Years*）。在这部著作中，作者对未来作了以下预期：

1. 在今后的 50 年内，今日美国在财富和健康方面所达到的水平会推广到世界其他地区。我们处在世界财富快速增长的第一个阶段。2. 自然资源的价格会持续走低，这表明发展的限制性因素比之前任一时期都少得多。3. 农业的持续改善（特别是在开展生物工程的地区）将意味着粮食产量十分充裕，它的增速将远远超过人口的增长速度，能够养活全球人口。

　　为了反驳这种乐观主义，《增长的极限》作者们指出乐观主义者在想到人类取得成绩的同时，并没有考虑到在这一过程中环境所付出的巨大代价。他们认为增长有其极限，但是并不能确定他们的预测是完全符合现实的，尽管过去的30年看似已经证明了他们的观点。他们希望未来的10或20年能够提供清楚的证据，证明他们的理论和乐观者的判断哪个更接近事实，更准确。他们承诺会在2012年公布40年以来的更新数据。

　　如果仍然是快速发展和持续污染，如果发展脱离了预计的轨道，那么会发生怎样的毁灭性后果呢？根据《增长的极限：30年更新》中提出的设想，世界工业产值在2015年到2020年间将达到最高值，之后会在2100年倒退回1900年的发展水平。世界人口也许会在2025年达到顶峰，然后将大幅减少，到2100年人口总量只略高于1900年的水平（16亿人）。其他变量（平均寿命、人均食物消耗量、消费品和服务）预计在2100年也将倒退回1900年的水平；资源占有量除外，它无法倒回1900年的水平，而是下滑为1900年水平的1/4。每个人都在设想这些变化在现实世界中将如何真实上演？

　　如果当下的发展态势不再继续，人类社会充分动员，以空前的团结与合作来应对史无前例的挑战的话，可能发生怎样的结果呢？梅多斯等人提出这样一种观点：全球社会还是有望实现可持续发展的；将有80亿人生活在这个社会中，而这些人的生活水平则相当于现在欧洲低收入国家的平均水平。

　　为了实现社会的可持续发展，人们需要在三个方面同时采取立即行动，分别是控制人口数量、限制工业增长和发展科学技术。控制人口数量要求每一对夫妇都采取一定的避孕措施，将每个家庭的孩子数量控制在两个左右；将近10亿人已经做到了这一点，而这些人几乎都生活在工业化程度非常高的国家和地区。限制全球的工业增长需要将人均产量稳定在2000年世界平均水平的110%，而且要求分配均衡。对于世界上的穷人来说，这是一个向前的巨大飞跃；而对于富人来说，这则是一个重大的调整。（如果收入不能更加公平地得到分配的话，人口增长和人口迁移就不可能会达到稳定的状态。）最后，需要发展科学技术，并将之用来提高资源利用率和减少污染和土壤侵蚀。

梅多斯等人认为，如果这些措施在 20 年前就得到贯彻的话，如今人口就稳定在 60 亿了，如此一来，每个人都可以支配更多的资源；相反，如果人们选择等待，20 年以后才开始执行这些措施的话，到时就来不及阻止人类社会的急剧衰落。

实现世界的可持续发展需要国际合作，那么这方面的国际合作前景如何呢？毫无疑问，目前国际合作和交流网的发展已经达到历史最高水平。国际合作方面的一个突出实例是，我们之前简单提过的对于 CFCs 的禁止。此次事件形成了一种解决国际问题的范式；因为仅此一次，消费者立即行动起来，一些政府和企业表现得像勇敢的领导人一样，而且联合国提供了进行复杂谈判的平台，而这些谈判的目的在于解决威胁地球上生命的国际问题。

合作的进程包括一系列关系复杂的参与者。一旦问题为人们所知，美国的多个环境小组开展了反对喷雾罐的行动，1975 年喷雾罐的销量下跌了60%。联合国环境规划署的第一次会议于 1985 年在维也纳召开。在此次会议结束后的第三个月，科学家首次证实了南极洲上空存在臭氧层空洞，它形成的原因是在空气向全球疏散开来之前，地级附近的风使它在南极上空停滞数月。尽管在里根总统的政府内部存在深刻的意见分歧，美国还是成为这一行动的领袖。1987 年，UNEP 在蒙特利尔召开了第二次会议，主要的 CFC 制造者同意暂时冻结 CFC 的生产，然后到 1998 年，削减 CFC 产量的 30%。科学家列举了更多关于臭氧层遭到损害的证据；美国最大的CFCs 制造商——杜邦公司，同意在 1988 年暂停它的一切生产。冰箱中CFCs 和喷雾罐相对比较廉价，技术人员找到了它们的替代物。实践证明，UNEP 的署长穆斯塔法·托尔巴是一个技巧娴熟的谈判家。持续的测量表明臭氧的消耗速率非常快，是预计的两倍。1992 年在哥本哈根，《蒙特利尔议定书》的签字国同意将在 1996 年停止一切 CFC 的生产；截至 1996年，共有 157 个国家签署了这项协议。含谈判和执行在内，最终的花费将近 4000 万美元。在 2002 年，联合国环境规划署和世界气象组织（World Meteorological Organization）共同完成了"臭氧层的科学评估"这份报告。该报告称，臭氧含量应该在 2010 年开始上升，到 21 世纪中叶将恢复到 1980 年之前的水平。如果这个预测准确的话，1995 年到 2010 年将是臭氧层消耗的顶点。三个国家（俄罗斯、中国和印度）获得许可，能够在 2010 年之前继续生产少量的 CFCs；走私仍在延续，且数量不明。尽管如此，这仍不失为一个国际合作的成功案例；它叫停了威胁地球生命的危险行为，使地球的臭氧层回复到可持续发展的状态。

另一方面，1997 年国际代表协商洽谈《京都议定书》，这项协议希望能够将 2008 年二氧化碳的排放量减少为 1990 年的 95%。美国的谈判者同意减少美国排放量的 7%，但是参议院以 95 票对 0 票，拒绝批准这一协定。其他国家大多签署了这项协定，协定于 2005 年生效。没有了美国，减少的排放量只有 1%。难道欧洲和日本减少碳排放不会伤害它们的经济发展吗？在美国国内，像加利福尼亚这样率先减排的州，难道不知道这样做将严重威胁自身的工业利益吗？

只有当他们充分意识到不改变既定发展模式的危险后，人们才有可能行动起来创造一个可持续发展的未来。早在 1972 年，缅甸籍的联合国秘书长吴丹（U Thant）就试图向政府官员和社会大众表明这种危害，他是这么说的：

> 我并不想显得过分夸张，但是我只能从自己作为秘书长所获得的信息中得出这样的结论，那就是联合国的成员国需要搁置彼此之间长久存在的争论和矛盾，因为它们可能只有十年的时间来开展一场全球合作，合作的内容是控制军备、改善人类的生存环境、减缓人口大爆炸的速度和提供发展所需的必要力量。如果人们无法在下个十年达成这样的全球参与和合作，那么我将感到万分忧虑，以上我所提到的这些问题将会发展到一个非常严重的程度，那时我们已经无力控制或者解决它们。

20年之后，即1992年，来自70个国家的1600名科学家组成了一个团体，他们发表了一份警示性报告，题为"全世界的科学家对人类的警告"：

> 人类和自然界正沿着一条相互冲突和碰撞的轨迹前行。人类的行为对环境和重要的资源造成了严重且往往是难以挽回的损失和破坏。如果不加控制，我们现在的很多做法会给未来的人类社会和动植物世界带来深重的灾难，而且很有可能会改变生存环境，使得它不再具备以我们所了解的方式供养生命的能力。如果我们想要避免目前的发展道路将带来的冲突和灾难，根本性的改变是非常迫切紧要的。

人类急需找到控制和引导正在进行的地球实验的方法，但是做到这一点有多大的可能性呢？现在的局面是有点难以掌控，还是基本失控了呢？没人可以给出一个确切的答案，但人类进行的地球实验可能导致的结果基本有三种，而现在的孩子和年轻人在他们的有生之年很可能会目睹这一结果的发生。这三种可能的结果分别是：人们能够控制人口的增长和资源的使用；自然和人类本性帮人类做到这一点（疾病、饥饿、战争、大屠杀和社会崩溃等）；或者是前两者在一定程度上结合。对于事态发展最可能呈现以上哪种结果，《增长的极限》的三位作者看法不一；他们三人分别坚持上述三种结果中的一个。

人类经常面临一些艰难的困境，但是他们时常能够应对这些挑战。人口的大量迁移和周期性回落在人类历史上反复上演；这些挑战要求人们开发自身智能，寻求新方式去适应和坚持。

然而，我们目前面临的是人类历史上前所未有的困境，它是一个全新的挑战。在过去的500年间，人类的生活水平持续提高；对于那些生活在工业化国家的人们来说，尤其如此。这一事实使得我们确信，自己应该对人类的发展和进步怀有信心。然而，目前的困境就在这一情势中产生了。它不同于早先人类所碰到的那些困难，这一次地球上已经没有土地可供人类迁居，因为地球的每个角落都挤满了人。这个困境包含着一些可能的气候变化，而这些变化将影响整个地球，而不是这个星球的某个部分。作为参与者，我们对自己所做的事知之甚少，只是跟随生存的本能行动，不由自主地卷入这个演化的过程之中。

纵观全局，从以小群体模式聚居的猎人和采集者开始，我们看到自身的能力和社会行为已经发展了至少数十万年。以我们的生命长度来看，我们的进化速度并不快。我们复杂的文化衍生出具有重要意义的惰性（significant intertia）；我们习惯于最大限度地保留我们的生活模式。我们的确在文化上进化了，但是通常进化的进度不快。转向农业文明和城市生活都花费了上千年的时间，而我们目前还处于城市文明阶段。工业化进程不过才走了 300 年。

我们的文化能否快速取得进化，从而使我们能够完成向可持续发展的转变呢？我们能否找到一条使世界人口免于猛烈下降的发展道路呢？我们能否在地球迫使我们屈从于它的意志之前，找到与地球和平共处的途径呢？如果我们仍然放任目前的发展模式继续，静待数据变得完全清晰，那我们的选择余地将极大地缩小。什么才能推动人们在巨大的眼前灾难到来之前，就行动起来呢？

持续运行的宇宙

作为一个物种来说，人类还是非常年轻的。假设人类还有 100 万年的未来时光，那么作为一个物种，我们现在正处于他的青春期，一二十岁的年纪。有没有某种方法能够供我们想象，在接下来的数百年至数千年间人类将面临怎样的命运，有着怎样的中期未来？

虽然设想这么遥远的未来显得有些不合情理，但是人就是喜欢猜想和做梦。科学家努力探寻新的能源，其中包括了可能的核聚变。生物技术者也许可以找到新的方法来解决 100 亿到 120 亿人口的吃饭穿衣问题。遗传学专家或许很快就能够绘制人类的基因构造，而不用等待缓慢的自然选择发生作用。

一些科学家相信通过他们对环境的改造，月球和离地球较近的一些星球将变得适宜人类生活，是时我们就可以迁居到这些星球上，或者一些人口将居住在某种形式的宇宙避难所中。1997 年一个探测器降落在了火星，并进行了实验。在 21 世纪的头个十年里会有更多的探测计划。在 20 世纪 90 年代初期，一位美国工程师罗伯特·朱布林（Robert Zubrin）提出了一个意在登陆火星的载人航天计划（四个宇航员，三十个月），在当时预计这一计划将耗资 300 亿到 500 亿美元。然而，美国的参议院早在 1969 年就作出决定，不再允许政府为载人航天飞行出资。这项决定是在审查了"阿波罗登月行动"的耗费后作出的，当时这项登月活动耗资 250 亿到 300 亿美元，相当于 1998 年的 1000 多亿美元。

科幻小说最大程度地探究了中期未来。乔治·斯图尔特（George Stuart）在《地球忍受》（*Earth Abides*，1949 年）一书中描述了这样一个世界：疾疫横行，它几乎剥夺了所有人的生命，只有一小部分人得以重新开始，他们与其余的人失去了联系。沃尔特·米勒（Walter Miller）在 1959 年创作了《莱博维茨的赞歌》（*A Canticle for Leibowitz*）一书，当时恰逢冷战的顶峰。在这本书中，他叙述了一个充斥着周期性核破坏的未来世界。金·史丹利·罗宾逊（Kim.S.Robinson）先后创作了《红火星》（*Red Mars*，1991 年）、《绿火星》（*Green Mars*，1994 年）和《蓝火星》（*Blue Mars*，1996 年）。在他的"火星三部曲"中，罗宾逊设想了人类开拓火星的图景。

中期未来之后便是长期未来，而长期未来的变化是如此之慢，以至于天文学家甘愿为行星、太阳和宇宙的必然命运作出预测。他们知道我们的太阳已经走完了它生命周期的近一半旅程，它已经燃烧了 50 亿年；在它漫长的死亡挣扎开始之前，太阳还可以燃烧 50 亿年。随着太阳年岁的增高，每过 10 亿年它的亮度就会增加 10%，而地表温度也会由此而缓慢升高。再过 30 亿年，地球获得的热量会和现在的金星一样多；到那时，因为温度过高，地球将不会再有生命存活。

当太阳在 50 亿年里燃烧完它所有的氢气后，它将变得不稳定，它的表层会有物质喷出。它的核心将向外延伸，直至扩展到现在地球绕行的空间。随着来自太阳引力的减少，地球将转换到 6000 万千米以外的轨道上。当太阳开始燃烧它的氦，它将再次缩小。接着它将重新燃烧，并制造出氧和碳。最后，它的火焰会逐渐变弱、平息，以至暗淡，此时它会缩成一个白矮星。

仙女座星系是离我们最近的大星系。它目前正在向银河系靠近。当太阳开始膨胀后，它会与银河系相遇。仙女座将再次移动并返回离银河系最近的位置；直至数亿年后，仙女座星系、银河系和一些小的本星系群合为一个体系。

银河系中的星球形成期已然接近尾声。我们星系中存在的能够形成星球的物质已被耗费了 90% 左右。数千万年以后，星球将停止运行，届时我们的宇宙中将不再存有光亮。那时，存在的能量将不足以形成新的复杂实体。在千亿年之后，宇宙将变成一个死气沉沉的巨大坟场，到处是黑暗且冰冷的物体，诸如棕矮星、黑洞和死去的行星等。

大爆炸发生了 10^{30} 年后，宇宙将随着自身的膨胀变成一个寒冷的黑暗空间；其间充满了黑洞和分散的亚原子微粒，这些微粒随意舞动，彼此间相距若干光年，甚至黑洞也会消失。在宇宙无边的黑夜中，唯一存在的是一些亚原子微粒结构，比如电子、正电子、中子和光子等。

（以上的这些设想是基于目前所掌握的知识得出的，而这些知识指向的是一个无限开放的宇宙。然而，如果能够证明足够多的黑物质将终止宇宙膨胀的话，这样宇宙就会封闭。封闭的宇宙扩张到终点后，会重新回到起点，重复之前的历史进程，回到大爆炸初始时的情形。）

鉴于我们能够比较准确地想象出整个宇宙的诞生和生命轨迹，此书描述过的 130 亿年可能不再是一种永恒的状态。这 130 亿年的描述展现了我们的宇宙在初始时掀起的创造风暴和宇宙的童年。在它的童年，宇宙的巨大能量和温暖创造出我们正在体验的光辉存在。我们自身还处在人类发展阶段的童年时期，而我们的存在恰恰正是宇宙年轻的创造力和能量所产生的结果之一。

然而，我们宇宙的年轻时光一去不返。在它的繁荣期，宇宙创造了人类这样高度发达的生物；我们有能力将地球的短期未来掌握在自己的手中，尽管在我们之后，地球仍将持续发展、孕育生命，直至它被太阳的炙热燃烧殆尽。宇宙也许会无限期地持续运转下去，逐渐冷却至一片充满亚原子的永夜。

未能解答的问题

1. 目前的世界政策会导向一个可持续发展的未来，还是会导致一定程度的社会崩溃？

2. 新科技能够改变世界体系增长或崩溃的长期趋势吗？

3. 以市场体系来分配资源能够达到可持续发展的效果吗？貌似市场向有钱人分配了更多的财富，却加剧了穷人的贫困。什么能够改变现有体制的这种结构性因素呢？不发生这种改变，人口数量就不会稳定。

4. 实现了工业化的人们能否学会和自然和谐共处呢？他们能否与处在前工业化发展阶段的人们共享财富呢？

参考书目

我在参考书目中完整详尽地列举出本书内容和解说文字参考过的所有书籍和文章；此外，我还另附加了一些著作，它们具有非常重大的价值，内容也十分精彩，所以我无法忽略掉它们。

Abu-Lughod, Janet L. 1989. *Before European Hegemony:The World System A.D.1250-1350*.New York and Oxford:Oxford University Press.

Adas, Michael, ed. 2001. *Agricultural and Pastoral Societies in Ancient and Classical History*. Philadelphia:Temple University Press.

Adshead, S.A.M.2000. *China in World History*.3rd ed. New York:St.Martin's Press.

Alvarez, Walter.1997.*T.Rex and the Crater of Doom*. Princeton, NJ:Princeton University Press.

Anderson, Walter Truett. 2001. *All Connected Now:Life in the First Global Civilization*. Boulder,CO:Westview Press.

Armstrong, Karen. 2006. *The Great Transformation:The Beginning of Our Religious Traditions*.New York:Alfred A.Knopf.

Bairoch, Paul. 1993. *Economics and World History:Myths and Paradoxes*.Chicago:University of Chicago Press.

Bakker, Robert. 1986. *The Dinosaur Heresies:New Theories Unlocking the Mystery of the Dinosaurs and Their Extinctions*. New York:William Morrow.

Bentley,Jerry H.1993. *Old World Encounters:Cross Cultural Contacts and Exchanges in Pre-Modern Times*. New York and Oxford:Oxford University Press.

Bernal, Martin. 1987. *Black Athena:The Afroasiatic Roots of Classical Civilization.Vol.1:The Fabrication of Ancient Greece, 1785-1985*.New Brunswick, NJ:Rutgers University Press.

Bickerton, Derek 1995. *Language and Human Behavior.Seattle*:University of Washington Press.

Blainey,Geoffrey 2002. *A Short History of the World*.Chicago:Ivan R.Dee.

Blaut, J. M. 1993. *The Colonizer's Model of the World:Geographical Diffusionisn and Eurocentric History*.New York and London:Guilford Press.

Bowerstock.G.W.1988. "The Dissolution of the Roman Empire."In Norman Yoffee and George L. Cowgill, eds. *The Collapse of Ancient States and Civilizations*. Tucson:University of Arizona Press.

Brand, Stewart. 1999. *The Clock of the Long Now:Time and Responsibility*.New York:Basic Books.

Braudel, Fernand. 1985. *Civilizations and Capitalism,Fifeenth-Eighteenth Century*.3 vols.

London:Fontana Press.

Brinton, Crane, John B.Christopher and Robert Lee Wolff. 1960. *A History of Civilization*. 2 vols. 2nd ed. Englewood Cliffs, NJ:Prentice-Hall.

Broad, William J."It Swallowed a Civilization."*New York Times*(October 21, 2003), D1—2.

Brown, Donald E. 1991. *Human Universals*. Philadelphia:Temple University Press.

Bryson, Bill. 2003. *A Short History of Nearly Everything*.New York:Broadway Books.

Budiansky,Stephen.1992.*The Covenant of the Wild:Why Animals Chose Domestication*.New York:William Morrow.

Bulliet, Richard W., et al.2003.*The Earth and Its People:A Global History*.Brief 2nd ed. Boston:Houghton Mifflin.

Campbell, Joseph, with Bill Moyers. 1988. *The Power of Myth*. New York:Doubleday.

Capra, Fritjóf. 2002. *The Hidden Connections:Integrating the Biological,Cognitive, and Social Dimensions of Life into a Science of Sustainability*. New York:Doubleday.

Capra, Fritjóf and David Steindl-Rast.1991.*Belonging to the Universe:Explorations on the Frontiers of Science and Spirituality*. New York:HarperCollins.

Carson, I. A. Ritchie. 1981. *Food in Civilization:How History Has Been Affected by Human Tastes*. New York and Toronto:Beaufort Books.

Cavalli-Sforza, Luigi Luca. 2000. *Genes, Peoples, and Languages*. Translated from the Italian by Mark Seielstad. New York:North Point/Farrar, Straus and Giroux.

Christian, David."The Case for Big History."*Journal of World History* 2, no.2(Fall 1991):223-238. (Reprinted in The New World History:A Teacher's Companion.Ross E.Dunn, ed. Boston:Bedford□ St. Martin's , 2000, 575-587.)

——.1997.*Imperial and Soviet Russia:Power,Privilege and the Challenge of Modernity*.New York:St. Martin's Press.

——.1998. *A History of Russia,Central Asia and Mongolia. Vol,1,Inner Eurasia from Prehistory to the Mongol Empire*. Oxford:Blackwell.

——."World History in Context."*Journal of World History* 14, no. 4(December 2003):437—488.

——. 2004.*Maps of Time:An Introduction to Big History*.Berkeley:University of California Press.

Cohen, Mark Nathan. 1977.*The Food Crisis in Prehistory:Overpopulation and the Origins of Agriculture*.New Haven:Yale University Press.

Cohen, Shaye J.D.1988."Roman Domination:The jewish Revolt and the Destruction of the Second Temple."In Hershel Shanks, ed. *Ancient Israel:A Short History from Abraham to the Roman Destruction of the Temple*.Englewood Cliffs, NJ:Prentice-Hall, 205-235.

Collins, Roger.1998.*Charlemagne*.Toronto and Buffalo:University of Toronto Press.

Cook, Michael. 2003. *A Brief History of the Human Race*.New York:W.W.Norton.

Cotterell,Arthur.1980.*The Penguin Encyclopedia of Ancient Civilizations*.London and New York:Penguin Books.

Crawford, Harriet.1991.*Sumer and the Sumerians*.Cambridge:Cambridge University Press.

Curtin, Philip D.1984.*Cross-Cultural Trade in World History*.Cambridge:Cambridge University Press.

D'Altroy, Terence N.2002.*The Incas*.Malden, MA:Blackwell Publishers.

Davidson, Basil.1991.African Civilization Revisited. Trenton, NJ:Africa World Press.

Davis, Nigel.1995.The Incas.Niwot, CO:University Press of Colorado.

Davis, Mike.2001.*Late Victorian Holocausts:El Niño Famines and the Making of the Third World*. London and New York:Verso.

Dawkins, Richard.2004.The Ancestor's Tale:A Pilgrimage to the Dawn of Evolution. Boston:Houghton Mifflin.

Demandt, Alexander.1984.*Der Fall Roms:Die Auflösung des römischen Reiches im Urteil der Nachweld*.Munich:Beck.

Desowitz, Robert S.1997.*Who Gave Pinta to the Santa Maria?Tracking the Devastating Spread of Lethal Tropical Disease into America*.New York:Harcourt Brace.

De Waal, Frans, ed. 2001.*Tree of Origin:What Primate Behavior Can Tell Us About Human Social Evolution*.Cambridge,MA:Harvard University Press.

De Waal, Frans.2005.*Our Inner Ape. A Leading Primatologist Explains Why We Are Who We Are*. New York:Riverhead Books.

Diamond, Jared. 1991.The Rise and Fall of the Third Chimpanzee.London:Radius.

——.1999.*Guns, Germs and Steel:The Fates of Human Societies*.New York:Norton.

——.2005.Collapse:*How Societies Choose to Fail or Succeed*. New York:Viking Penguin.

Dickinson,Terence.1992.*The Universe and Beyond*.Revised and expanded. Buffalo,NY:Camden.

Dunn, Ross E.1986.The *Adventures of Ibn Battuta:A Muslim Traveler of the Fourteenth Century*. Berkeley:University of California Press.

Eastebrook, Gregg. 1995. *A Moment on Earth:The Coming Age of Environmental Optimism*.New York:Penguin.

Eaton, Richard M. 1990. *Islamic History as Global History*.Washington, DC:American Historical Association.

Ehrenberg, Margaret. 1989.*Women in Prehistory*.Norman:University of Oklahoma Press.

Eisler, Riane. 1987.*The Chalice and the Blade:Our History,Our Future*.New York:Harper and Row.

Ellis, Peter Bernesford.1990.*The Celtic Empire:The First Millennium of Celtic History c. 1000 B.C.-51 A.D.*London:Constable.

Erwin, Douglas H.2006.*Extinction:How Life on Earth Nearly Ended 250 Million Years Ago*.Princeton, NJ:Princeton University Press.

Fagan, Brian M.1984.*The Aztecs*.New York:W.H.Freeman.

——.1990.*The Journey from Eden:The Peopling of Our World*.London:Thames and Hudson.

——.1992.*People of the Earth:An Introduction to World Prehistory*,7th ed.New York:HarperCollins.

——.2005.*The Long Summer:How Climate Changed Civilization*.New York:Basic Books.

Fernandez-Armesto, Felipe.1995.*Millennium:A History of the Last Thousand Years*.New York:Simon and Schuster.

——.2003. *The Americas:A Hemispheric History*.New York:Modern Library.

Ferris,Timothy.1997.*The Whole Shebang:A State-of-the-Universe Report*.New York:Simon and Schuster.

Finlay,Robert."How Not to(Re)Write World History:Gavin Menzies and the Chinese Discovery of America."*Journal of World History* 15, no.2(June 2004), 229-242.

Fouts, Roger, with S.T. Mills.1997.*Next of Kin:My Conversations with Chimpanzees*.New York:Avon.

Frederickson, George M.2002.*Racism:A Short History*,Princeton, NJ:Princeton University Press.

Gallup, George Jr., and D. Michael Lindsay.1999.*Surveying the Religious Landscape:Trends in U.S.Beliefs*.Harrisburg, PA:Morehouse Publishing.

Gladwell, Malcolm.2000.*The Tipping Point: How Little Things Can Make a Big Difference*. Boston:Bay Books; Little, Brown.

Golden, Peter B.2001."Nomads and Sedentary Societies in Eurasia."In Michael Adas, ed., *Agricultural and Pastoral Societies in Ancient and Classical History*. Philadelphia:Temple University Press, 71-115.

Gonick,Larry.1990.*The Cartoon History of the Universe:From the Big Bang to Alexander the Great*. New York:Doubleday.

Goodenough, Ursula.1998.*The Sacred Depths of Nature*.New York and Oxford:Oxford University Press.

Goudsblom, Johan, Eric Jones, and Stephen Mennell. 1996.*The Course of Human History:Economic Growth*,Social Process and Civilization.Armonk, NY:M.E.Sharpe.

Gould, Stephen Jay,"Down on the Farm:A Review of Donald O. Henry, From Foraging to Agriculture:*The Levant at the End of the Ice Age*."New York Review of Books(January 18, 1990), 26-27.

Gould, Stephen Jay,ed.1993.*The Book of Life:An Illustrated History of the Evolution of Life on Earth*.New York:W.W.Norton.

Greene, Brian.1999.*The Elegant Universe*.New York:Vintage.

Hannaford, Ivan.1996.Race:*The History of an Idea in the West*.Washington, DC:Woodrow Wilson Center Press.

Hansen, Jim. "The Threat to the Planet."*New York Review of Books*,July 13, 2006, 12-14, 16.

Harris, Sam. 2004. *The End of Faith:Religion, Terror and the Future of Reason*. New York:W.W.Norton.

Heiser, Charles B.Jr.1981. *Seed to Civilization:The Story of Food*, 2nd ed. San Francisco:W.H.Freeman.

Hemming, John.1970. *The Conquest of the Incas*.New York:Macmillan.

Henry,Donald O.1989.*From Foraging to Agriculture:The Levant at the End of the Ice Age*. Philadelphia:University of Pennsylvania Press.

Hick,John.1989.*An Interpretation of Religion:Human Responses to the Transcendent*.New Haven:Yale University Press.

Hillel, DanielJ. 1991. *Out of the Earth:Civilization and the Life of the Soil*.New York:Free Press, Macmillan.

Howard, W.J. 1991. *Life's Beginnings*.Coos Bay OR:Coast Publishing.

Hughes, J.Donald.1975.*Ecology in Ancient Civilizations*.Albuquerque:University of New Mexico.

Hughes, J.Donald, ed.2000.*The Face of the Earth:Environment and World History*.Armonk,NY:M. E. Sharpe.

Hughes, Sarah Shaver, and Brady Hughes. 2001."Women in Ancient Civilizations."In Michael Adas, ed., *Agricultural and Pastoral Societies in Ancient and Classical History*.Philadelphia:Temple University Press, 116-150.

Iliffe,John. 1995. *Africans:The History of a Continent*.New York:Cambridge University Press.

James, Edward. 1988. *The Franks*. London and New York:Blackwell.

Jaspers, Karl. 1953. *The Origin and Goal of History*.Translated by Michael Bullock. New Haven:Yale University Press.

Jay,Peter.2000.*The Wealth of Man*.New York:Public Affairs.

Jean, Georges. 1992. *Writing:the Story of Alphabets and Scripts*. Translated from the French by Jenny Oates. New York:Harry N. Abrams.

Johns, Catherine.1982.*Sex or Symbol?Erotic Images of Greece and Rome*.London:British Museum Press.

Jones, Gwyn.1984.*A History of the Vikings*, rev.ed. Oxford and New York:Oxford University Press.

Keiger,Dale."Clay,Paper,Code."*Johns Hopkins Magazine*.(September 2003), 34-41.

Kennedy,Paul.1991.*Preparing for the Twenty-first Century*.New York:Ballantine.

Kicza,John E. 2001. "The People and Civilizations of the Americas Before Contact. "In Michael Adas, ed. *Agricultural and Pastoral Societies in Ancient and Classical History*.Philadelphia:Temple University Press, 183-223.

Kilgour,Frederick. 1998.*The Evolution of the Book*.New York:Oxford University Press.

Kivel, Paul. 2004. *You Call This a Democracy?Who Benefits,Who Pays,and Who Really Decides*. New York:Apex Press.

Kirshner, Robert T.2003.*The Extravagant Universe:Exploding Stars,Dark Energy and the Accelerating Cosmos*. Princeton, NJ:Princeton University Press.

Knight, Franklin W."Black Athena."*Journal of World History* 4,no.2(Fall 1993),325-327.

Kolbert, Elizabeth."Why Work?" *New Yorker*(November 29, 2004),154-160.

Kurlansky,Mark. 2002.*Salt:A World History*.New York:Walker.

Kurtz, Lester.1995.*Gods in the Global Village:The World's Religions in Sociological Perspective*. Thousand Oaks, CA:Pine Forge Press.

Leakey,Richard,and Roger Lewin.1995.*The Sixth Extinction:Patterns of Life and the Future of Mankind*. New York:Doubleday.

Levathes, Louise.1994.*When China Ruled the Seas:The Treasure Fleet of the Dragon throne,1405-1433*.New York:Simon and Schuster.

Lewin, Roger.1988.*In the Age of Mankind*.Washington, DC:Smithsonian Books.

——.1999.*Human Evolution:An Illustrated Introduction*, 4th ed. Malden, MA:Blackwell Science.

Liu, Xinru. 2001. "The Silk Road:Overland Trade and Cultural Interactions in Eurasia."In Michael Adas, ed., *Agricultural and Pastoral Societies in Ancient and Classical History*.Philadelphia:Temple University Press, 151-179.

Lomborg, Bjorn. 2001. *The Skeptical Environmentalist:Measuring the Real State of the World*. Cambridge:Cambridge University Press.

Love, Spencie. 1996. *One Blood:The Death and Resurrection of Charles R.Drew*.Chapel Hill, NC:University of North Carolina Press.

Lovejoy Paul E. 2000. *Transformations in Slavery:A History of Slavery in Africa*, 2nd ed. Cambridge:Cambridge University Press.

Lovelock, James. 1979. *Gaia. A New Look at Life on Earth*. Reprint, Oxford:Oxford University

Press, 1987.

——. 1988. *The Ages of Gaia:A Biography of Our Living Earth*. New York:Bantam Books.

MacMullen, Ramsey.1984. *Christianizing the Roman Empire(A.D.100-400)*. New Haven and London:Yale University Press.

McNeill, J.R.2000.*Something New Under the Sun:An Environmental History of the Twentieth-Century World*.New York:W.W.Norton.

McNeill, J.R.and William H.McNeill. 2003. *The Human Web:A Bird's -Eye View of World History*. New York:W.W.Norton.

McNeill, William H. 1976. *Plagues and People*.Garden City,NJ:Anchor Press/Doubleday.

——.1992.*The Global Condition:Conquerors,Catastrophes and Community*.Princeton, NJ:Princeton University Press.

——."New World Symphony."*New York Review of Books*(December I, 2005), 43-45.

——."Secrets of the Cave Paintings."*New York Review of Books*(October 19, 2006), 20—23.

Mann, Charles C. 2005. *1491:New Revelations of the Americas Before Columbus*.New York:Alfred A.Knopf.

Manning, Patrick. 1990. *Slavery and African Life:Occidental,Oriental and African Trade*. Cambridge and New York:Cambridge University Press.

Margulis, Lynn, and Dorion Sagan. 1986. *Microcosmos:Four Billion Years of Evolution from Our Microbial Ancestors*. Berkeley:University of California Press; rev.ed. 1997.

Marks, Jonathan. 2002. *What It Means to Be 98% Chimpanzee:Apes*,People,and Their Genes. Berkeley:University of California Press.

Markus, Robert Austin. 1974. *Christianity in the Roman World*.London:Thames and Hudson.

Meadows, Donella, et al.*The Limits to Growth:A Report for the Club of Rome's Project on the Predicament of Mankind*.New York:Universe Books.

Meadows, Donella, Jorgen Randers, and Dennis Meadows. 2004. *Limits to Growth:The 30-Year Update*.White River Junction, VT:Chelsea Green Publishing.

Mears, John A. 2001. "Agricultural Origins in Global Perspective."In Michael Adas, ed., *Agricultural and Pastoral Societies in Ancient and Classical History*.Philadelphia:Temple University Press, 36-70.

Mellaart, James. 1967. *Çatal Hüyük:A Neolithic Town in Anatolia*.New York:McGraw-Hill.

Meltzer,Milton. 1990. *Columbus and the World Around Him*. New York:Franklin Watts.

Menzies, Gavin. 2002. *1421:The Year China Discovered America*. New York:William Morrow.

Miles, Rosalind.1990.*The Women's History of the World*.New York:Harper and Row.1990.

Miller, Walter.1959. *A Canticle for Leibowitz*. New York:Bantam, reprint 1997.

Mitchell, Stephen. 2004. *Gilgamesh.A New English Version*. New York:Free Press.

Mithen, Stephen. 1996. *The Prehistory of the Mind:The Cognitive Origins of Art,Religion and Science*. London:Thames and Hudson.

Moors, Stephen, and Julian L.Simon.2000. It's *Getting Better All the Time:100 Greatest Trends of the Last 100 Years. Washington*, DC:Cato Institute.

Morgan,David.1986.*The Mongols*.Oxford:Basil Blackwell.

Morris, Craig, and Adriana von Hagen. 1993. *The Inka Empire and its Andean Origins*.New York:Abbeville Press and the American Museum of Natural History.

Officer, Charles, and Jake Page.1993.*Tales of the Earth:Paroxysms and Perturbations of the Blue Planet*.New York Oxford University Press.

Pacey,Arnold.1990.*Technology in Civilization. A Thousand-Year History*.Cambridge, MA:MIT Press.

Patterson, Thomas C. 1991.*The Inca Empire:The Formation and Disintegration of a Pre-Capitalist State*. New York and Oxford:Berg, St. Martin's Press[distributor].

Pearce, Fred. 2006. *When Rivers Run Dry*.Boston:Beacon.

Pinker,Stephen.1994.*The Language Instinct:How the Mind Creates Language*.New York:William Morrow; 2000, HarperCollins Perennial.

——.1997.*How the Mind Work*.New York:W.W.Norton.

Pollan, Michael. 2001. *Botany of Desire:A Plant's Eye View of the World*.New York:Random House.

Pomeranz, kenneth. 2000. *The Great Divergence:China,Europe,and the Making of the Modern World Economy*.Princeton, NJ:Princeton University Press.

Ponting, Clive. 1991. *A Green History of the World:The Environment and the Collapse of Great Civilizations*. New York:Penguin.

283

Potts, Timothy."Buried Between the Rivers."*New York Review of Books*(September 25, 2003),18-23.

Prantzos, Nikos. 2000. *Our Cosmic Future:Humanity's Fate in the Universe*.Cambridge:Cambridge University Press.

Ratchnevsky,Paul 1991.*Genghis Khan:His Life and Legacy*.Trans.T.N.Haining.Oxford:Blackwell.

Rees, Martin. 2003. *Our Final Hour:A Scientist's Warning:How Terror,Error,and Environmental Disaster Threatens Humankind's Future in this Century—On Earth and Beyond*.New York:Basic Books.

Relethford, John H. 1994. *The Human Species:An Introduction to Biological Anthropology*,2nd ed.Mountain View,CA:Mayfield Publishing.

Reston,James Jr.2005.*Dogs of God:Columbus, the Inquisition, and the Defeat of the Moors*.New York:Doubleday.

Richards, John F.2003.*The Unending Frontier:An Environmental History of the Early Modern World*. Berkeley:University of California Press.

Ridley,Mark.1996.*The Origins of Virtue:Human Instincts and the Evolution of Cooperation*. New York:Viking Penguin.

Robertson, Kim S.1991.*Red Mars*.New York:Bantam.

——.1994. *Green Mars*. New York:Bantam.

——.1996. *Blue Mars*. New York:Bantam.

Rollins, Allen M.1983.*The Fall of Rome:A Reference Guide*.Jefferson, NC:McFarland and Company.

Ronan,Colin A.1978.*The Shorter Science and Civilization in China:An Abridgement of Joseph Needham's Original Text*, vol.1.Cambridge, England:Cambridge University Press.

Rue, Loyal.2000.*Everybody's Story:Wising Up to the Epic of Evolution*. New York State University of New York Press.

Ruhlen, Merritt. 1994. *The Origin of Language:Tracing the Evolution of the Mother Tongue*. New York:John Wiley.

Ryan, William, and Walter Pitman.1999.*Noah's Flood:The New Scientific Discoveries About the Event That Changed History*.New York:Simon and Schuster.

Sahlins, Marshall.1972.*Stone Age Economics*.Chicago and New York:Aldine-Atherton,Inc.

Sales, Kirkpatrick.1990.*The Conquest of Paradise:Christopher Columbus and the Columbian Legacy*. New York:Alfred A.Knopf.

Sands, Roger.2005.*Forestry in a Global Context*.Cambridge, MA:CABI Publishing.

Sapolsky,Robert. 2001. *A Primate's Memoir:A Neuroscientist's Unconventional Life Among the Baboons*.New York:Simon and Schuster.

Schulman, Erik.1999. *A Briefer History of Time:From the Big Bang to the Big Mac*. New York:W. H.Freeman.

Shanklin, Eugenia.1994.*Anthropology and Race*.Belmont,CA:Wadsworth.

Shanks, Hershel, ed. 1988. *Ancient Israel:A Short History from Abraham to the Roman Destruction of the Temple*.Englewood Cliffs,NJ:Prentice-Hall.

Skidelsky,Robert."The Mystery of Growth."*New York Review of Books*(March 13, 2003), 28-31.

Smil, Vaclav.1994.*Energy in World History*.Boulder,CO:Westview Press.

Smith, Alan K.1991.*Creating a World Economy:Merchant Capital,Colonialism and World Trade,1400-1825*.Boulder,CO:Westview Press.

Smith, Huston.1991.*The World's Religions*, rev.ed.Nen York:HarperCollins.

Smith, Huston, and Philip Novak.2003.*Buddhism.A Concise Introduction*.New York:HarperCollins.

Smolin, Lee.1998.*The Life of the Cosmos*.London:Phoenix.

Spier, Fred.1996.*The Structure of Big History:From the Big Bang Until Today*. Amsterdam:Amsterdam University Press.

Standford, Craig. 2001.*Significant Others:The Ape-Human Continuum and the Quest for Human Nature*. New York:Basic Books.

Stavrianos, L.S.1989.*Lifelines from Our Past:A New World History*.New York:Pantheon Books.

Stearns, Peter N.1987.*World History:Patterns of Change and Continuity*.New York:Harper and Row.

——.1993.*The Industrial Revolution in World History*.Boulder,CO:Westview Press.Sterngold, James. "Experts Fear Nuke Genie's Out of Bottle."San Francisco Chronicle(November 22, 2004), AI, 8.

Stuart, George.1949.*Earth Abides*.New York:Random House.

Summer Institute of Linguistics.1990.*The Alphabet Makers*. Huntington Beach, CA:Summer Institute of Linguistics.

Swimme, Brian, and Thomas Berry 1992. *The Universe Story:From the Primordial Flaring Forth to the Ecozoic Era:A Celebration of the Unfolding of the Cosmos*.San Francisco:Harper San Francisco.

Sykes, Bryan. 2001. *The Seven Daughters of Eve*. The Science That Reveals Our Genetic Ancestry. New York:W.W.Norton.

Tainter, Joseph A. 1989. *The Collapse of Complex Societies*.Cambridge:Cambridge University Press.

Temple, Robert.1986.*The Genius of China.Three Thousand Years of Science,Discovery and Invention*.New York:Simon and Schuster.

Thomas, Hugh.2004.*Rivers of Gold:The Rise of the Spanish Empire,from Columbus to Magellan*. New York:Random House.

Thomson, Hugh.2001.*The White Rock.An Exploration of the Inca Heartland*.Woodstock and New York:Overlook Press.

Tilly Louise A.1993.“Industrialization and Gender Inequality.”In Michael Adas, ed.*Essays on Global and Comparative History*.Washington, DC:American Historical Association.

Todd, Ian A. 1976. *Çatal Hüyük in Perspective*.Menlo Park,CA:Cummings Publishing.

Tudge, Colin.1996.*The Time Before History:Five Million Years of Human Impact*.New York:Scribner.

——.1999.*Neanderthals, Bandits,and Farmers:How Agriculture Really Began*.New Haven and London:Yale University Press.

Turville-Petre, E.O.G.1975.*Myth and Religion of the North:The Religion of Ancient Scandinavia*. Westport,CT:Greenwood Press.

Tyerman, Christopher.2006. *God's War:A New History of Crusades*.Cambridge, MA:Harvard University Press.

Van Doren, Charles.1991.*A History of the Knowledge:Past Present and Future*.New York:Ballantine.

Van Sertima, Ivan.1976.*They Came Before Columbus*.New York:Random House.

——.1998.*Early America Revisited*.Piscataway,NJ:Transaction Publishers.

Van Sertima, Ivan, ed.1992.*African Presence in Early America*.New Brunswick,NJ:Transaction Books.

Wade, Nicolas.“In Click Languages an Echo of the Tongues of the Ancients.”*New York Times*(March 18, 2003), science section.

Ward-Perkins, Bryan. 2005. *The Fall of Rome and the End of Civilization*.Oxford:Oxford University Press.

Weatherford, Jack.1988.*Indian Givers: How the Indians of the Americas Transformed the World*. New York:Fawcett Columbine.

——.1991.*Native Roots:How the Indians Enriched America*.New York:Crown Publishers.

——.2004.*Genghis Khan and the Making of the Modern World*.New York:Crown Publishers.

White, Randall.1986.*Dark Caves, Bright Visions*.New York:American Museum of Natural History.

Wilford, John Noble.“9000-Year-Old Cloth Found.”*San Francisco Chronicle*(August 13, 1993).

Willets, R.F.1980.-The Minoans.-In Arthur Cotterell, ed.,*The Penguin Encyclopedia of Ancient Civilizations*.London and New York:Penguin, 204-210.

Williams, Michael. 2003. *Deforesting the Earth:From Prehistory to Global Crisis*. Chicago:University of Chicago Press.

Wilson, David M.1989.*The Vikings and Their Origins:Scandinavia in the First Millennium*, rev.ed. London:Thames and Hudson.

Wilson, Edward O.2006. *The Creation:An Appeal to Save Life on Earth*. New York:W.W.Norton.

Wilson, Ian.2001.*Past Lives:Unlocking the Secrets of Our Ancestors*.London:Cassell.

Wolkstein, Diane, and Samuel Noah Kramer.1983.*Inanna:Queen of Heaven and Earth:Her Stories and Hymns from Sumer*.New York:Harper and Row.

Wrangham, Richard W.2001.“Out of the Pan, into the Fire:How Our Ancestors' Evolution Depended on What They Ate.”In Frans B.M.De Waal, ed., *Tree of Origin:What Primate Behavior Can Tell Us About Human Social Evolution*.Cambridge,MA:Harvard University Press, 121-143.

Yoffee, Norman, and George L. Cowgill, eds. 1988. *The Collapse of Ancient States and Civilizations*. Tucson, AZ:University of Arizona Press.

Zinn, Howard.1980.*A People's History of the United States*.New York:Harper and Row.

图书在版编目（CIP）数据

大历史：从宇宙大爆炸到今天 ／（美）布朗著；安蒙译．—济南：山东画报出版社，2014.7
ISBN 978-7-5474-0659-5

Ⅰ.①大… Ⅱ.①布… ②安… Ⅲ.①地球演化－普及读物 Ⅳ.①P311-49

中国版本图书馆 CIP 数据核字（2012）第 093602 号

责任编辑 王宝磊
装帧设计 宋晓明
主管部门 山东出版传媒股份有限公司
出版发行 山东画报出版社

    社   址 济南市经九路胜利大街39号 邮编 250001
    电   话 总编室（0531）82098470
             市场部（0531）82098479　82098476(传真)
    网   址 http://www.hbcbs.com.cn
    电子信箱 hbcb@sdpress.com.cn
印   刷 山东临沂新华印刷物流集团
规   格 160毫米×230毫米
           19印张　37幅图　180千字
版   次 2014年7月第1版
印   次 2014年7月第1次印刷
定   价 38.00元

如有印装质量问题，请与出版社资料室联系调换。
建议图书分类：人文科学、自然科学、科学文化